U0278762

户型改造升级圣经

MyHome 设计家 著

華中科技大學出版社
http://www.hustp.com
中国·武汉

图书在版编目(CIP)数据

户型改造升级圣经 / MyHome设计家著. -- 武汉 : 华中科技大学出版社, 2021.9
ISBN 978-7-5680-7261-8

Ⅰ. ①户… Ⅱ. ①M… Ⅲ. ①住宅 - 室内装饰设计 - 案例 Ⅳ. ①TU241

中国版本图书馆CIP数据核字(2021)第137490号

户型改造升级圣经 MyHome设计家 著
HUXING GAIZAO SHENGJI SHENGJING

责任编辑：陈 忠 策划编辑：彭霞霞
责任校对：周怡露 责任监印：朱 玢

出版发行：华中科技大学出版社（中国 · 武汉） 电话：(027)81321913
武汉市东湖新技术开发区华工科技园 邮编：430223

录 排：武汉东橙品牌策划设计有限公司
封面设计：金金
印 刷：武汉精一佳印刷有限公司
开 本：710mm x 1000mm 1/16
印 张：17.25
字 数：166千字
版 次：2021年9月第1版第1次印刷
定 价：88.00元

作者序

如今中国的家装市场蓬勃发展，对于初次装修的业主而言，面对相对复杂的装修过程，相信要花费不少时间独自摸索探究，尤其改造户型是开始装修最先遇到的难题，却也是最重要的基础，既要调动户型符合家人所需，又要兼具通风、采光与宽敞开阔的环境，这对于装修新手来说简直太难了。

在华中科技大学出版社的邀请下，这本《户型改造升级圣经》应运而生，MyHome设计家希望通过整理、分析户型图的拆解配置，提升读者对于空间改造的敏锐度，能亲手规划理想的家居蓝图。

MyHome设计家来自台湾最大的家居媒体品牌“漂亮家居”，深耕台湾家居产业20年，作为大众与设计师的沟通平台，以深厚美学基础与专业编辑能力，运用系统、科学化的方式，致力将装修转化成一般大众能轻松理解的知识，让大家都能看得懂、学得会、买得到、省到钱。

80㎡至120㎡、78个常规户型案例，借鉴经验

我们以家装编辑的专业角度，深度探访39位室内设计师，分析他们如何有规划地一步步解决问题户型。（在这里特别感谢所有合作的设计师大方分享改造诀窍。）

特地挑选80㎡至120㎡的案例，这些是一般家庭在挑选户型时最常规的面积，不论是一人住、两人小家庭还是三口之家，都能找到相对应的户型，启发你的改造灵感。

全书共收录78个案例，设计坐标遍布北京、上海、南京、杭州等地，汲取不同城市的空间设计经验，并从优化空间、扩增功能的角度切入，你能在这里学到以下三大重点。

⊙ 创造多一室：榨出更多空间，全家人都有各自的房间。

⊙ 小房扩容变大房：减少无用房间，享有更开阔舒适的生活空间。

⊙ 房间数量不变，功能优化升级：不更动卧室，餐厨区、客厅功能区的质量获得提升。

从基础到进阶，步步学习

为了让初次进行装修的读者能由浅入深地了解户型改造，在内容规划上，提供装修基本知识，奠定基础。罗列常见的问题户型，比如阴暗房型或奇葩手枪、斜角户型，提供关键解法。

接着讲述更进阶的各区布局：玄关、客厅、餐厨、卧室、卫生间，实现功能升级。最后还教你一些调整的小技巧，通过门片转向、微调隔断，让每1㎡都不浪费，空间获得最大限度的利用。

户型设计好了，家就舒适了！期许各位让自己的家更有范儿之余，也能朝更理想的生活迈进！

MyHome设计家

目录

KNOW-HOW / 关于户型改造的基本知识

PART 2

进阶篇 多做一点点，功能更升级

POINT 1 / 各区功能升级思考

POINT 2 / 布局这样微调，多榨1㎡

PART 3
42个户型图实例解析

POINT 1 / 多造一居室

POINT 2 / 少一室，小房扩容变大房

POINT 3 / 房间数量不变，提升功能与质量

KNOW-HOW
关于户型改造的基本知识

要想改造户型，除了事先规划好平面图，在实际的施工过程中有许多需要特别注意的事项，尤其是在拆改关键的隔断、阳台、厨房、卫生间会涉及结构安全、管路问题，需要进行谨慎的判断才能动工，不可不慎。

——专业咨询 / 太空怪人设计事务所设计总监 **潘小阳**

01 拆改隔断，要注意是否为结构墙体

要想大幅度变动格局，就会牵涉到砸墙拆窗，但有些墙能拆，有些墙可是万万拆不得的。一般来说，承重墙、剪力墙是不能拆的。承重墙是支撑整体建筑的结构之一；剪力墙称作“耐震壁”，具有抗震功能，能抵抗地震产生的水平拉力。一旦拆到承重墙或剪力墙就容易危及结构安全，因此在进行拆改前，需通过实际勘测墙面并与平面图对照，才能精准确认墙面是否能拆改。

Point 1 从平面图判断结构墙体最精准

物业或开发商有整体建筑的原始结构图纸，规划前，可向物业申请提供图纸。图纸上标注的承重墙最为精准。

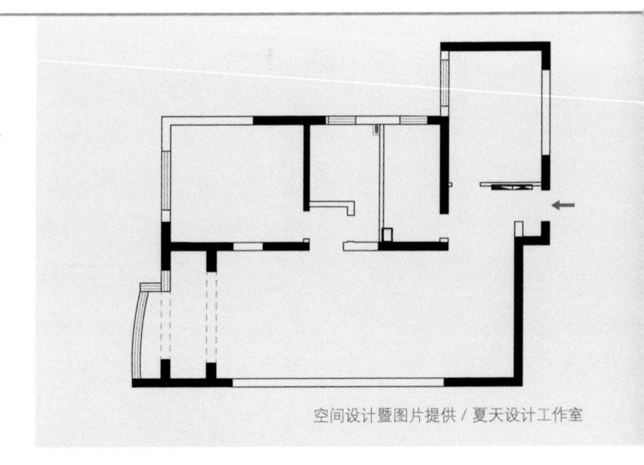
空间设计暨图片提供 / 夏天设计工作室

空间设计暨图片提供 / 空怪人设计事务所

Point 2 现场勘测，确认墙体结构

若建筑的房龄较久，小区物业没有保留原始结构图纸的情况下，可请设计师与结构工程师共同进行勘测。利用墙体探测仪清楚了解墙内是否有钢筋或管线分布，若有密集的钢筋，则表示有可能是承重墙或剪力墙。

此外，墙体厚度也能作为判断的依据，厚度在15cm以上的墙是承重墙的几率通常很高，建议不拆除，至于15cm以下的薄墙也有可能是承重墙，需通过仪器检测佐证才行。而配电箱所在的墙体，多是结构墙。

02 阳台别乱整改，会影响结构

在进行家庭装修时，阳台是大多数人经常运用的空间，而考虑到防水与承重问题，阳台是不能随意拆改的。以承重来说，外挑的凸阳台在主体建筑外侧，下方没有结构支撑，因此不能在阳台上任意摆放重物，以免阳台无法承载负荷而下沉。有些小区物业甚至规定不能将阳台改造为储物间，就是因为承重问题。同时在建筑安全上，阳台中看似不起眼的墙，实际是建筑结构的一部分，不可随意砸墙拆改。

Point 1 阳台两侧墙面与矮墙，千万别拆

阳台两侧经常能看到短边的墙面，让阳台开口相对缩小，其实这两面墙大多是承重墙，不能乱拆。

此外，在老房的阳台与客厅之间也常能见到一道矮墙，这道矮墙作为配重墙使用，作用是压住悬挑出去的阳台楼板，不可以随意拆除。一旦拆除配重墙，阳台就可能会有下沉危机。

空间设计暨图片提供 / 太空怪人设计事务所

空间设计暨图片提供 / 太空怪人设计事务所

Point 2 老房阳台不建议安装过重的新型门窗

近年来建筑技术发展较快，阳台大多具有一定的荷载量，一般可达到250kg/㎡，也就是每平方米约可承载250kg的重量，但对于20年以上的老房子，阳台设计的载重可能低于250kg/㎡。因此在进行老房阳台的翻新时，建议不要挑选新型门窗，因为新型门窗的框架较重，老房阳台的挑梁无法承受。

03 厨卫拆改限制多，依当地法规而定

厨房、卫生间是大家最关心的改造区域，经常牵涉拆改的问题。为安全起见，有些管线绝对不能移动位置，比如厨房的烟道、排气主管道，以及卫生间的排水、供水主管道，都不能随意移位，而作为建筑结构的管道间也是严禁拆改的。简单来说，只要是垂直的主要管线都必须在原有的位置，而分支出来的水平管线，则可以依需求安排。

Point 1 厨房改开放式，以当地规范为依据

拥有开放式厨房，是不少人的梦想，但在施工前，得先确认厨房隔墙是否能拆改。为安全起见，考虑到预防燃气泄漏、爆炸的问题，有些城市是不允许将厨房改为开放式的，而有些城市则可以，例如北京。若将厨房进行开放式设计，为方便检测，燃气管必须走明管，可以藏在柜体或吊顶内部，但不能埋入墙体。

空间设计暨图片提供 / 太空怪人设计事务所

空间设计暨图片提供 / 太空怪人设计事务所

Point 2 卫生间移管线，防水要做好

卫生间若要新增浴缸或调换洗面台位置，管线必须重新规划，并进行防水层施工，建议涂刷2层或3层防水层，千万别为了省工钱只涂1层，防水层太薄可能会漏水。有些比较谨慎的开发商、物业规定5～10年的新楼房不能变更卫生间位置或扩大卫生间面积，就是为了确保一定的防水质量，避免发生渗漏问题。

04 注意老房结构墙体，强化基础设备

关于老房改造，想必大多数人都伤透脑筋，建筑结构本身就不易拆改，可变动的余地比较小，而且层高通常较低，空间感偏窄小，再加上老房经常有水电管线过于老旧的问题，空调、保暖设备也都有所不足。于是出于安全考虑，当老房结构无法有太多改变时，建议改造重点，以辅助老房性能、强化基础设备优先。

Point 1 不能随意拆老房墙体

以北京的建筑结构来说，房龄在20年以上的老房大多是剪力墙与砖混结构，所有墙面都是不能拆的承重墙。若需拆改，务必进行检测，确认哪些墙体可改动，以免发生危险。而老房的层高通常也有所限制，大多在2.5m左右，建议不做吊顶，或在吊顶与梁体局部运用镜面反射，有效修饰层高，避免产生低矮感受。

空间设计暨图片提供 / 太空怪人设计事务所

空间设计暨图片提供 / 太空怪人设计事务所

Point 2 建议重新布置老房水电管线、增设保暖设备

水压不足、管线老旧漏水、经常跳闸，这些都是老房经常遇到的问题。改造老房时，建议将水电管线重新铺设、提高用电容量，尤其注意管线的使用年限，一般10年以上的管线需要更换。同时强调保暖性能，墙面内侧应增设保温层，可安排地暖等设备，强化老房居住基础设施。

装修名词小百科

砖混结构

砖砌与水泥混凝土结合的混合型建筑结构。建筑中用以承重的墙面以砖砌施作，至于梁柱、楼板则以水泥浇筑而成。

05 挑高户型增设复式，留意方位与采光

在市区中，经常可见挑高的小户型：面积小、层高4m以上。为了在挑高小户型中有效争取使用面积，多半会增设复式，就能多出一间房或储藏室。然而复式设计得好不好，也会影响整体的格局、动线与采光，不可不慎。一般增建复式的先决条件，建议空间高度不低于4.8m。以北京为例，常见有4.9m与5.2m两种层高的挑高户型，上下两层能分配到2.4m左右的高度，能舒适地站立，不显压迫，行走也自如。

Point 1 复式设计不做满，避免挡光

想要利用挑高户型的优势，靠近采光面的复式楼板建议留出1/3至2/3的留白空间，不做满的设计让光线可以深入内部，即便多了小阁楼也不显窄，拥有开阔视野。至于楼梯，建议安排在空间的核心位置，并靠墙设置，在缩短上下动线的同时不会影响采光，还能维持空间的完整性。

空间设计暨图片提供 / 理居设计

空间设计暨图片提供 / 理居设计

Point 2 增设楼板需采用钢骨，不可现浇混凝土

若要增设楼板，楼板结构只能选用钢骨，不可采用混凝土浇筑，这是因为混凝土很重，一旦采用，会增加建筑的荷载量，容易引发事故。而钢骨的重量大约只有水泥混凝土的1/5，相对较轻，对整体建筑的荷载量影响较小。

06 顺光拆墙打通对流，解决阴暗格局

住宅阴暗无光、毫无对流，会让人住得很憋屈。为了获得更大的采光量，大家最先想到的就是增加窗户的面积，但实际上不可随意拆除窗户扩大面积，会影响建筑结构的安全。空间的采光与通风，有时受先天的朝向限制，其实能通过材质的运用、格局的配置，让室内光线与空气流动自如，强化生活质量。

Point 1 顺应采光开门开窗，光线、空气对流不受阻

空间阴暗，多半是有实墙挡住了光，因此若要让住宅明亮开阔，须考虑光线的入射方向。不妨顺着采光面去除隔断，改用移门或平开窗，让光线能够大量进入。若有隐私的需求，可以采用半墙+通透玻璃的设计，阻挡视线的同时也能随需求引光。

而不少住宅会封阳台，空气对流与采光会相对减弱，建议封阳台时，玻璃窗的分割线越少越好，避免使用密集格窗的设计，以免影响进光量。

空间设计暨图片提供 / 理居设计

Point 2 镂空隔断，保持通风

一个空间要想产生空气对流，不仅隔断不能封闭，还要有两个开口，有进有出才能形成气流。不妨选择镂空隔屏或半高柜墙作为隔断，隔断不做满的设计让空气得以流通，搭配平开窗的设计，能保持室内良好的通风效果。

空间设计暨图片提供 / 太空怪人设计事务所

07 掌握扩容技巧，有效增大空间

让空间越住越大，是每个家庭的梦想。但在空间有限的情况下，如何通过户型改造有效扩容，成了大家面临的一致难题。在顾及家庭成员生活习惯与喜好的前提下，建议格局以开放设计为主轴，无隔墙的阻碍能让视野有效扩展；并适时运用镂空设计，比如层架、隔屏或玻璃隔断，既能界定空间，也能满足扩容需求。通过巧妙微调格局、变更隔断材质、消除畸零地带，空间感能更开阔。

Point 1 减法设计，空间扩容的不二选择

减少隔断，是空间扩容的最佳方式。过多的墙面会遮挡光线与视线，而墙面本身也有厚度，容易占据不少空间。尽可能采用全开放的设计，展现空间的原始进深，再搭配大窗，视野能向外延展，室内外融为一体。若有隔断的需求，不妨选用轻隔断，减少墙体厚度，或改用半墙设计，让空间维持开敞明亮的视觉效果。

空间设计暨图片提供 / 谢秉恒工作室

空间设计暨图片提供 / 太空怪人设计事务所

Point 2 家具一物多用+复合空间属性

当一个空间有多种用途，就无须采用太多隔断。比如书房结合客房、餐厅结合办公或阅读角，复合空间属性。而一旦空间变大了，也别让太多家具占据面积，不妨运用多功能家具，比如以中岛取代餐桌、将柜体藏进梳妆台，或将柜体当作隔断，有效释放空间。

08 优化动线设计，符合人们生活习惯

户型改造，重要的是优化生活体验，尤其动线的规划更是举足轻重，是影响空间舒适性的关键因素。动线想要更顺畅，有关联性的空间就要配置在一起，能大幅缩短来回的距离，比如在厨房旁边安排餐厅，料理完就能马上上菜；客人用的卫生间离客厅近一点。同时建议采用动静分区的设计，动区为客厅、餐厅、厨房；静区则为卧室、卫生间。分区的好处在于让日常活动集中在同一区，不会因家人的来回走动而干扰睡眠。

Point 1 有效安排家务动线，行走有效率

在安排格局配置时，日常生活动线都要考虑进来，尤其是洗衣、晾衣、下厨料理的家务动线要仔细安排。以洗晾衣物的动线为例，洗烘设备应优先考虑放在厨房阳台或客厅阳台，尽量避免放在卧室阳台，若有晚上洗衣的需求，容易造成干扰。此外，洗烘设备可以安排在卫生间附近，洗浴结束后就能顺手将脏衣丢入洗衣机里，动线大幅缩短。

图片提供 / 文青设计机构

图片提供 / 南京木桃盒子设计

Point 2 依动线路径安排柜体，收纳更顺手

不是将物品通通藏进储藏室才叫收纳，而是要依照家人的生活动线来规划，空间才能井然有序。思考一下你的日常习惯，比如下班回家在玄关脱鞋，还得安放手里的公文包、衣物或快递包裹，除了要有鞋柜，不妨规划临时暂放的置物空间，进门的收纳问题在玄关都能一并解决。通过整理家人的生活习惯，合理安排收纳动线，让物品都能随手收好，空间使用更有效率。

PART 1 基础篇

房子很难住？教你告别缺陷户型

户型一旦有缺陷，居住体验感就容易大打折扣，比如有些户型的面宽小、进深大，中央容易无光，还不易配置动线；或是奇葩的斜角户型，总有难以利用的犄角旮旯，面积利用率低。想要解决户型困扰，可以参考本章归类的四种常见的问题户型，了解专家们是如何思考格局问题的。

- **状况1**：廊道又长又阴暗
- **状况2**：各区都有隔断，太拥挤
- **状况3**：动线迂回，浪费面积
- **状况4**：多边角的奇葩户型

状况1 廊道又长又阴暗

CASE / 01 隔断太多造成长廊阴暗，空间又受限

空间设计暨图片提供 / 罗秀达

房间不是越多越好，隔断多反而容易造成廊道密闭无光。此案的客厅与次卧都有隔断阻隔，使得一入玄关即有一条长廊，让人一眼望穿，两侧窗光也无法穿透进来，不仅阴暗，廊道也显得浪费。于是拆除原有次卧，纳入廊道空间，改为书房，同时书房隔断也推向玄关，通过缩小玄关进深，消弭长廊的存在感，激活空间，有效利用面积。书房面向玄关的墙面则通过玻璃材质延展视野，进入玄关也不显狭窄。

破　解

AFTER

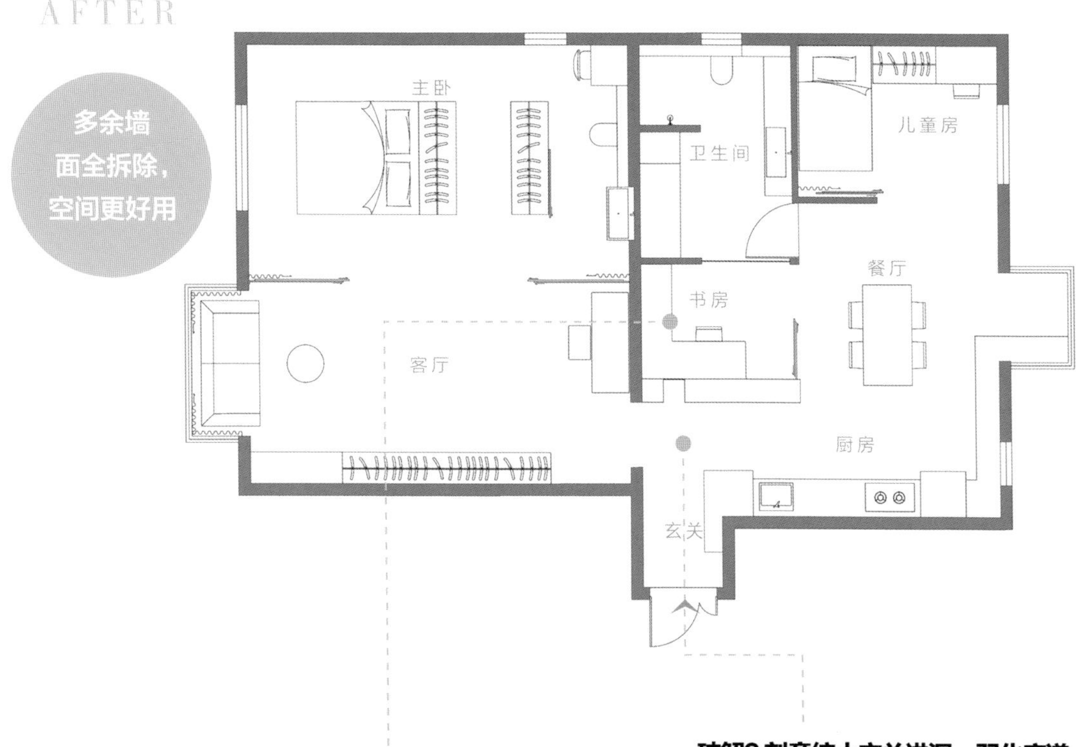

破解1 拆了次卧改书房，有效利用空间

拆除次卧，廊道空间扩充为书房，少了无用廊道，扩增收纳与工作区功能。

破解2 刻意缩小玄关进深，弱化廊道

书房隔断推向玄关，缩小玄关进深的同时，搭配通透玻璃引光，入门视野有效延展，玄关不狭隘。

CASE / 02 格局使用效率不高，廊道阴暗曲折

空间设计暨图片提供／FunHouse方室设计

这套二手房不仅进户门直对主卧主卫，还有一道长廊延伸，形成无用空间，同时廊道被主卧、次卧与客卫阻隔，显得曲折又阴暗，再加上这三道入口相对，空间视觉被切割得很零碎。此外，客厅及次卧1阳台相通，空间利用率低，也削弱了室内采光。

既想破解廊道阴暗的问题，又想保留原有隔间，最好的方法就是利用通透设计，延展空间的同时，又能引入大量采光。于是封闭原本的主卧入口，并将次卧1改为半开放式书房，与主卧相通，能通过随时开敞的玻璃移门有效增加自然光，也改善了廊道过长的问题。而客厅阳台与书房阳台之间则采用落地玻璃隔断，视野更为开阔。

问　题

BEFORE

问题1 ▶ 进户门到主卧有一道长廊，不仅狭窄阴暗，同时又被主卧、次卧与客卫阻隔，形成三门相对的问题。

问题2 ▶ 客厅与次卧1阳台相通，原先的阳台空间利用率低，也削弱了室内采光。

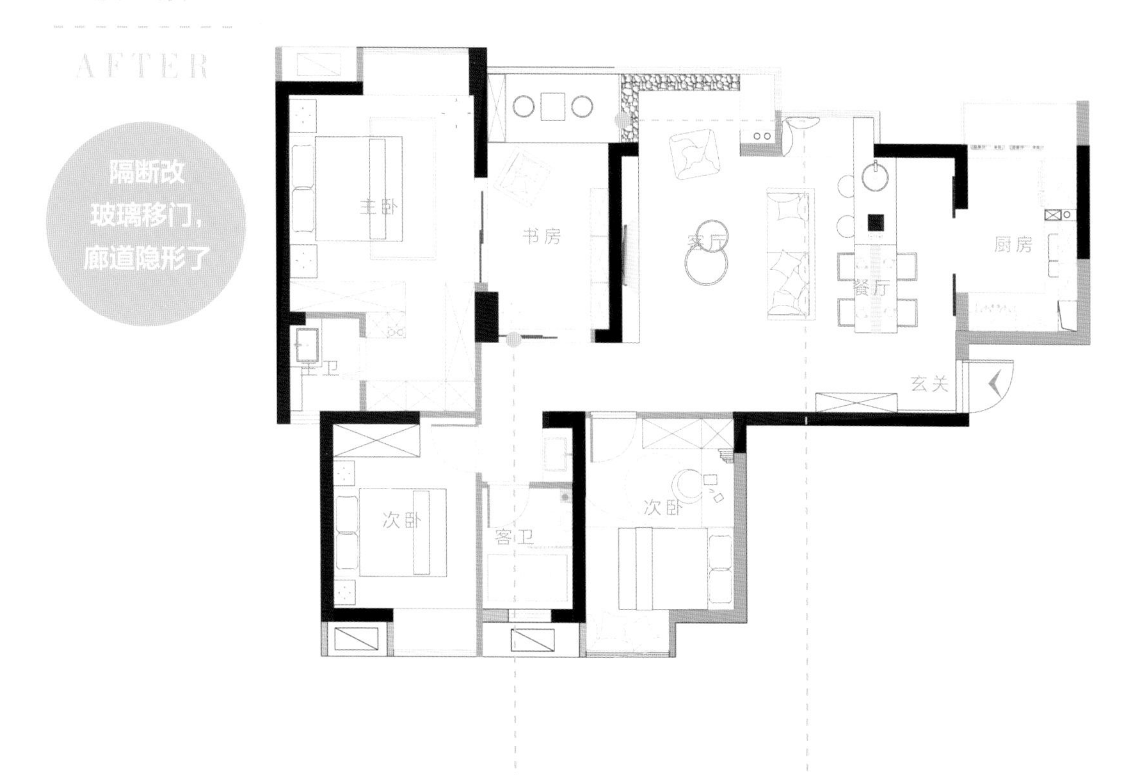

破解1 书房与主卧结合，增加采光，减少昏暗空间

主卧与书房结合后，封闭原始主卧入口，改从书房进出，同时主卧、书房皆改用玻璃移门，通透设计让采光得到最大化，也照亮了阴暗廊道。

破解2 善用玻璃隔断，两区自然光通透

客厅阳台和书房阳台之间采用落地玻璃作为隔断，客厅拥有内阳台，书房区则设置飘窗，不仅采光好，也妥善利用了空间。

CASE / 03 入户就有实墙遮挡，空间感压迫

空间设计暨图片提供／茧舍原创设计

想要解决廊道窄长又无光的问题，减少墙体压迫感、拓增廊宽是最有效的方式。一进入这间90㎡的空间，就能感受到玄关又窄又长，廊宽虽有1m，但受两侧实墙的压迫显得逼仄，空间也不足以增设柜体。于是相邻的次卧墙面退缩80cm，多了收纳柜体，也不占用廊道空间。卫生间采用干湿分离，湿区退缩让出开阔空间，再搭配半高的洗面台，视野通透又引入光线，长廊明亮不逼仄。

破 解

AFTER

挪墙、隔断改玻璃，拓宽廊道

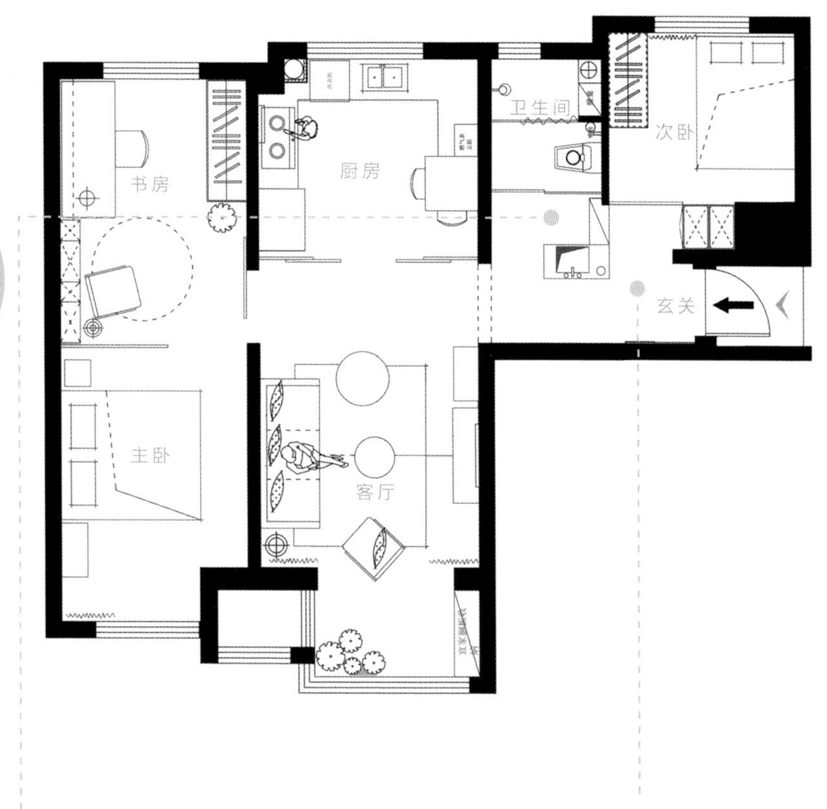

破解1 半高隔断＋玻璃门，不阻碍视线

卫生间改为干湿分离式，洗面台外移并转向廊道，多了入口作为缓冲，空间不狭隘。半高台面的设计搭配玻璃移门，强化廊道采光，无形拓展空间。

破解2 隔断退移，让出1.8m廊宽

将阻隔玄关的实墙退移，缩小次卧，玄关长廊宽度便增为1.8m，整体空间更开敞通透，进出不受限。

状况2 各区都有隔断，太拥挤

CASE / 01 每个空间独立，又小又逼仄，隔断太多

空间设计暨图片提供／以里空间设计事务所

房子每个区域都被隔断区隔，虽然空间各自独立，但在居住上容易显得更挤更小。这间坐落在16层的房子就遇上相同的问题，原本有着高楼层与坐拥南向的优势，却因为原始户型的每个区域都密闭独立，采光受限，每个空间都相当拥挤紧凑。

想要改善拥挤问题，开放式的设计是首要解法。先将客厅多余的非承重墙体拆除，客厅与厨房就此串联在一起，有效延展视野，还原空间深度，同时也能让光线深入室内，照亮原本的阴暗廊道。次卧则利用玻璃隔断另外划分出独立书房，既多出功能空间，也大幅提升采光量，形成宽阔开敞的互动生活空间。

问 题

BEFORE

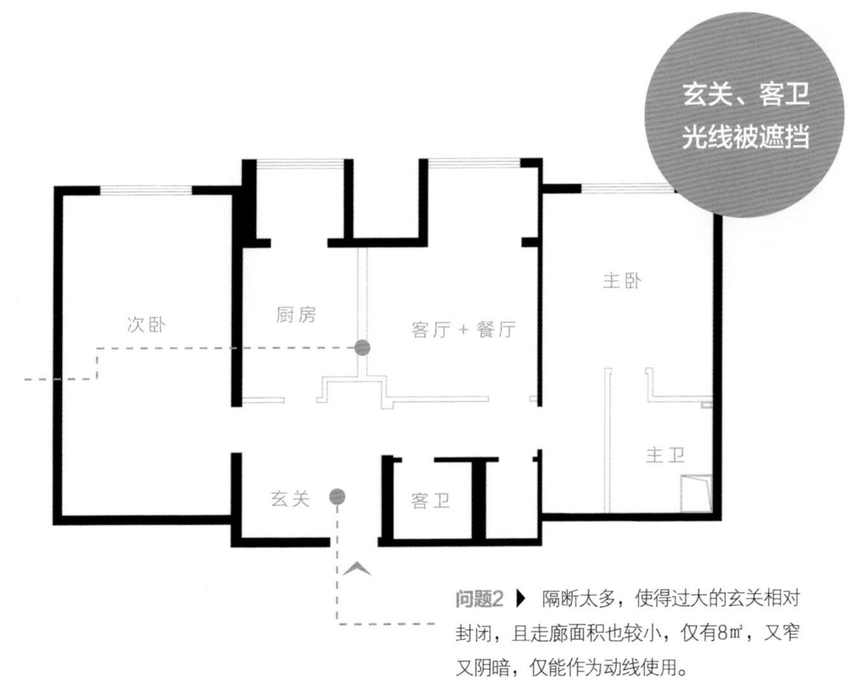

问题1 ▶ 原始户型为标准两居室，客厅与厨房有隔断，各区面积相对紧凑。

问题2 ▶ 隔断太多，使得过大的玄关相对封闭，且走廊面积也较小，仅有8㎡，又窄又阴暗，仅能作为动线使用。

破　解

AFTER

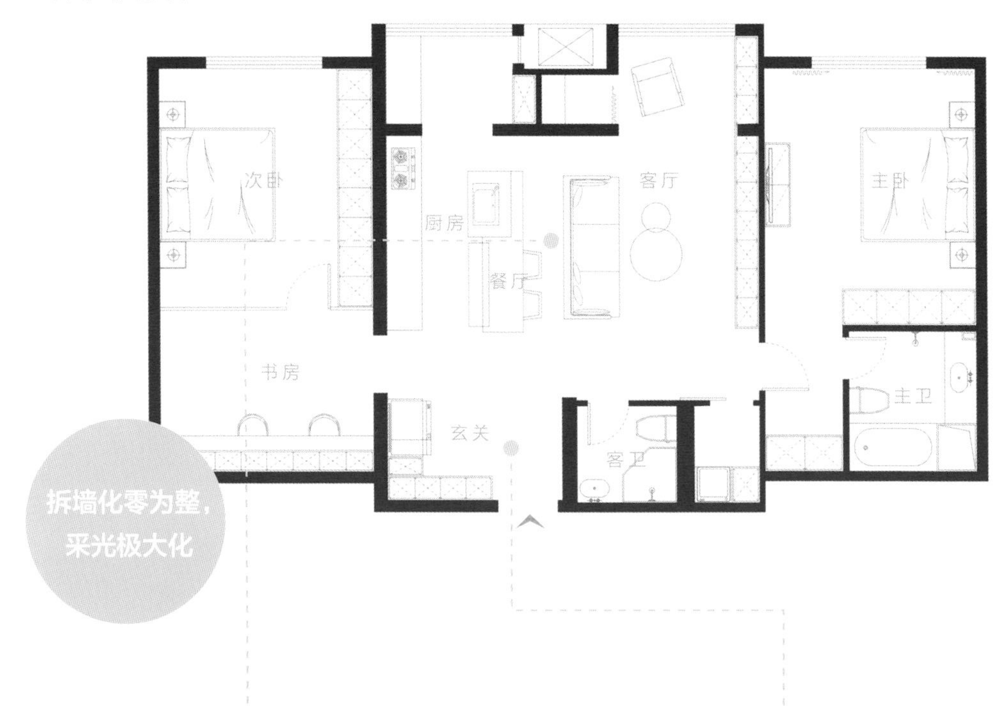

破解1 拆掉非承重墙，客餐厅更开敞

拆除客厅与厨房之间的隔断，全开放的空间延展视野，也引入两区的采光，使空间更加开敞明亮，同时沙发、中岛居中摆放，形成环状动线，行走也更顺畅。

破解2 破除封闭玄关，创造动线逻辑

拆除玄关的封闭隔断，从玄关到厨房，动线贯通，空间更显开敞。鞋柜同时嵌入双开门冰箱，扩充实用功能。

CASE / 02 每个空间都有墙，进深窄小，采光也受限

空间设计暨图片提供／辰境设计

每区各自独立，虽然有私密性，但采光与视野被阻挡，反而更难用。这个86㎡的空间，本身是奇葩的手枪户型，空间进深小，入户可见到两道墙体区隔客厅、餐厅、书房，客厅仅有3.6m宽，通风也不好。于是将公共区域的隔断全数拆除，客厅、餐厨与书房串联，展现原始7.5m的开阔进深，开放厨房也运用玻璃移门，维持通透视野，能在各区自在游走，采光也大量涌入，打造明亮清新的开敞空间。

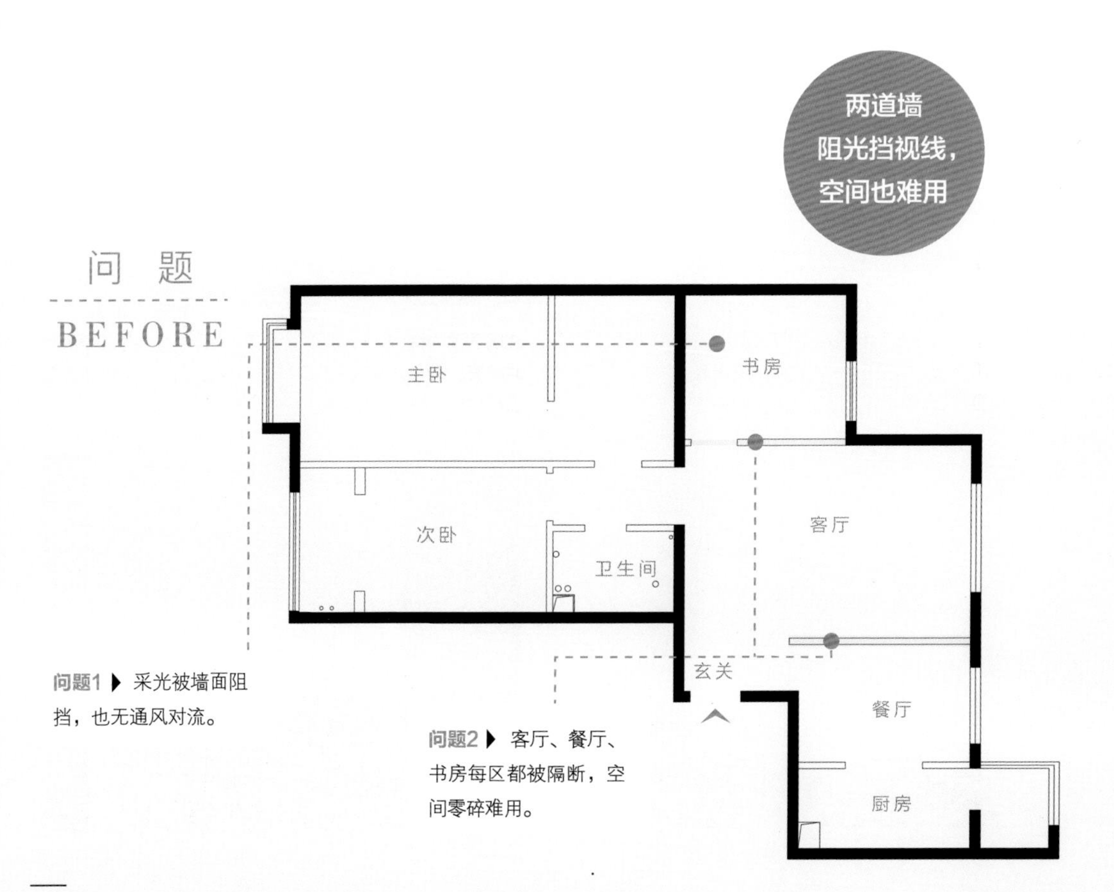

破 解

AFTER

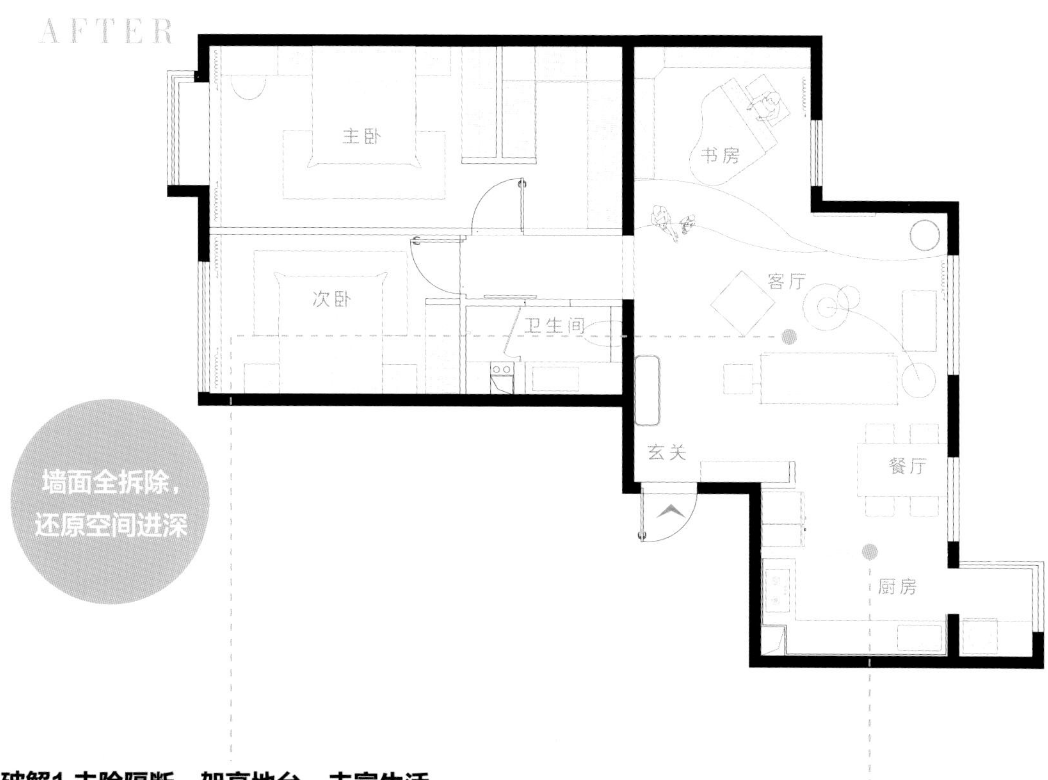

破解1 去除隔断，架高地台，丰富生活

采用开放式设计，客厅、餐厅、书房墙面全部拆除，展现进深7.5m的开敞空间，生活更自在惬意。书房架高地台，仿若独立舞台，可以坐在阶梯上听钢琴演奏，拉近与演奏者的距离，打造悠闲舒适的氛围。

破解2 玻璃移门，厨房也通透

封闭式厨房改为弹性开放式空间，隔断采用玻璃移门，能依需求随时敞开，即便厨房门关闭也能维持通透视野。净白效果搭配大面积采光，空间明亮清新，也能巧妙放大视觉效果。

状况3 动线迂回，浪费面积

CASE / 01 动静分区混乱，动线反复

空间设计暨图片提供／本墨室内设计工程（上海）有限公司

动线反复来回，往往是因为没考虑到各空间的联动关系，尤其是楼龄较老的房子通常格局保守，大多以增加房数优先，除了造成隔断过多、各房间孤立外，最棘手的是动静分区混乱，使得动线迂回反复。此案例就有相同情况，以入户区中轴为界，左右两侧各有卧室，卧室离大门太近，缺乏私密性，而客厅又离大门太远，动线过于冗长反复。

为了符合使用逻辑、简化动线，重新划分动静两区的位置。通过打通隔墙，客厅与次卧对调，使得客厅、内玄关、书房连通，同时调整厨房进出方向，并巧妙增加门洞的趣味性，让各区共享开阔视野；经内玄关、书房而后到达卧室，如此一来让睡眠区私密性更优，同时动静分离，休息、娱乐互不干扰。

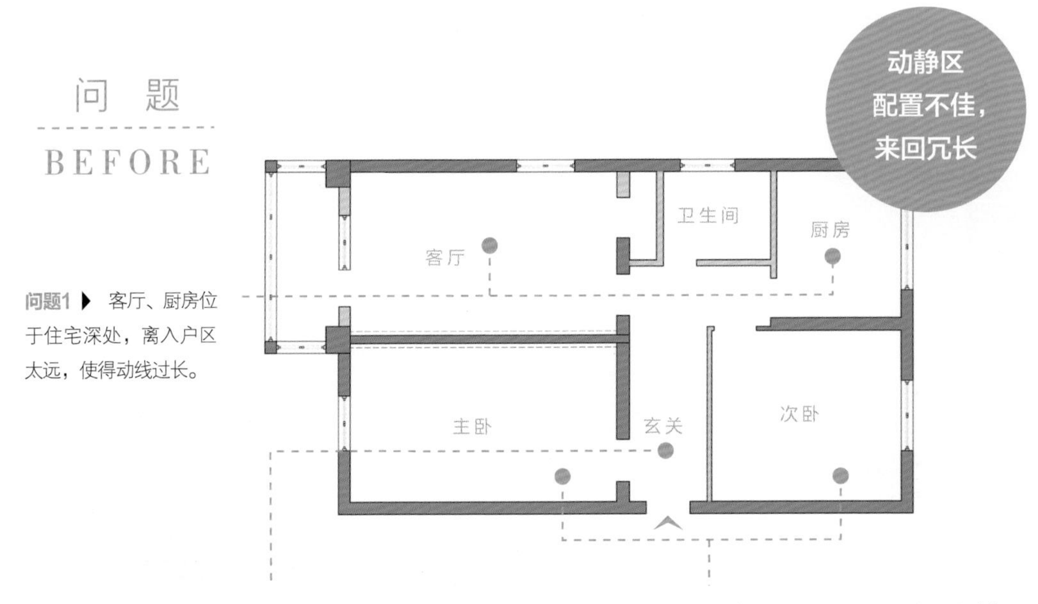

问题1 ▶ 客厅、厨房位于住宅深处，离入户区太远，使得动线过长。

问题2 ▶ 由于采光仅能由两侧进入，被卧室隔断挡住，中央的入户走道阴暗无光，也无通风对流。

问题3 ▶ 卧室紧贴入户区，来回走动容易受干扰，难以拥有隐私空间。

破　解

AFTER

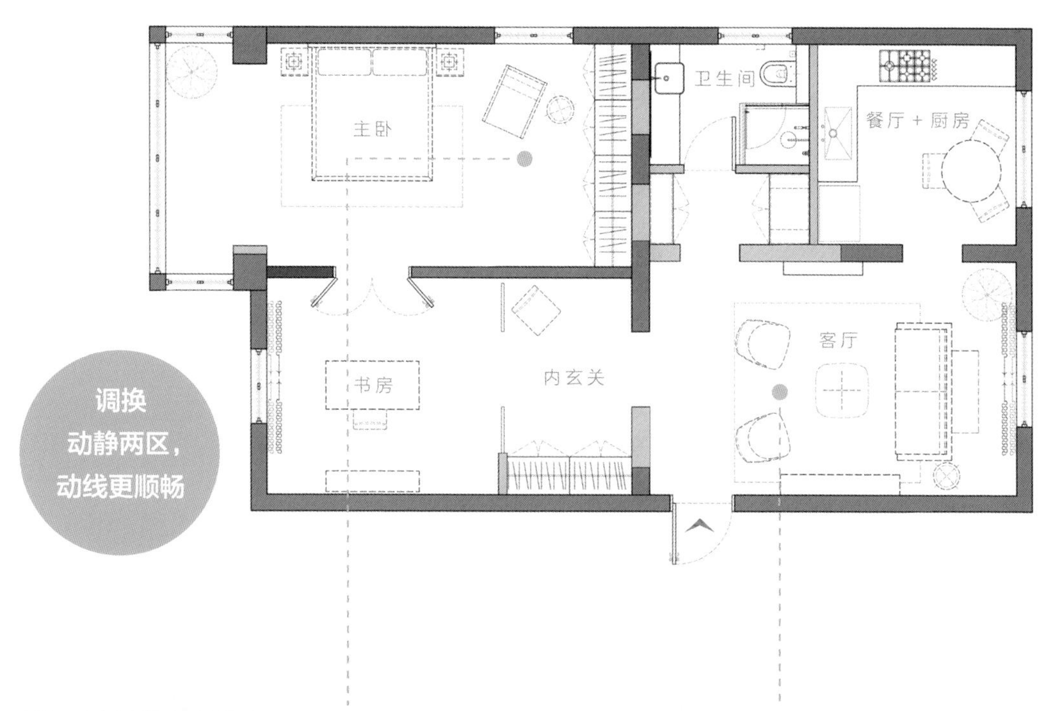

破解1　主卧往内侧挪移，保有宁静、隐私

将主卧挪至原客厅的区域，结合内玄关与书房，形成房中房的套间形式，与公区界限分明，回归个人隐私领域。

破解2　挪移客厅，让动区与入户区串联

拆除次卧隔断，改为客厅，同时原主卧改为内玄关与书房，不仅使南北采光与气流通畅，而且一入户就与内玄关、客厅串联，动线更符合使用习惯。

CASE / 02 三居室廊道太多，浪费空间、动线也不顺畅

空间设计暨图片提供／以里空间设计事务所

空间布局若没有仔细思考，出入口不仅不顺畅，也容易形成无用的廊道动线，造成空间浪费，这间有着110㎡的小三居就有相同的情况。虽然有着三间卧室，但对于仅需要两居室的屋主，房间太多、不实用，再加上多道卧室入口阻隔廊道，导致进出动线也不顺畅。

想要解决动线问题，可把客厅、卧室等各个空间都当作盒子，串接各空间盒子时采用最短的动线。于是拆除包围客厅与卧室的廊道隔墙，冗长的卧室入口一并退缩，将廊道释放出来，不仅有效缩短进出动线，也获得采光、通风，还能衍生出储物空间。最小的9㎡卧室入口则以推拉门取代隔断，动线更畅通之余，还形成能弹性使用的多功能空间。

问题 BEFORE

问题1 ▶ 空间使用效率不高，最小的卧室仅有9㎡，空间难以利用，还有9.5㎡的闲置廊道，空间都被浪费了。

问题2 ▶ 卧室入口过于冗长，再加上廊道被三个卧室包围，进出动线迂回不顺畅。

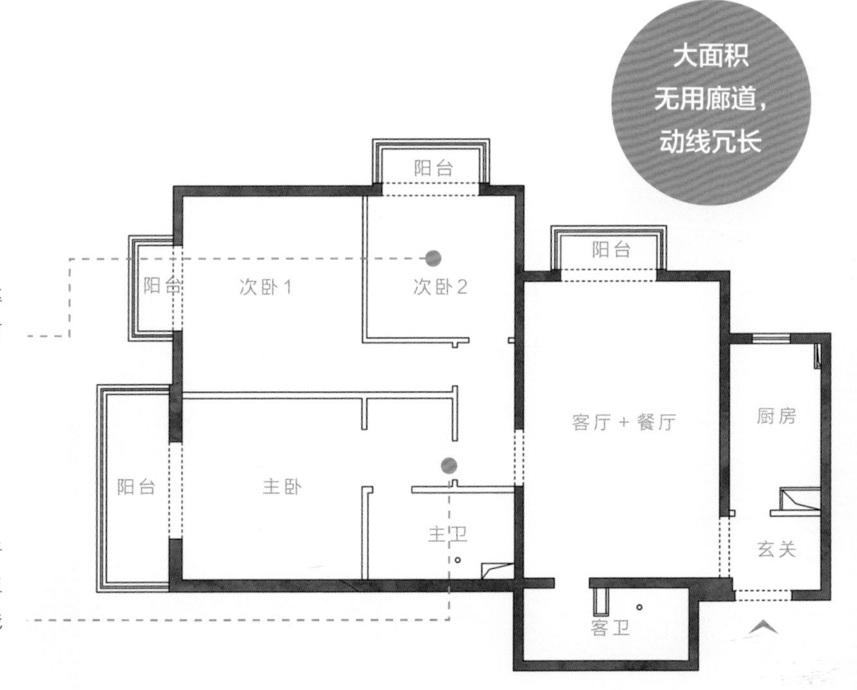

破 解

AFTER

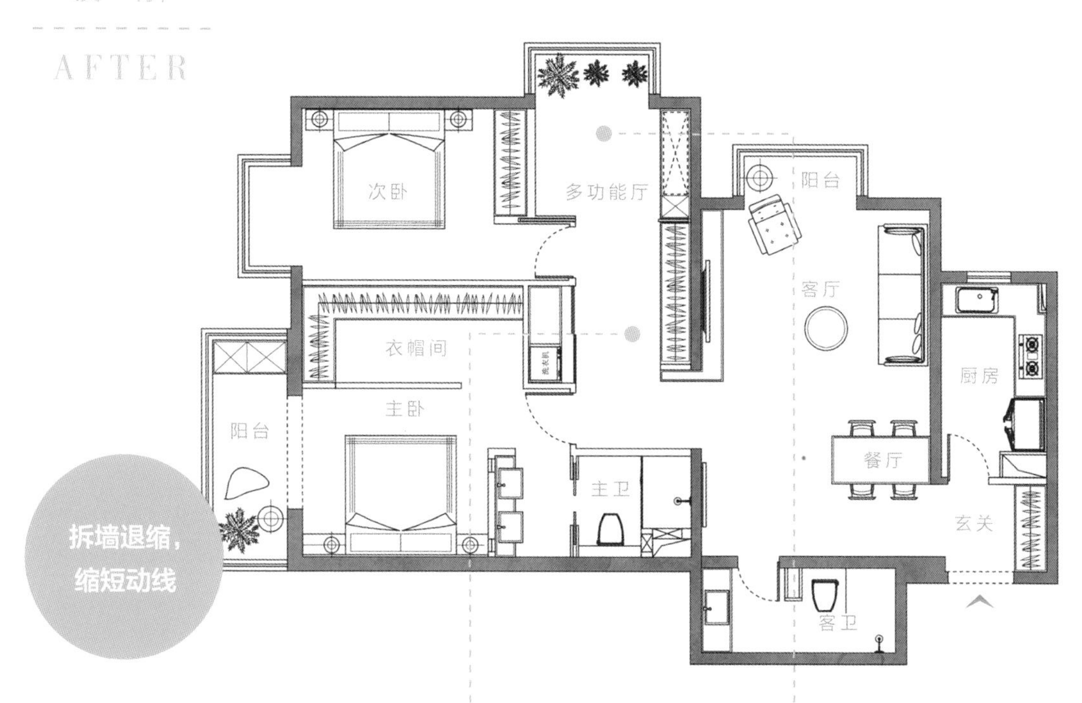

破解1 卧室入口退缩，动线缩短

退缩主卧、次卧入口，缩短进出动线，同时也让出空间给廊道，廊道随即拓宽，两侧增设柜体，使廊道兼具动线与收纳功能。

破解2 卧室改用对开推拉门，使用更弹性

将9㎡卧室的门改成对开推拉门，不仅进出更顺畅，打开门能为走廊引入自然光，平时也能当书房或客房使用。

状况4 多边角的奇葩户型

CASE / 01 进门正对斜向厨房，隔断多，又有畸零角

空间设计暨图片提供／熹维室内设计

斜角户型的问题在于空间视觉效果不方正，有难以使用的犄角旮旯。想要摆脱斜角户型的困扰，重点在于将畸零区域藏在使用频率相对低的空间，比如厨房、卫生间或储藏室，而这间屋子的改造就是最好的案例。屋主是一位独立的单身女性，一间卧房便已足够，遂将原本的两室合一，而原先位于主卧的犄角旮旯则划分给储藏室使用，储藏空间的使用频率不高，适合隐藏歪斜墙角，主卧借此拉齐墙面赋予方正感。推门而入的斜角视感，则是利用一道墙打造玄关来化解，不仅划出方正的入户空间，也能避免大门正对厨房的尴尬，加上沿墙设置餐柜，不仅延伸厨房功能，也呼应餐厅，形成宽敞流畅的餐厨动线。

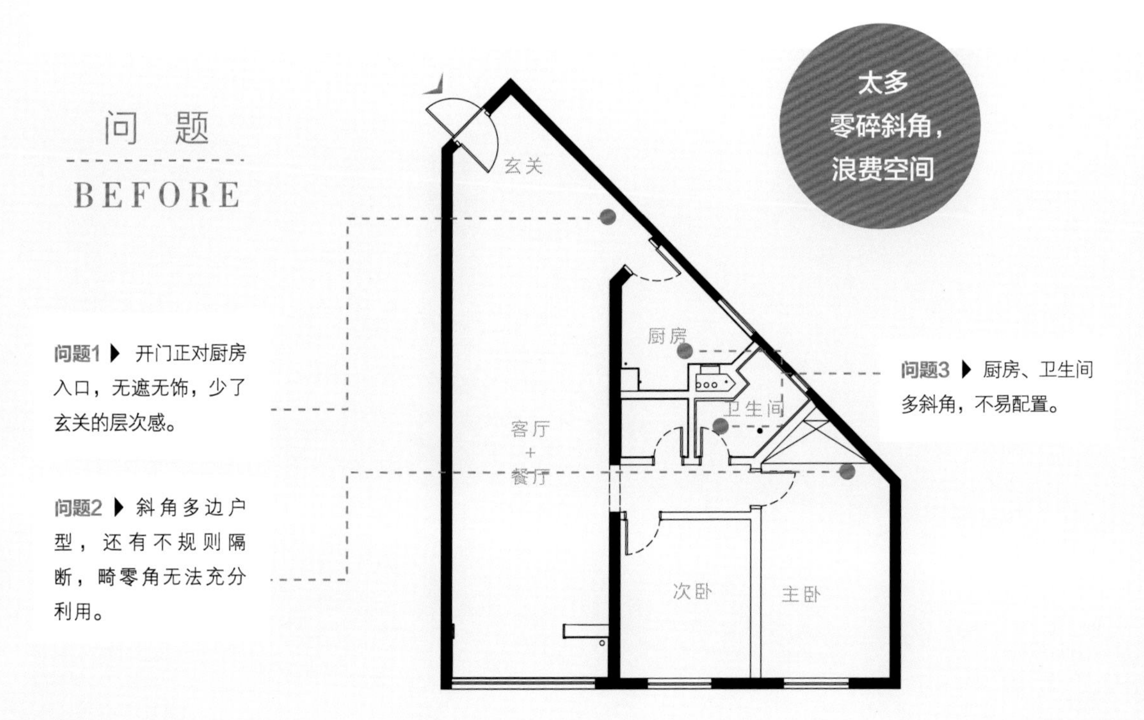

破　解

AFTER

破解1 增一道玄关墙，导正视角

为了弱化进门的斜角路径，多砌一道墙，借此导正视角，营造方正的空间感，还能围起玄关区域。

破解2 将斜角藏入储藏空间，有效遮挡

卧室中原有的斜角空间让给储藏室使用，主卧则另起一道墙巧妙拉齐，打造方正空间，有效破除畸零角问题，扩增使用弹性。

破解3 顺应犄角旮旯，配置功能空间

卫生间巧妙顺应夹角区域，纳入淋浴区，而厨房则运用L形操作台填满原有凹处空间，有效利用。

CASE / 02 空间不方正、难利用，斜墙让视觉感更压迫

空间设计暨图片提供 / 木子仁设计

改造斜角户型的难题在于斜墙过多，需导正空间视觉效果。这套82.6㎡的二手房，入门就有一道长斜墙，容易给人倾斜的视觉感，再加上天花过低，空间显得十分压迫。通过拉齐入门墙面、厨房置中，将空间一分为二，解决斜面问题，并沿着廊道设置柜体，满足一家四口的储物需求。而有着畸零斜角的卫生间则顺着斜墙设置淋浴、洗面台等，让空间视觉效果变得整齐方正。卫生间外侧墙面则以柜体隐藏斜角，不仅多了收纳空间，屋主也有了能授课的方正角落。

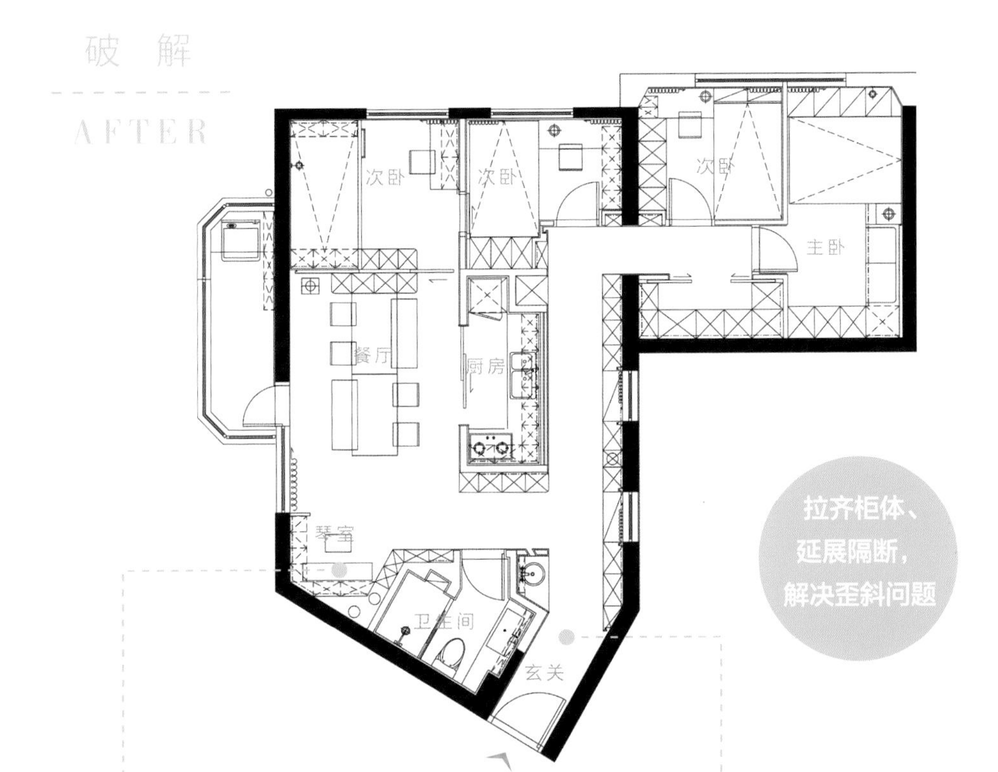

破解1　拉齐柜体，隐藏歪斜角落

邻近斜面的卫生间多了一处歪斜角落，为了有效隐藏畸零空间，运用柜体拉齐方正墙面，不仅多了收纳功能，同时优化无用角落，作为琴室使用，满足女屋主在家中授课的需求。

破解2 运用隔断延展廊道，创造笔直视觉效果

入门歪斜处利用镜面反射拓宽廊道视觉效果，同时顺着玄关设置厨房隔断，随即打造一条笔直廊道，化解空间歪斜困扰。

CASE / 03 手枪格局面宽过小，空间易逼仄

空间设计暨图片提供／山舍建筑设计

手枪户型的缺点在于面宽小，做了隔断容易产生狭长廊道，光线也容易被隔断阻挡，空间显得又小又暗，这些问题在这个80㎡的空间中全都遇上了。原本户型就小，再加上小三房的格局，不仅没有客厅，厨房、餐厅空间相对局促，过道也特别窄小。为了改善逼仄的公共区域，纳入原本昏暗的通道，释放空间给客厅，厨房也一并拆除移门，增设中岛吧台，顺势与客厅、餐厅整合，公共区域全然开放，有效还原空间原始进深，顿时变得开敞明亮，空间功能也更齐全。而卫生间则采用干湿分离，洗面台外移，解决原本过道只能一人通过的问题。

问题 BEFORE

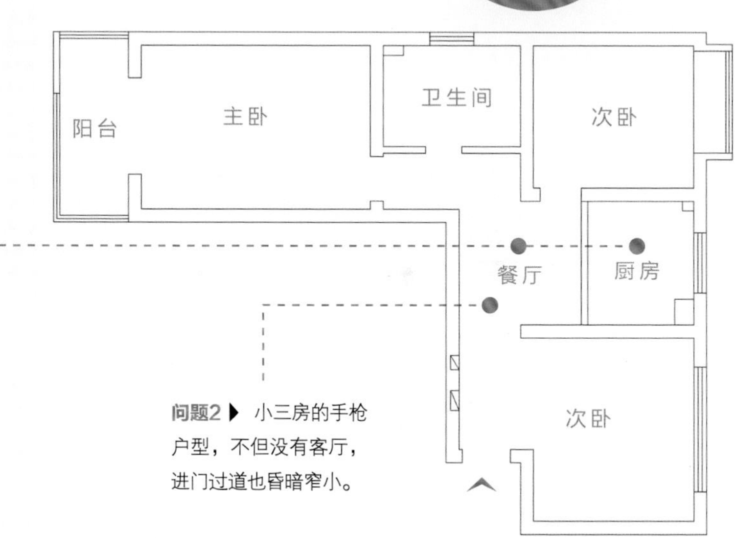

问题1 ▶ 原有的厨房、餐厅也不大，两人同住时难以一起使用。

问题2 ▶ 小三房的手枪户型，不但没有客厅，进门过道也昏暗窄小。

破 解

AFTER

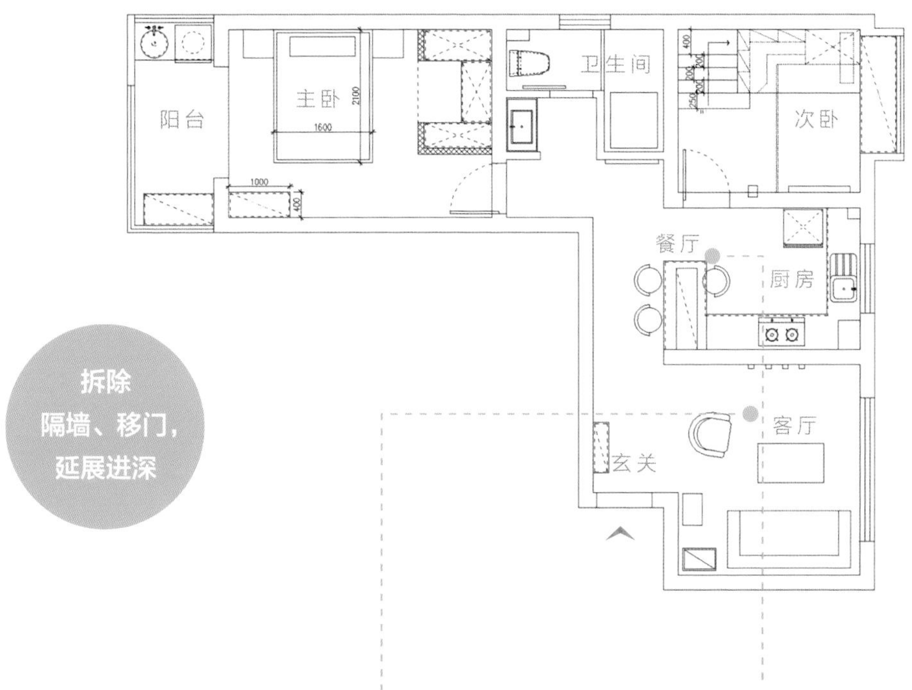

拆除
隔墙、移门，
延展进深

破解1 移除一室，多了客厅，空间也更大

原本的小三房格局既没有玄关也没有客厅，拆除一间卧室就多了客厅，并将昏暗过道纳入其中，入户区显得宽敞明亮。

破解2 移除厨房移门，改以中岛取代

移除厨房与餐厅之间的移门，开放式设计消弭了狭小过道，使得餐厨区更开阔。同时设置中岛吧台，既能作为用餐空间也能当料理台面，即便空间小，功能也充足。

PART 2 进阶篇

多做一点点，功能更升级

不论是小夫妻还是带娃小家庭，80～100㎡的家看似空间足够，但仔细深究，你会发现为什么少了玄关？客厅好小，餐厅好大？虽然有三室，但每间都很憋屈？卫生间窄得只能转身？每个空间都有小缺陷，只要微幅更动格局，就能增加实用功能，有效提升空间利用率！

POINT 1 各区功能升级思考

- 01：无玄关？这样做！
- 02：客厅太小？这样做！
- 03：餐厨区狭窄想加中岛？这样做！
- 04：卧室多加衣帽间？这样做！
- 05：卫生间太挤？这样做！

POINT 2 布局这样微调，多榨1㎡

- 01：改变门的方向
- 02：调动隔断换收纳
- 03：消除犄角旮旯

POINT 1

各区功能升级思考

— 概 念 —

1

柜体既能当隔断也能当屏风

少了玄关，一进入家里能看遍客厅、餐厅，坐在沙发、餐厅的人总显得尴尬，没有安全感。其实只要巧妙利用柜体，就能适时遮蔽视野，柜体既能当屏风，也能作为玄关与客厅的隔断。若空间条件允许，甚至能让鞋柜与电视柜合并，将其收纳功能整合在一起。

— 概 念 —

2

利用中岛吧台整合开放式餐厨区

中岛吧台乍看是奢侈的设计，但却有多种功能，能取代隔断、餐桌。只要采取适当的比例，一座中岛吧台不但可以收纳小家电、扩大厨房的使用范围，能成为客厅与餐厨的隔断，甚至还能当作餐桌使用。

— 概 念 —

3

隔断改衣柜，主卧多出衣帽间

空间小，却想拥有衣帽间，这种问题怎么解决？可以巧妙利用柜体当隔断，围成衣帽间，节省空间的同时，又多了收纳功能。甚至能利用墙面的退缩，微幅移动墙面，从客厅或次卧“借”走少量空间，就能留出衣帽间。

— 概 念 —

4

适时分离，洗浴空间变得更大

80～100㎡的空间通常只容得下一间卫生间，不仅有太逼仄的问题，也容易造成使用困扰，不如改成分离式的设计，比如三分离、四分离，让洗浴、梳洗与如厕都能同时进行，比起全部被无分隔地塞进卫生间，洗浴空间变得更大，早晨盥洗也更舒适。

01
无玄关？这样做！

SOLUTION / 01 改进户门、增鞋柜，就多了玄关

空间设计暨图片提供／罗秀达

原先的房子没有玄关，导致玄关与餐厅范围无法界定，也没有足够的穿脱鞋空间。重新改造后，特意在离大门85cm处设置一道长长的柜体，不仅巧妙圈出玄关区域，也多了置物收纳的空间，钥匙、包包等物品有了暂时搁置的地方。同时将向内开的进户门改为外开，避免进门撞到柜体，也让玄关空间更大、更充裕。

BEFORE

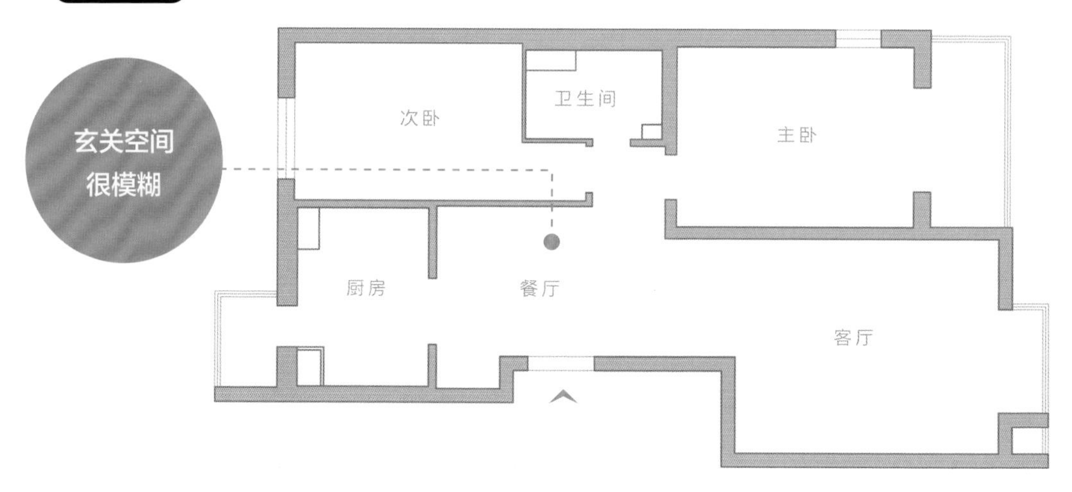

AFTER

多一道柜体，圈出玄关

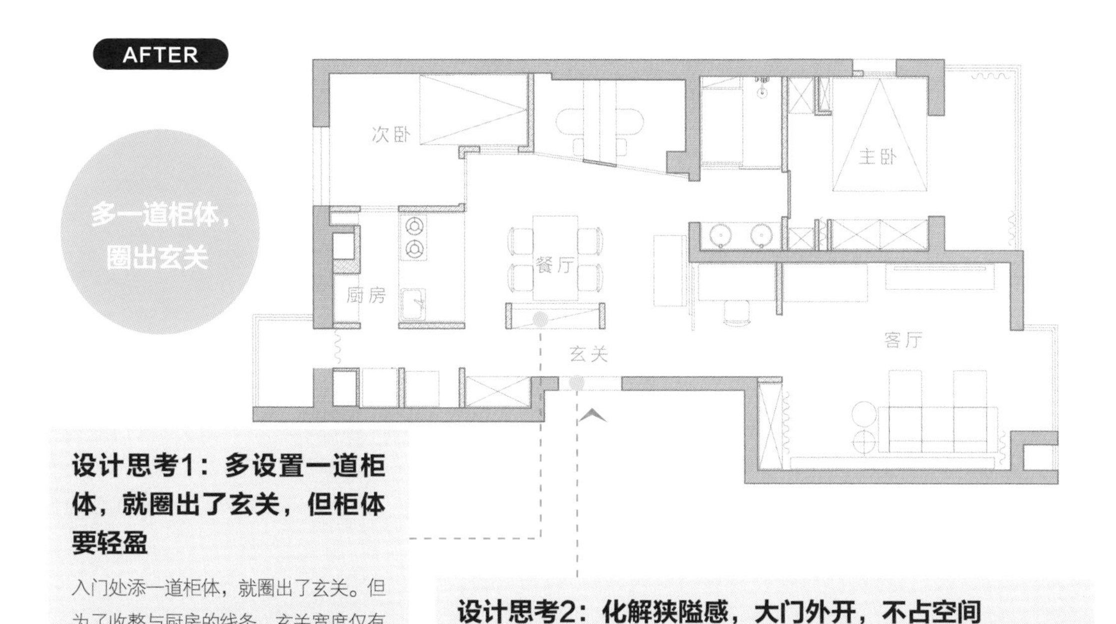

设计思考1：多设置一道柜体，就圈出了玄关，但柜体要轻盈

入门处添一道柜体，就圈出了玄关。但为了收整与厨房的线条，玄关宽度仅有85cm，必须再弱化柜体的体量感，减少视觉压迫感。

设计思考2：化解狭隘感，大门外开，不占空间

若采用传统的开门方式，进门容易卡住，因此必须改变大门的开启方式，外推就不会挤压空间。

外推大门，穿鞋挂衣都轻松

大门外开，完全不占用玄关空间。而大门同侧的凹墙无缝隐藏黑色柜体，完整呼应玄关功能，出入挂衣很方便。

矮柜加镜面，穿鞋又整装

矮柜结合镂空式设计，不仅可以弱化体量感，也可收放拖鞋；侧边镶以落地镜，既可当穿衣镜，又能反射而放大空间感。

SOLUTION / 02 横向玻璃隔断，确保入户隐私

空间设计暨图片提供 / Kim室内设计

这间110㎡的二手房，原本有着装修老旧、隔断过多的问题，使得屋内采光十分昏暗，且从玄关一入户就面对客厅落地窗，空间没有隐私，再加上一旁还多了卫生间入口，玄关没有足够的收纳空间。于是先封闭卫生间入口，有了完整墙面就能设置鞋柜，解决鞋子四处摆放的问题，并运用长虹玻璃做横向隔断，划分落尘区域，而通透的玻璃材质更令光线能自然洒入。

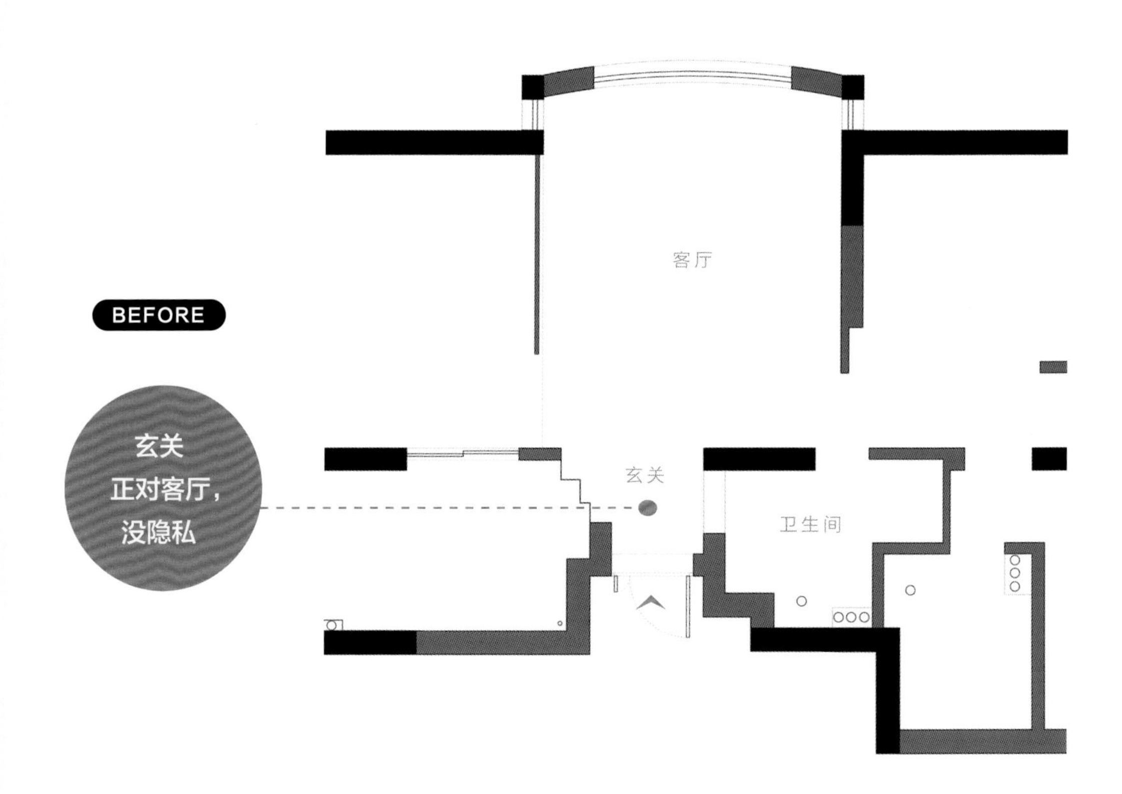

AFTER

增设长虹玻璃隔断，划分落尘区

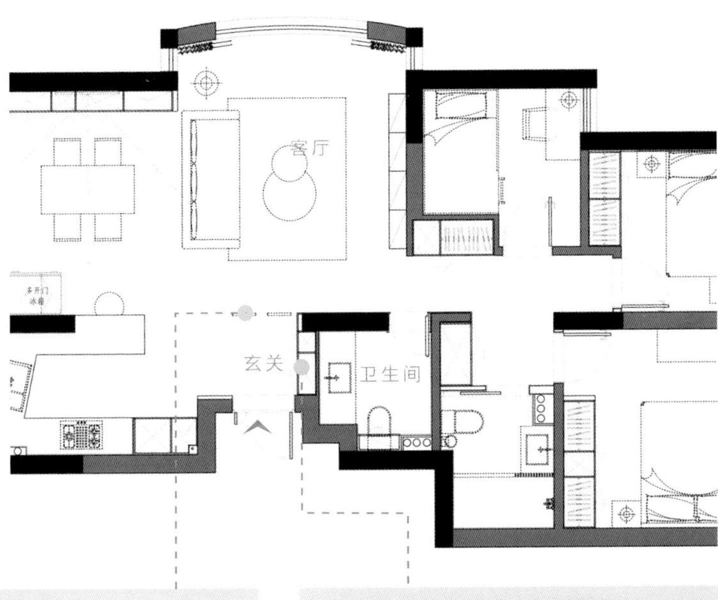

设计思考1：通透隔断引入采光

在玄关处增设横向的长虹玻璃隔断，有效划分入户落尘区与客厅，避开直视客厅的尴尬。

设计思考2：挪移卫生间入口，改设鞋柜

入户右侧原本是卫生间入口，动线并不合理，通过调整门片位置，并在此处设计内嵌式鞋柜，新增玄关收纳功能。

玻璃屏风巧妙分隔玄关

玄关采用木框包覆长虹玻璃制成的屏风，解决入户即直视客厅的问题，同时一侧的厨房采用开放式设计，即便多了屏风，玄关也不显窄。

内嵌鞋柜，入户更整齐清爽

将原本正对厨房的卫生间入口移位，在原有门洞处增设隔断并纳入鞋柜，丰富玄关收纳功能，所有物品都能收得整齐，视觉效果显得十分清爽。

SOLUTION / 03 墙面转向90°，玄关更完整

空间设计暨图片提供 / 山舍建筑设计

这间90㎡的老屋是经典的老户型，虽然南北通透、采光良好，但是一入户迎面而来的就是卫生间的门洞，不仅生活没隐私，视线也显得尴尬。于是刻意将邻近的卫生间干区墙面转向90°，让玄关与卫生间之间多了一道实墙阻隔，此户型从此就有了门厅，打造安定视觉感，隐私问题也迎刃而解。

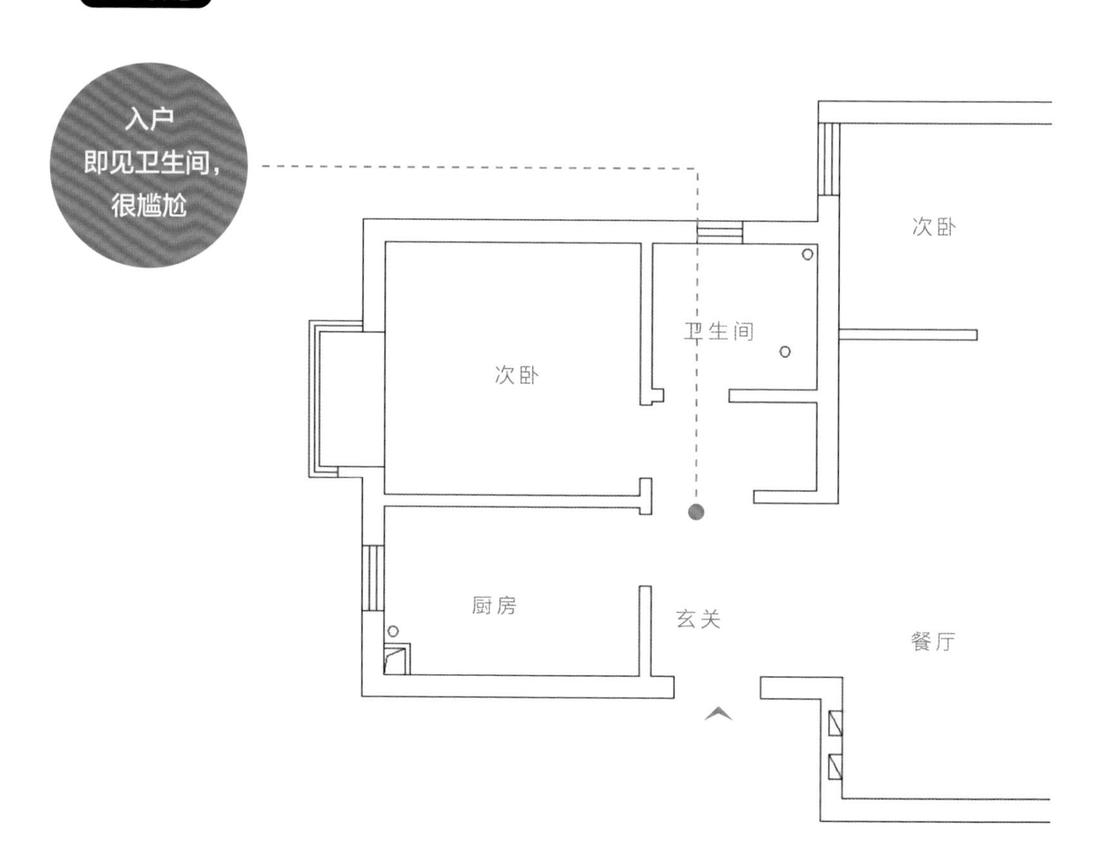

AFTER

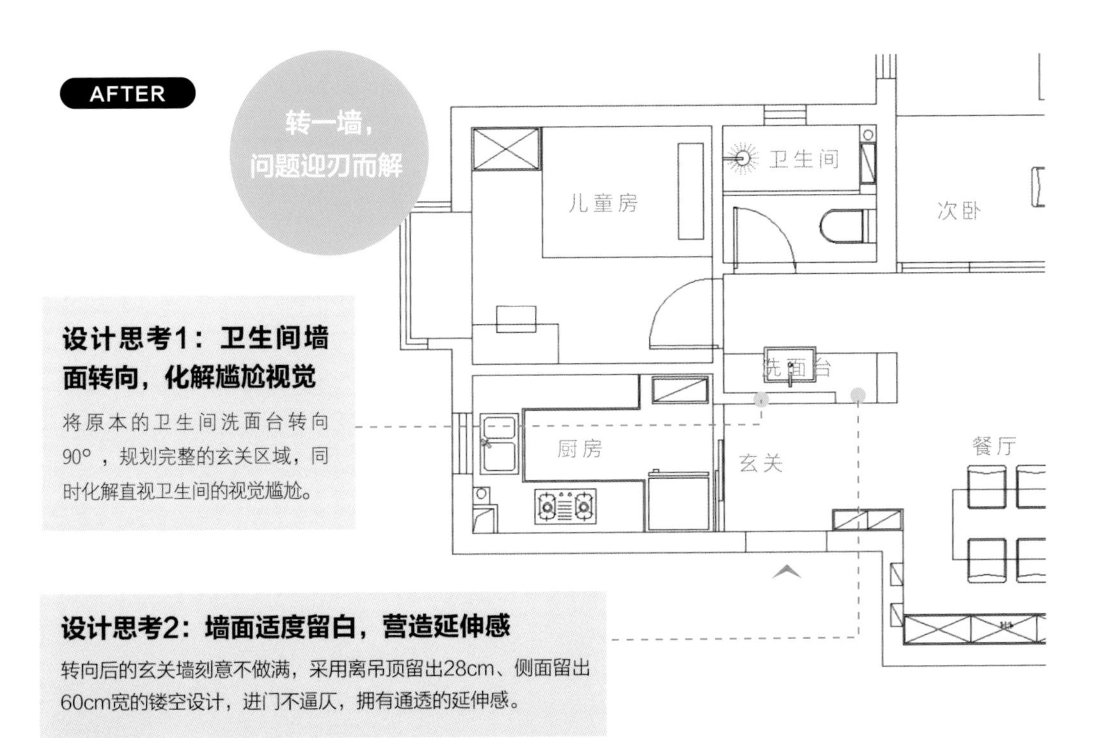

设计思考1：卫生间墙面转向，化解尴尬视觉

将原本的卫生间洗面台转向90°，规划完整的玄关区域，同时化解直视卫生间的视觉尴尬。

设计思考2：墙面适度留白，营造延伸感

转向后的玄关墙刻意不做满，采用离吊顶留出28cm、侧面留出60cm宽的镂空设计，进门不逼仄，拥有通透的延伸感。

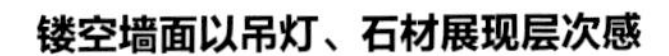

镂空墙面以吊灯、石材展现层次感

玄关采用镂空墙面设计，留白处以黑色石材搭配，让玄关层次更为明显，以一盏吊灯与墙面画作相互呼应。

一墙两用，多了洗面台更宽敞

原本卫生间干区过于狭小，且镜子正对卧室，于是增设一道玄关墙，其后方作为洗面台，一墙两用，空间更宽敞。

02
客厅太小？这样做！

SOLUTION / 01 拆墙引光，加入餐厅，放大客厅

空间设计暨图片提供／上海谷辰装饰设计

约70㎡的小户型，开门而入显得阴暗，原始玄关与客厅之间有一道墙挡住日光，中央的玄关形成暗房，客厅也变得又小又封闭。为了让重要的客厅更大更开放，就必须引进光线，拆除无用的墙面，还原客厅原始大小，同时顺势将厨房与卫生间的部分墙体拆除，有效引进两侧日光，空间变明亮，自然显得更开敞。在客厅中视线也能向餐厨区延伸，无形中放大空间。

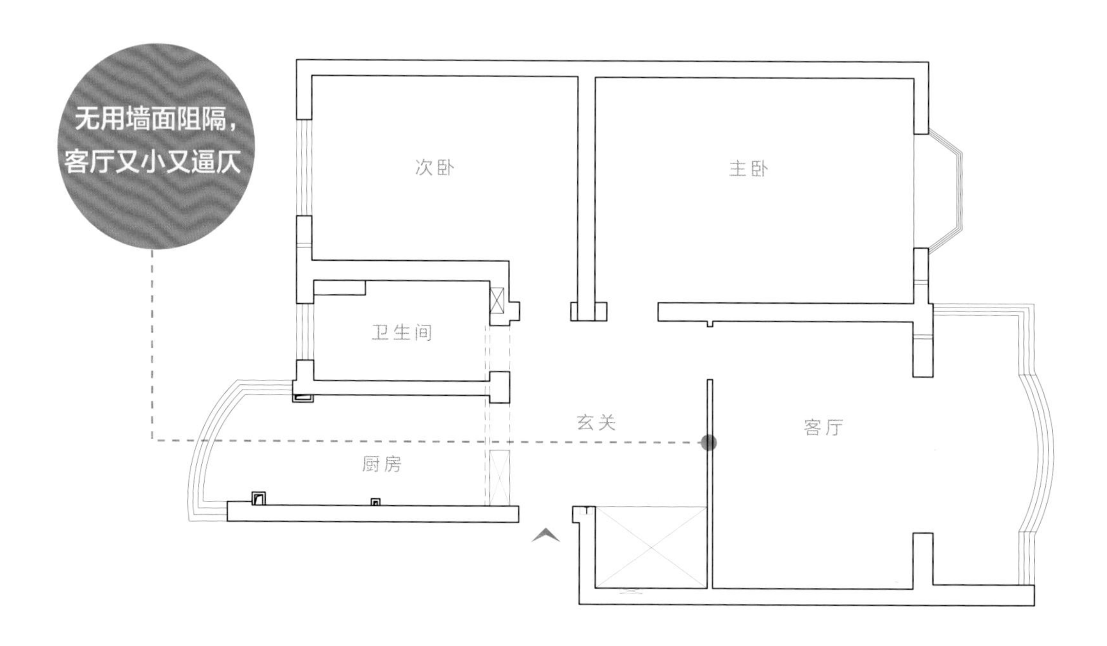

AFTER

拆除隔断，客厅再延伸

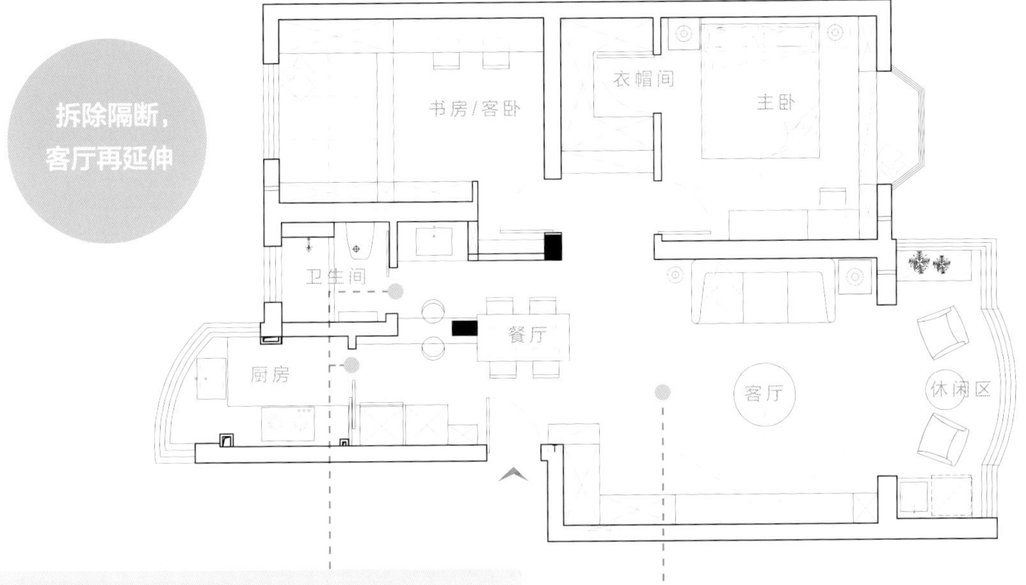

设计思考1：厨卫墙面退缩，公共区域大开放

封闭厨房改为开放式，同时卫生间墙面退缩，阳台光线就能不受阻隔地进入，同时整体开放式的设计，串联餐厅、厨房，客厅显得更大更开放。

设计思考2：拆除客厅隔断，空间更开敞

拆除玄关与客厅之间的隔断，不仅以开放格局扩容客厅，也让两端阳台的光源衔接，照亮全室。

拆玄关墙、厨卫退缩，多出连接客厅的餐厅

玄关隔断拆除后，开门处改设半高鞋柜，同时厨房和卫生间也向后退缩，并借脱开的柱点延伸吧台和餐桌，让视野与光线衔接，还原原始空间进深。

纳入生活阳台，加宽客厅

客厅串联生活阳台，加大空间宽度，光线也能深入内部空间，在角落处再摆上休闲椅，客厅就多了阅读小角落。

SOLUTION / 02 挪移墙面、拆除厨房隔断，客厅无形扩大

空间设计暨图片提供 / 恒彩装饰

空间显小，有时是因为封闭隔断挡住了光线与视线。这套房龄20年的二手房，客厅、餐厅总共只有23㎡，两侧又被卧室与厨房隔断阻挡采光，光线只能从餐厅的小窗进入，空间显得又暗又小。为了扩容客厅，卧室墙面内推1.5m，扩大客厅，而原本厚达28cm的墙体改为14cm厚的墙体，通过缩减墙体厚度尽可能拓宽客厅，增加8㎡面积。厨房也顺势拆除隔断，全开放的设计无形中放大客厅、餐厅，整体显得明亮开阔。

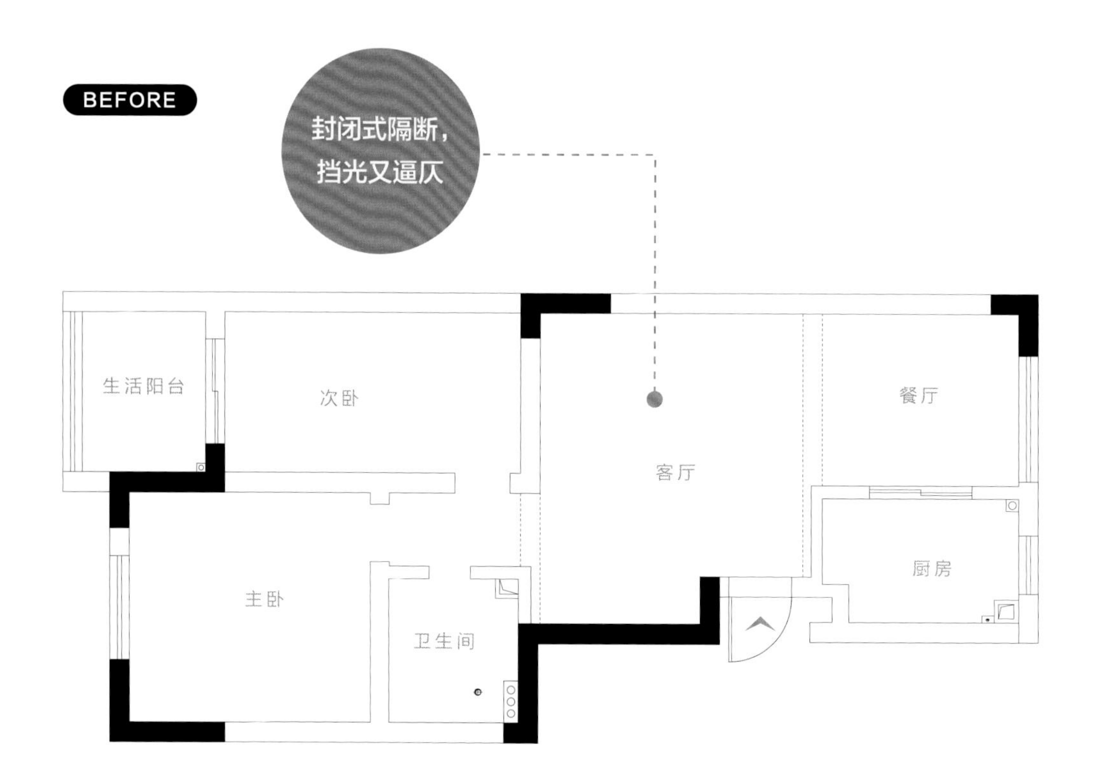

AFTER

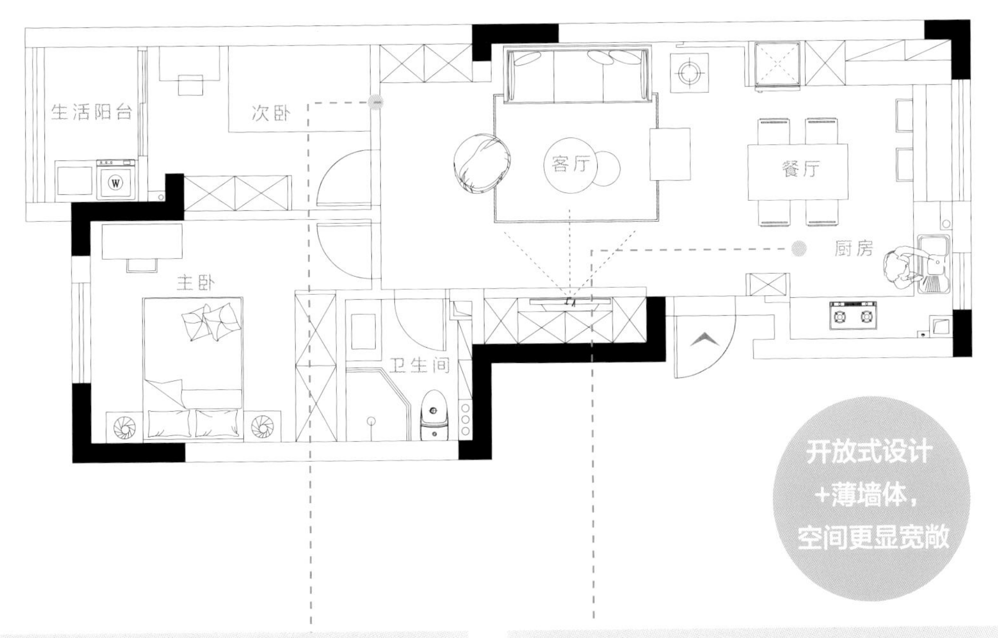

设计思考1：缩减卧室，空间让给客厅使用

次卧向内推，主卧入口跟着内缩，墙体厚度也缩减一半，释放部分卧室与廊道的空间，延展客厅进深。

设计思考2：餐厅、厨房合并，拓宽客厅视野

利用开放式设计，将厨房与客厅、餐厅串联，有效引入光线，也少了占据空间的隔断，有助于延展客厅视野。

卧室退一点，客、餐厅多8㎡

主卧、次卧退后1.5m，拓展客厅进深，同时串联开放式餐厨，足足增加8㎡空间，行走、坐卧更舒适。

家具精简，不多占客厅空间

减少客厅家具数量，采用体积小的茶几与沙发，尽可能不多占空间。沙发一侧的柱体则利用柜体包覆隐藏，丰富客厅收纳功能，也有效弱化柱体。

SOLUTION / 03 只推倒一堵墙，异形客厅更大更优雅

空间设计暨图片提供／上海谷辰装饰设计

90后小夫妻希望婚房有足够的储物空间，而客厅面积略小，再加上六角形的特殊格局，难用的犄角旮旯较多，又有三面临窗的问题，难以规划收纳与家具布局，连电视机都无法摆放。于是移除厨房隔断，将餐厨区纳入客厅，扩大面积，再顺着格局形状倾斜布置电视墙。这道电视墙不仅解决衣帽柜和无玄关的缺陷，沙发座向、餐厅吧台也能就此定位，借此串联客、餐厅，打造宛如餐厅酒会沙龙的浪漫氛围。

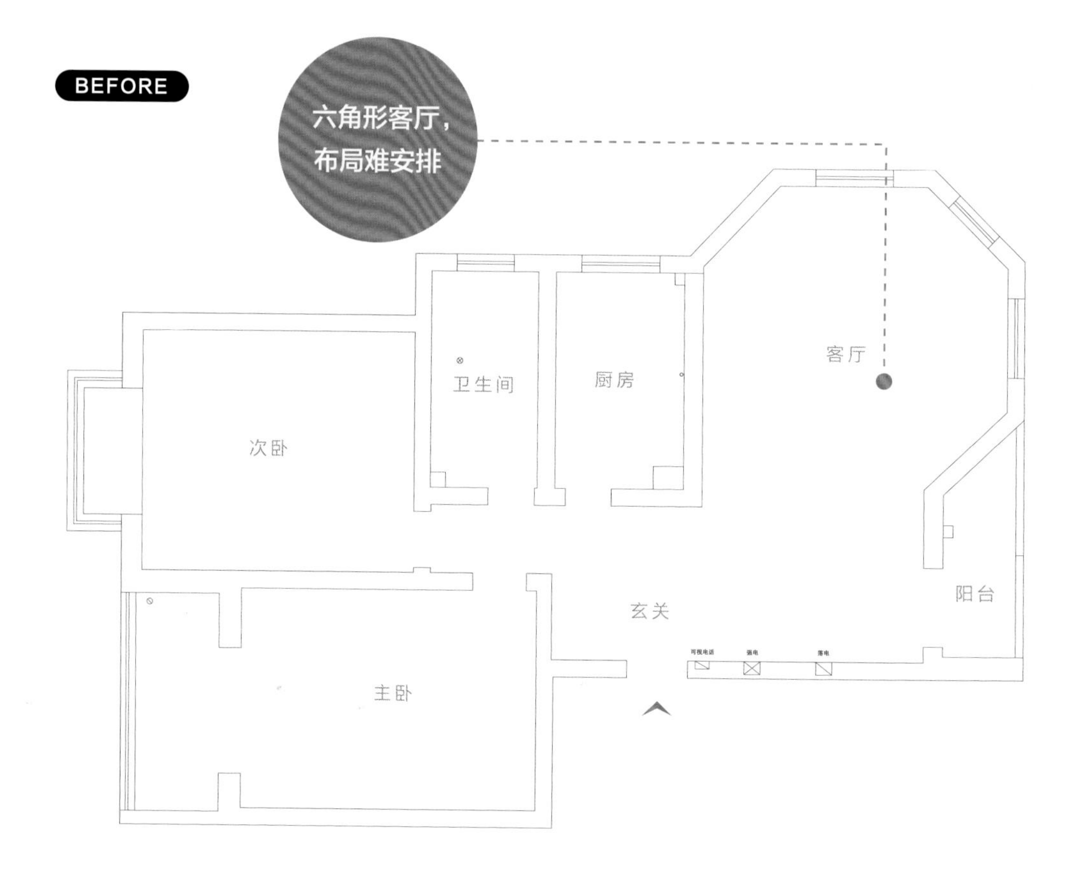

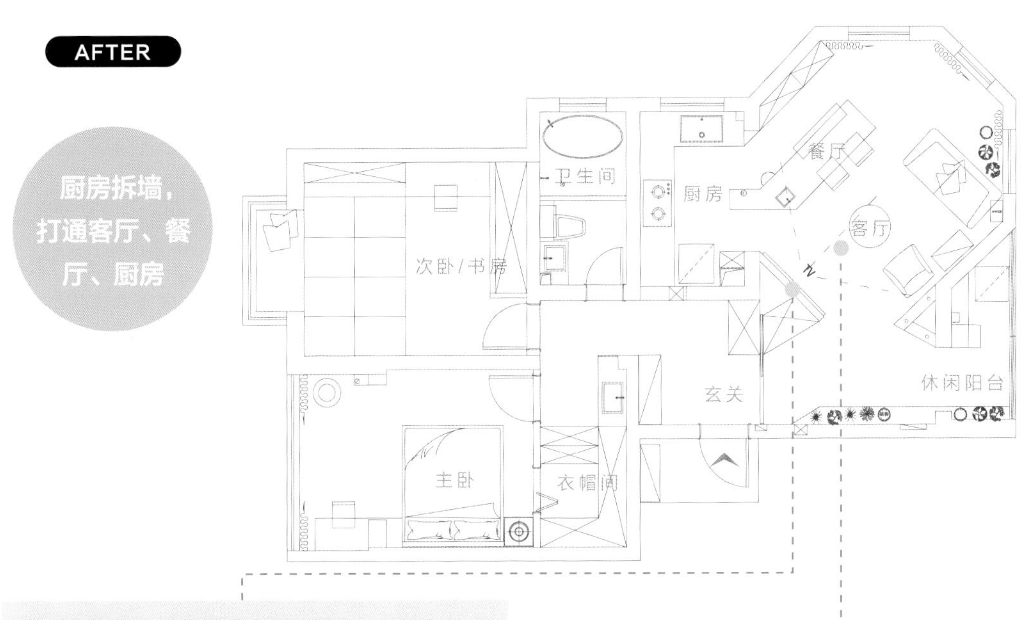

设计思考1：倾斜布置电视墙，家具全定位，也满足收纳需求

六角形客厅不方正，沙发、电视墙难安排，连收纳柜的位置都会受限。于是大胆倾斜布置电视墙，沙发也跟着斜放，同时顺着电视墙后方设置衣帽柜，收纳空间更充裕，也让过道更方正。

设计思考2：开放格局，合并客厅、餐厅、厨房，空间变得更大

客厅同时要设置沙发与餐桌，面积显得有点小，于是打通相邻的厨房隔断，客厅视觉能延展到餐厨，无形扩容空间。

以地砖线条延伸空间感

半掩的玄关结合电视和衣帽柜，通透的视觉感受搭配黑白拼花地砖，从玄关一路延伸到客厅，放大整体视觉效果。

隔断变吧台，客厅瞬间放大

拆除客厅与厨房之间的隔断，让客厅、餐厅、厨房融为一体，视野顿时延伸放大，空间中央改为酒柜搭配吧台，营造餐厅酒会沙龙般的浪漫氛围。

03 餐厨区狭窄想加中岛？这样做！

SOLUTION / 01 拆除厨房墙面，有助于扩容又引光

空间设计暨图片提供／谢秉恒工作室

当餐厅、厨房安排在空间中央时，就必须仰赖两侧的采光，加上厨房是封闭式的，隔断不仅阻挡了光源，也容易让餐厨空间更显狭窄拥挤。为了让料理、用餐更有余裕，拆除厨房、卫生间与次卧的墙面，让出更多面积给餐厅，厨房也顺势展开，增设中岛，扩大操作台面。空间一扩容，餐桌也能随需求摆放，与中岛并排成一字形或L形都不逼仄。

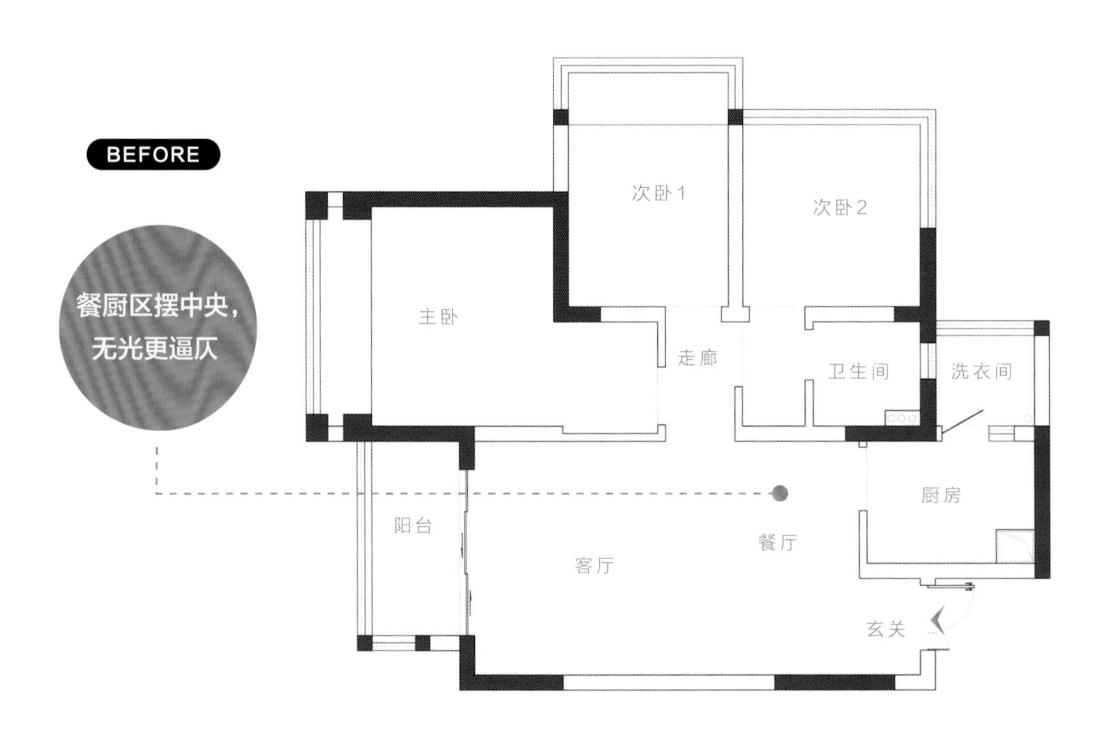

AFTER

拆除隔断，厨房、卫生间让出面积

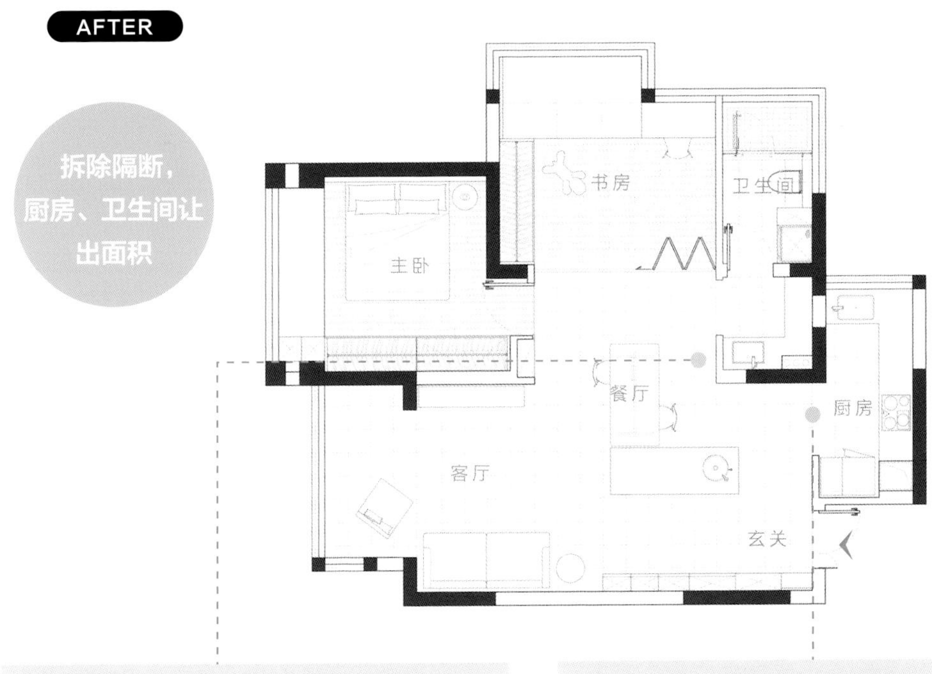

设计思考1：厨房与卫生间让出面积，有效扩容餐厅

扩大次卧1空间，同时卫生间空间调转90°，中央就多了能增设中岛、餐桌的空间，备料、用餐舒适有余裕。

设计思考2：厨房改为开放式，餐厨空间整合，更显开阔

厨房拆除隔断、并入阳台，与餐厅融为一体，视野有效延展，更显开阔。

弹性调度餐桌，灵活使用空间

缩减厨房与卫生间空间，让出更多面积，同时餐桌能沿着中岛随意变换摆放位置，比如横摆餐桌就能腾出一块开阔空间，未来能成为小孩的游乐场，空间使用更灵活。

开放式中岛，串联公共区域

厨房改为开放式，玄关、餐厨与客厅全然开阔，同时中岛增设水槽，不仅回家就能马上洗手，也方便随时清洗蔬果、简单备料。

SOLUTION / 02 餐厨空间改为开放式，多了中岛，互动更紧密

空间设计暨图片提供／Kim室内设计

虽然空间面积有110㎡，但无论是厨房还是餐厅都是封闭式的，导致空间相对狭窄，显得十分局促且昏暗，再加上原有餐厅的地面抬高，还做了扶手，出入并不方便。于是将所有隔断拆除，采用开放式的餐厨设计，不仅增加了采光，厨房的进深也就此延展拉长，视觉效果扩大，面向餐厅的一侧还增加岛式操作台，做料理时也能兼顾小孩，打造高频率互动的餐厨环境。

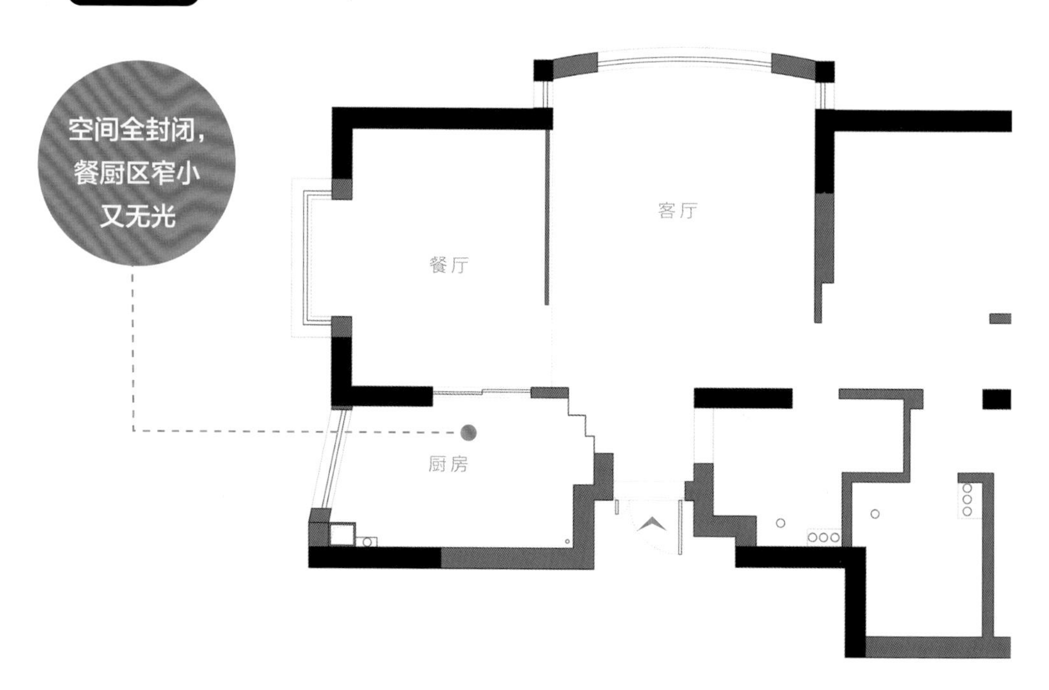

拆除所有隔断，餐厅、厨房共融

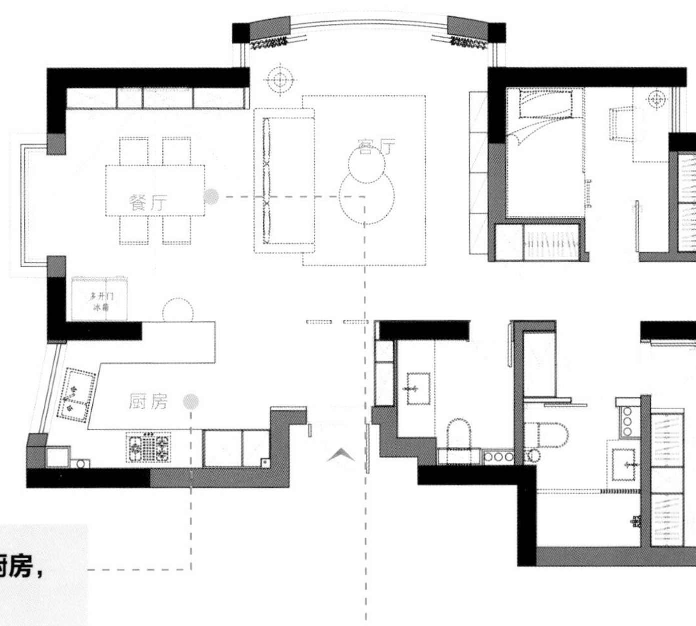

设计思考1：开放式厨房，双倍扩容

原本厨房隔断太多，压迫又昏暗，于是拆除所有隔断，打造开放式的厨房，与餐厅串联后，有效延展空间进深，空间瞬间变大两倍。

设计思考2：拆除封闭式餐厅隔断，与客厅串联

将餐厅无用的地台、扶手与隔断通通拆除，还原原始的空间进深，也顺势与客厅串联，空间视觉效果无形扩大。

增加中岛，兼顾亲子互动

厨房改为开放式，增加的中岛不仅使用方便，料理时也能兼顾亲子互动。橱柜则采用白色的岩板台面和烤漆亚光的柜门，搭配全面净白的色系，有效照亮空间。

客、餐厅贯通，延展视觉

拆掉客厅与餐厅之间的墙体，两区串联贯通，采光也随之深入，空间扩容。利用餐桌、沙发隐性划分客、餐厅范围，搭配中性不张扬的色系，整体氛围更显宁静沉稳。

SOLUTION / 03 敲掉餐厨区墙体，合并空间效能大

空间设计暨图片提供／玖柞制作

厨房若为封闭式设计，加上柜体占据空间，待在厨房容易产生逼仄感，这个90㎡户型中的厨房就有封闭狭小的问题，再加上原有的储物间正好在餐厨区前方，挡住了光线与通风，整体空间又小又逼仄，也限制了厨房与餐厅的灵活度。

为了享受更开阔的料理空间，拆除厨房隔断，与餐厅合并，操作台顺势外移且沿窗设置，打造L形大厨房，同时拆除无用的储物间，融入餐厨空间。全开放的设计让客厅、餐厅与厨房相互串联，有效引光的同时，餐厨区的视野也无形向外延展，空间更显宽敞。

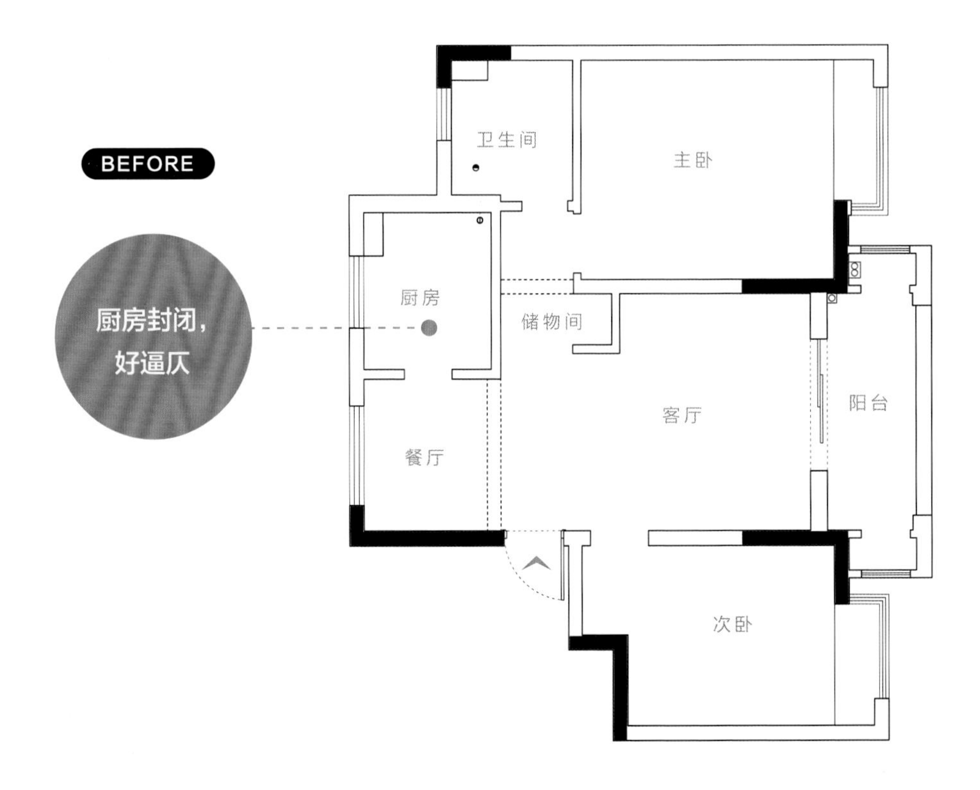

AFTER

餐厨区整合，全开放式设计更显大

设计思考1：拆掉厨房隔墙，与餐厅整合

封闭式厨房改为开放式，并拆除不敷使用的小储物间，融入餐厅，扩大料理与用餐空间，使用更有余裕。

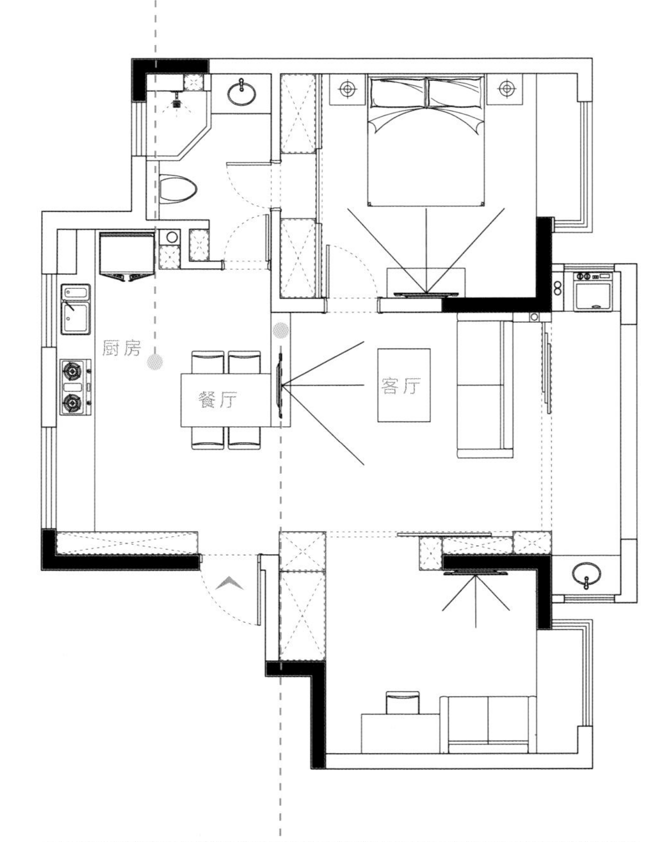

沿墙设置操作台，厨房更大更好用

厨房与餐厅合并，全开放的设计有更多余裕空间能设置操作台，开阔的备料区不仅方便好用，收纳空间也充足，餐厨区质感大升级。

设计思考2：打造半墙界定空间，也维持通透采光

为了保有通透采光与视野，巧妙运用半墙作为餐厨区与客厅的分界，有效遮掩凌乱厨房的同时，也让餐厨区延展扩容。

少了隔断，双面引光好敞亮

电视半墙巧妙成为客厅与餐厨区界线，不仅有效遮掩直视厨房的尴尬视线，也兼顾视觉的流畅度，同时引入双面采光，让公共区域更敞亮。

04 卧室多加衣帽间？这样做！

SOLUTION / 01 打通主卧零碎空间，衣帽间干净利落

空间设计暨图片提供／辰佑设计

这套89㎡的住宅由于仅有屋主一人居住，能赋予更个人化的功能，加上屋主从事演艺经纪行业，需要一间储物量较大的衣帽间。原本的主卧空间较零碎，虽然有着自带储物间与阳台的面积优势，但入口的方位不佳，使得动线迂回，空间不易利用。为了不浪费空间，拆除储物间与阳台隔断，打造开放式衣帽间，有效扩增收纳量，且衣帽间入口顺势转向床侧，有效缩短动线，提升使用效率。

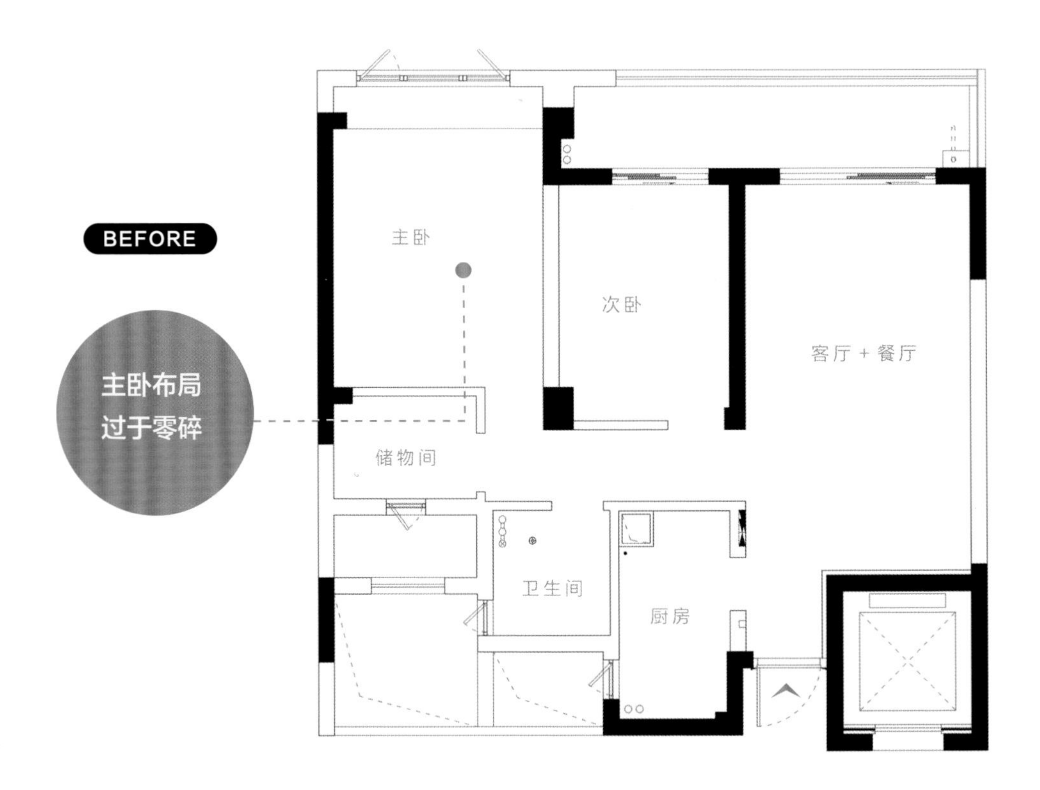

设计思考：拆墙整合，打造大型衣帽间

打通阳台与储物间，有效整合无用的零碎空间，主卧增添功能充足的大型衣帽间，提升空间使用率。

衣帽间入口转向，动线更流畅

打通主卧的零碎空间，改造为步入式衣帽间，入口移向床侧，不仅与主卧入口区分，出入不干扰，动线也更干净利落。

镜面柜门，有效反射扩容

衣柜柜门分别采用烤漆门板与黑色玻璃，营造落地的镜面反射效果，使衣帽间看着更宽敞。内外呼应的纯黑色系，满足屋主喜好，也更沉稳宁静。

SOLUTION / 02 压缩主卧空间，改变门的位置，卧室内外都有衣帽间

空间设计暨图片提供／上海谷辰装饰设计

这套90㎡的住宅是一对小夫妻规划的婚房，原本两室的空间，只需一间主卧就已足够，另一间则作为书房使用。而屋主希望有足够的衣帽间，此外，进户门正对主卧门也是尴尬点。因此，将主卧内部飘窗的外凸区域设置为衣帽间，并拆除卫生间与次卧部分墙面，巧妙利用空出的面积再扩增一间外置的衣帽间，不仅让收纳空间足足多出一倍，也顺势改变主卧入口的位置，避开正对大门的困扰。

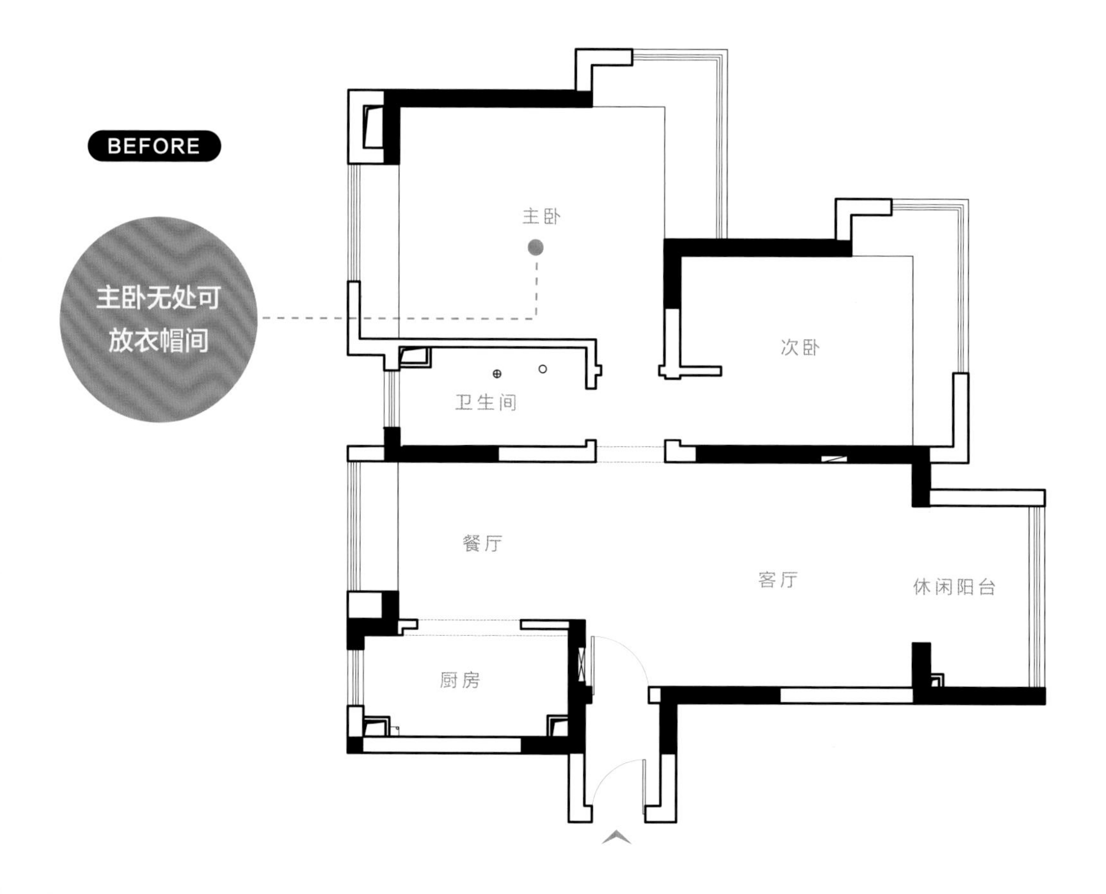

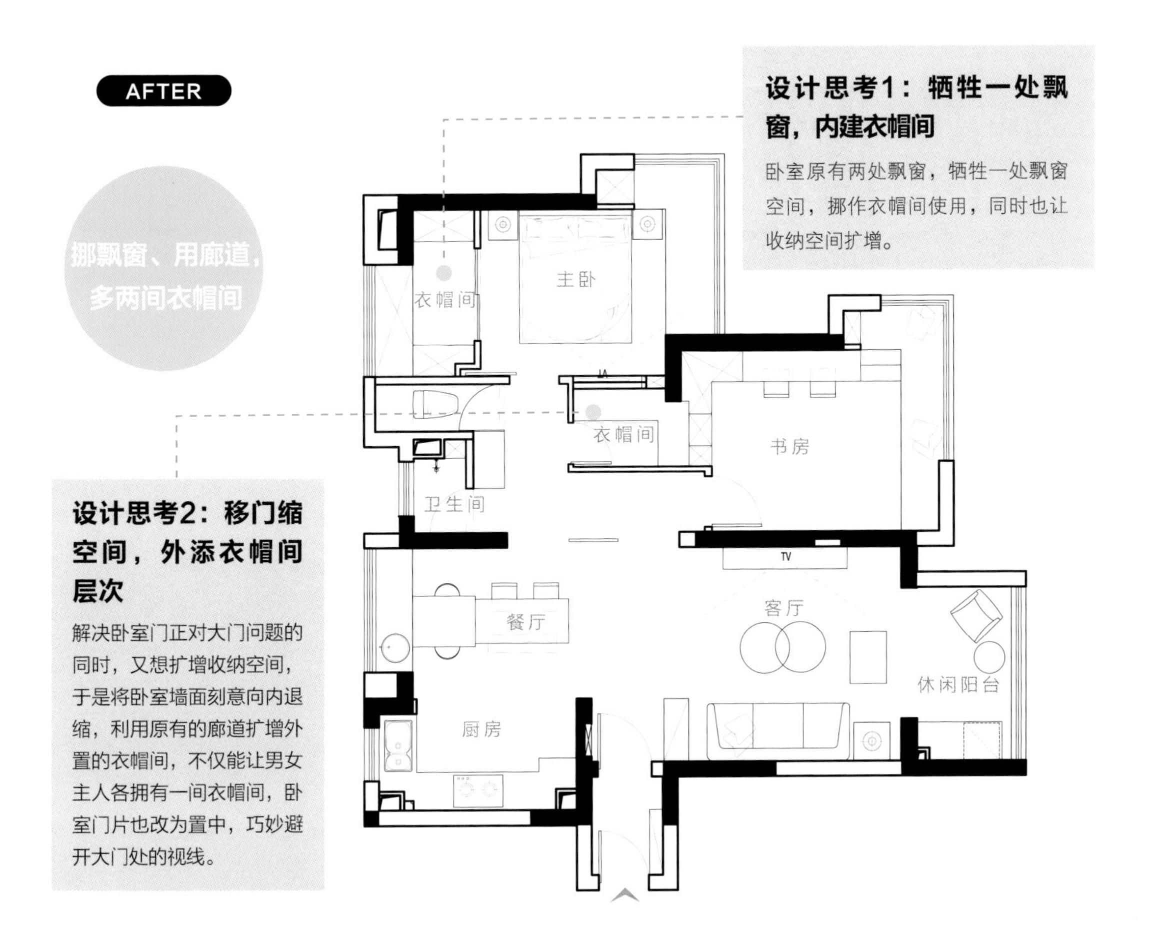

设计思考1：牺牲一处飘窗，内建衣帽间

卧室原有两处飘窗，牺牲一处飘窗空间，挪作衣帽间使用，同时也让收纳空间扩增。

设计思考2：移门缩空间，外添衣帽间层次

解决卧室门正对大门问题的同时，又想扩增收纳空间，于是将卧室墙面刻意向内退缩，利用原有的廊道扩增外置的衣帽间，不仅能让男女主人各拥有一间衣帽间，卧室门片也改为置中，巧妙避开大门处的视线。

衣帽间改用玻璃移门，透光不透视

将畸零的飘窗区改为衣帽间使用，为了不让卧室过于逼仄，衣帽间采用玻璃移门设计，保持视觉通透，减少压迫感的同时又不占空间。

扩增收纳，又打造入门主视觉

卧室墙面内缩，同时位移入口，就多出一间2.3㎡的衣帽间，而在衣帽间的木作外墙面上再装饰挂画，打造入门观景的主视觉。

SOLUTION / 03 整合收纳空间，衣帽间“无中生有”

空间设计暨图片提供 / 本墨室内设计工程（上海）有限公司

这套精装房先是面临收纳空间不足的先天限制，又有过多飘窗占据面积，多处隔断分割出多个功能区，主卧、次卧相对局促，放了床就没有收纳空间。于是拆除主、次卧局部墙体，将主卧往次卧推移，即可获得足够的衣帽间空间。而次卧则利用飘窗延伸书桌与榻榻米，扩大休憩与工作功能区，同时搭配箱体床补足收纳空间。

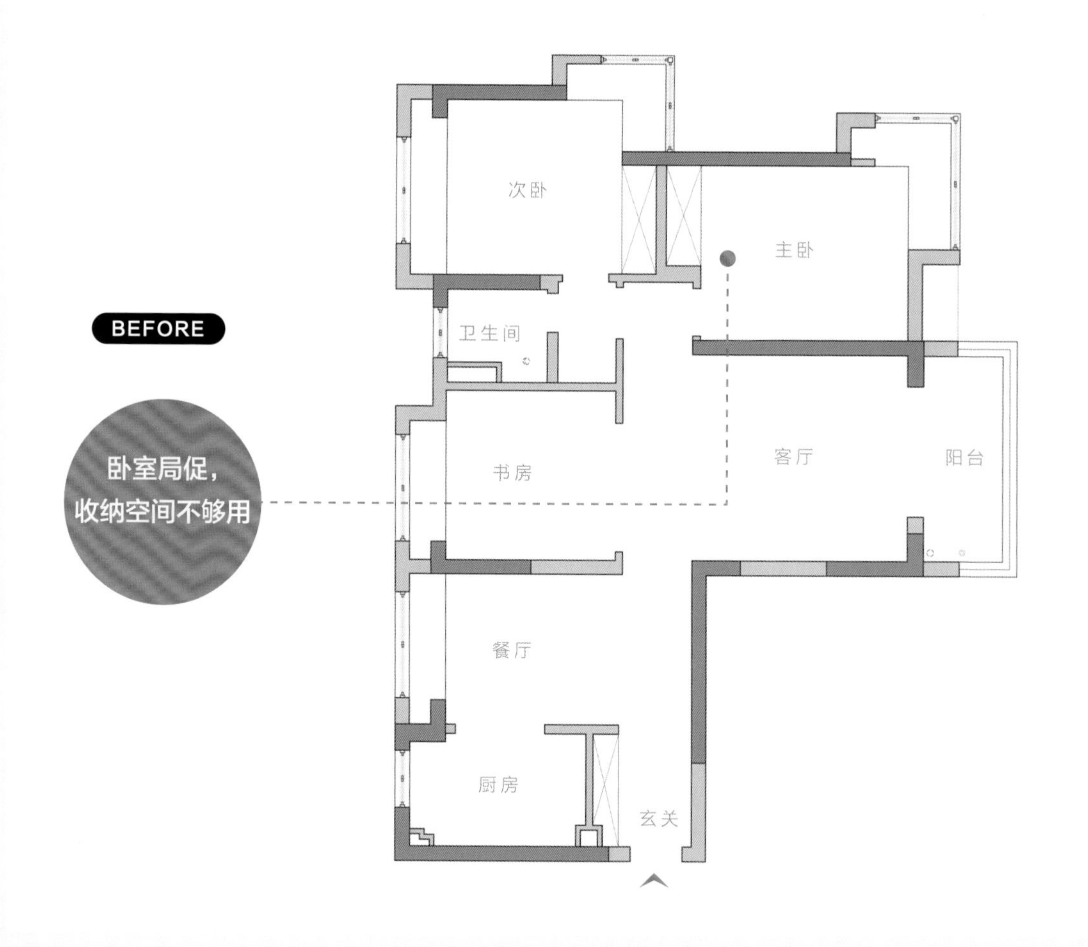

AFTER

拆除隔断+善用家具，争取充足收纳空间

设计思考：借位挪用，扩增收纳空间

拆除主卧与次卧之间的隔断，并向次卧推移，主卧得以腾出空间设置衣帽间，次卧则采用功能导向的收纳手法，创造三倍收纳空间。

衣帽间隐形门施魔法

主卧的步入式衣帽间采用隐形门设计，相较于移门或外开式柜门，既节省了空间，也让墙面线条显得干净利落。

设置箱体床，高效收纳衣物

将次卧飘窗抬高做成书桌，同时设置箱体床，可上掀收纳，并有抽屉柜，有效整合衣柜功能，一间卧室有一半空间具有收纳功能，满足实用性需求。

05 卫生间太挤？这样做！

SOLUTION / 01 东挪西用，二分离卫生间变四分离

空间设计暨图片提供／罗秀达

尽管只有夫妻两人与五岁的小朋友居住，但一家三口对卫生间都有高度需求。为了化解只有一间卫生间可用的拥挤狭小和尴尬局面，原有卫生间一分为二，再通过主卧释放部分面积，带动双面盆、双马桶、双浴的四分离动线，让原本只有3.6㎡的卫生间扩增为9.5㎡，不仅空间变大、变舒适，洗漱还能各自分开，不受干扰，提升洗浴体验。

BEFORE

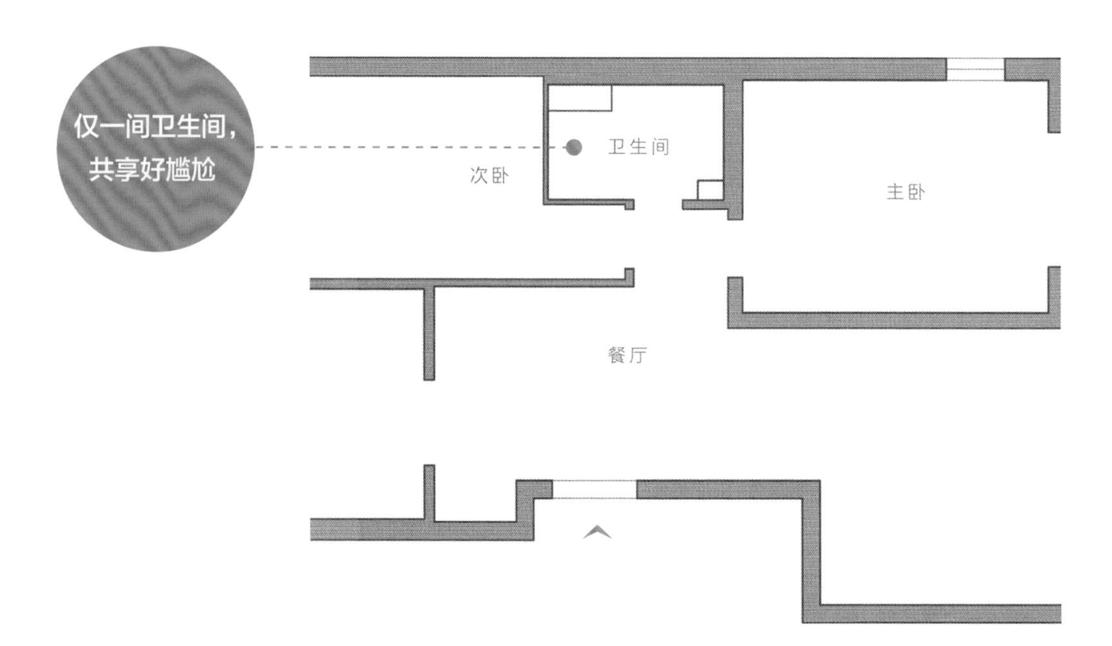

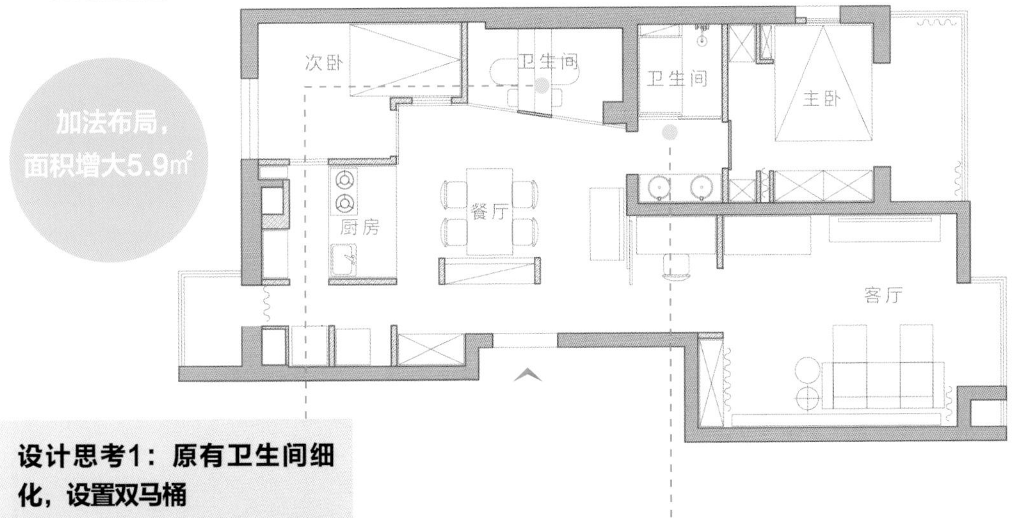

设计思考1：原有卫生间细化，设置双马桶

卫生间一分为二，同时隔断往次卧推移，划分为两个马桶区。而马桶区的门片向内缩，有效释放面积给餐厅，搭配刻意斜切的设计，能遮掩厚重柱体。

设计思考2：主卧内缩，让出淋浴间与浴缸空间

为了扩充卫生间，主卧隔断内缩，就多了淋浴间与浴缸空间，同时将洗面台外移，采用四分离设计，功能区各自独立。

单间分隔，打造双浴厕

原有卫生间加以细化，分置两组马桶，同时马桶背对设置，有效节省走管路线。而墙面铺陈不同颜色，赋予活泼视感。

干湿分离，空间不止多一倍

主卧隔断退缩，不仅多了淋浴间与洗面台，还能放下浴缸，满足泡澡需求。功能区各自独立的干湿分区设计，家人同时使用也不干扰。

SOLUTION / 02 舍一室，换来四分离卫生间，还多了洗衣间

空间设计暨图片提供／合肥飞墨设计

想扩大卫生间，不妨挪用原本无用的空间，有效利用室内面积。这套110㎡的住宅虽然为三室格局，但只有一间窄小的卫生间。只有屋主一人居住，他希望能有大大的衣帽间和浴缸，于是将零散且鸡肋的次卧1与阳台拆除，一部分面积挪给主卧衣帽间使用，强化收纳功能；另一部分则划分给原本窄小的卫生间，改善空间，设置浴缸与淋浴区，打造四分离卫生间，洗浴功能更完善。

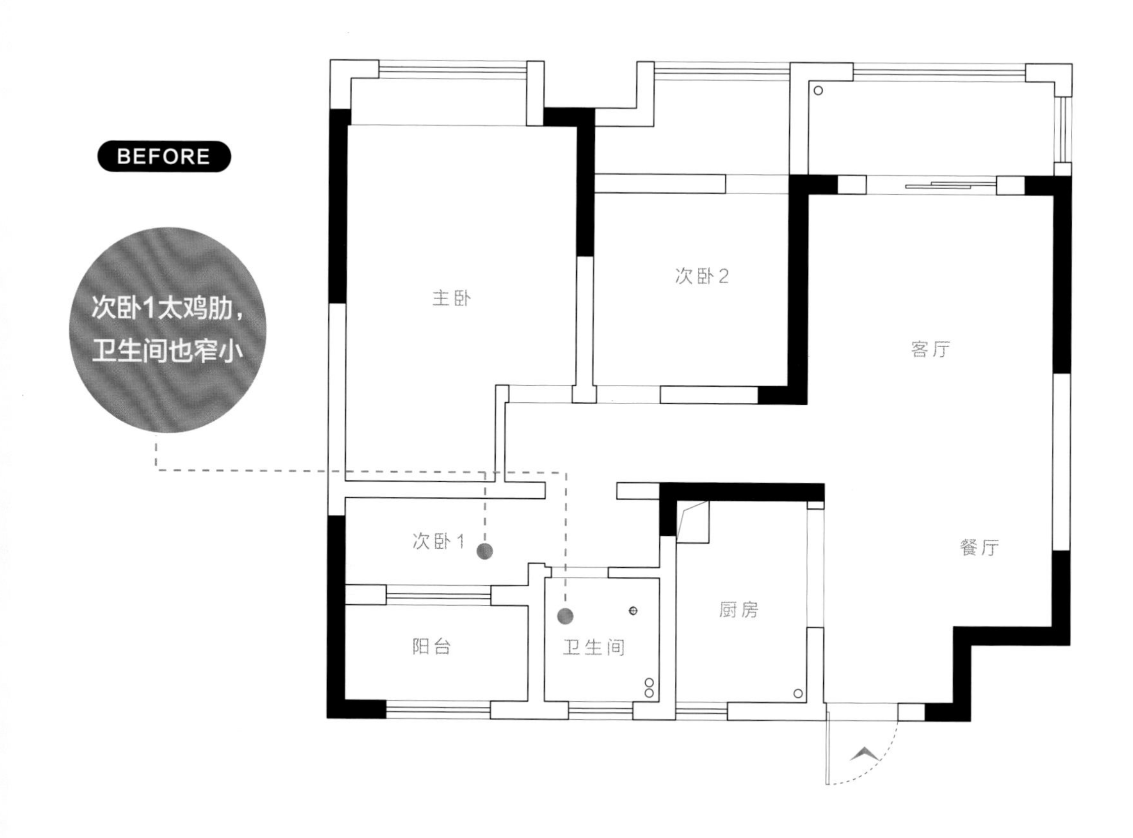

AFTER

一室挪给卫生间，实在划算

设计思考1：次卧1让给卫生间，完善洗浴功能

拆除鸡肋的次卧1，部分空间挪给窄小的卫生间，赋予淋浴、浴缸等全套功能，打造完善的四分离卫生间。

设计思考2：增加主卧衣帽间收纳量

剩下的次卧1空间能融入主卧衣帽间，不仅增加衣柜收纳量，卧室功能也更加完备。

少一室，卫生间干湿分离还多扇窗

卫生间借用次卧1空间，扩大使用空间，不仅纳入四分离设计，也满足屋主希望有浴缸的需求。而原本的阳台窗户也纳入卫生间，采光、通风更好。

挪用卫生间干区改设洗衣间，缩减家务动线

挪用卫生间外侧原有的干区空间，嵌入洗衣机、烘衣机，洗浴后就能直接将脏衣丢入，有效缩减家务动线。并且周围设置高柜，放置洗浴用品，扩充收纳空间。

SOLUTION / 03 挪用闲置阳台，多了3㎡淋浴间

空间设计暨图片提供／南京木桃盒子设计

当卫生间较小时，挪用邻近的闲置空间就是最有效率的做法。一对年轻夫妻居住在这个85㎡的空间，房子格局虽然方正，但仅有一间卫生间，4㎡的面积过于逼仄，无法实现干湿分离，再加上原始小窗的进光量不多，卫生间阴暗又显小。于是挪用相邻的阳台，拆除卫生间与阳台之间的隔断，并封闭原始阳台门洞，形成完整的淋浴区，足足多了3㎡的可用面积，同时通过隔断划分功能区，巧妙运用干湿分离式设计。

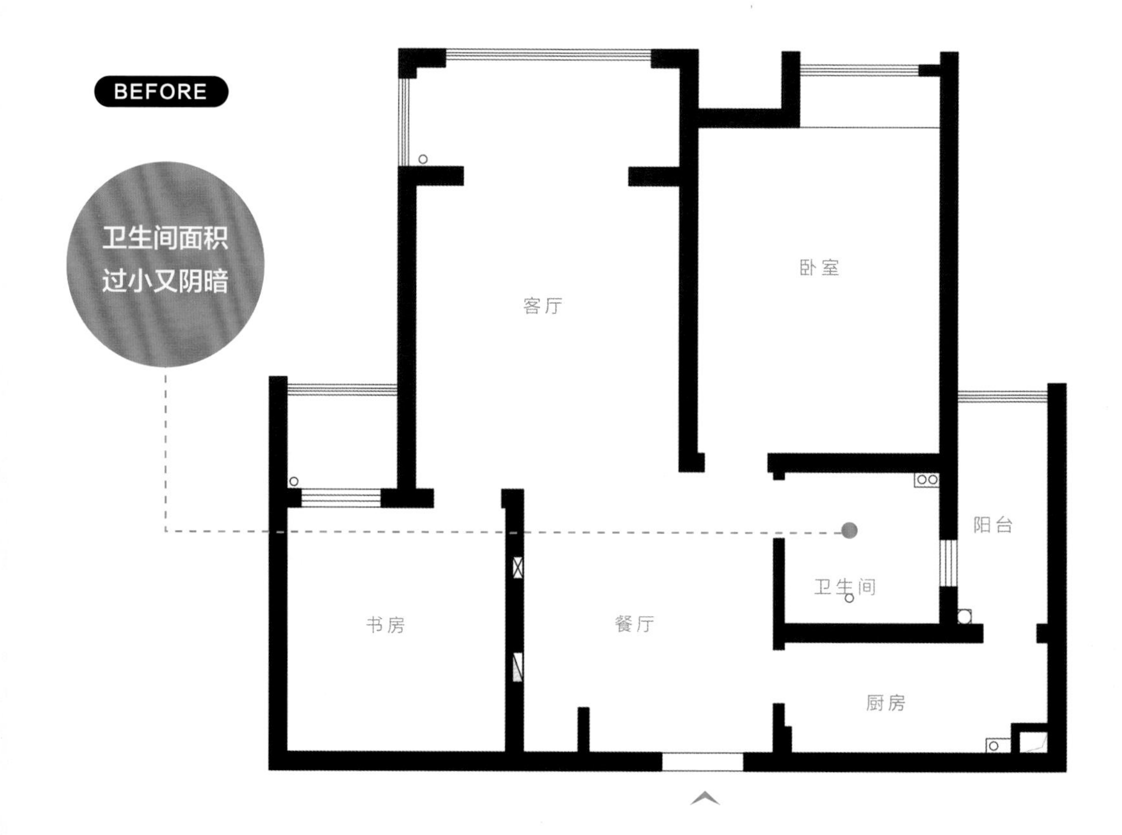

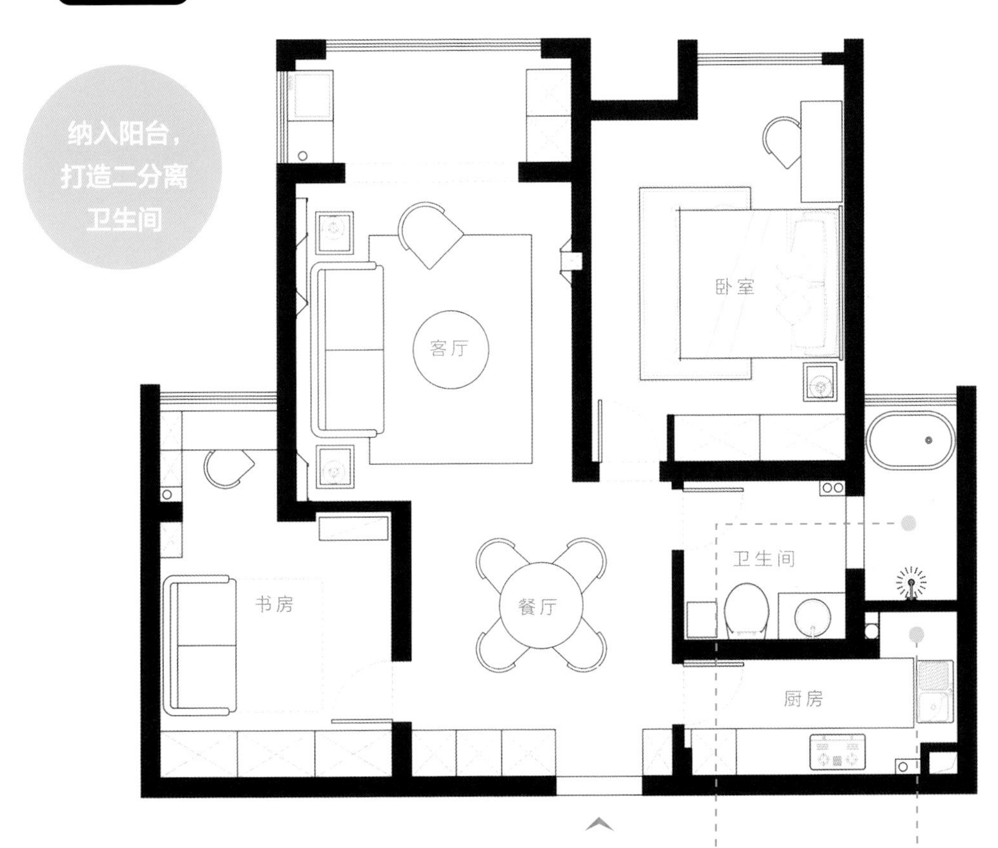

全室净白，无形扩容放大

纳入阳台后，卫生间引入户外光源，全室铺陈白色墙砖与地砖，全白色系有助于光线反射，强化明亮视觉，空间更显开阔。

设计思考1：阳台、卫生间合并，空间大一倍

阳台利用率本来就不高，成为无用的闲置空间，通过合并卫生间与阳台，卫生间足足有7㎡可以运用，空间大一倍，也能巧妙划分淋浴间与洗面台。

设计思考2：部分阳台挪给厨房，U形操作台更好用

为了巧妙隐藏管道间，部分阳台空间让给厨房使用，沿着管道间顺势打造U形操作台，不仅操作台面更大，管道间也悄然隐形。

SOLUTION / 04 拆一房、纳阳台，扩大客卫空间

空间设计暨图片提供／上海费弗空间设计有限公司

虽然100㎡的面积不算小，但对于4口之家来说因为隔断及收纳规划不当，空间感也显得局促，尤其是位于中央的客卫太窄小，再加上内窗设计，外部还隔了一道阳台，通风、采光相对不好。想解决卫生间狭小的问题，势必得挪用其他空间，于是拆除客卫与相邻厨房的隔断，顺着管道间将卫生间后退到阳台位置，便可获得更大的使用空间，连洗衣机都能纳入。同时调整客卫内部布局，将洗面台安排在窗前，增加采光与通风，马桶区与淋浴间则安排在洗面台两侧，强化隐私，家人使用起来更舒适。

BEFORE

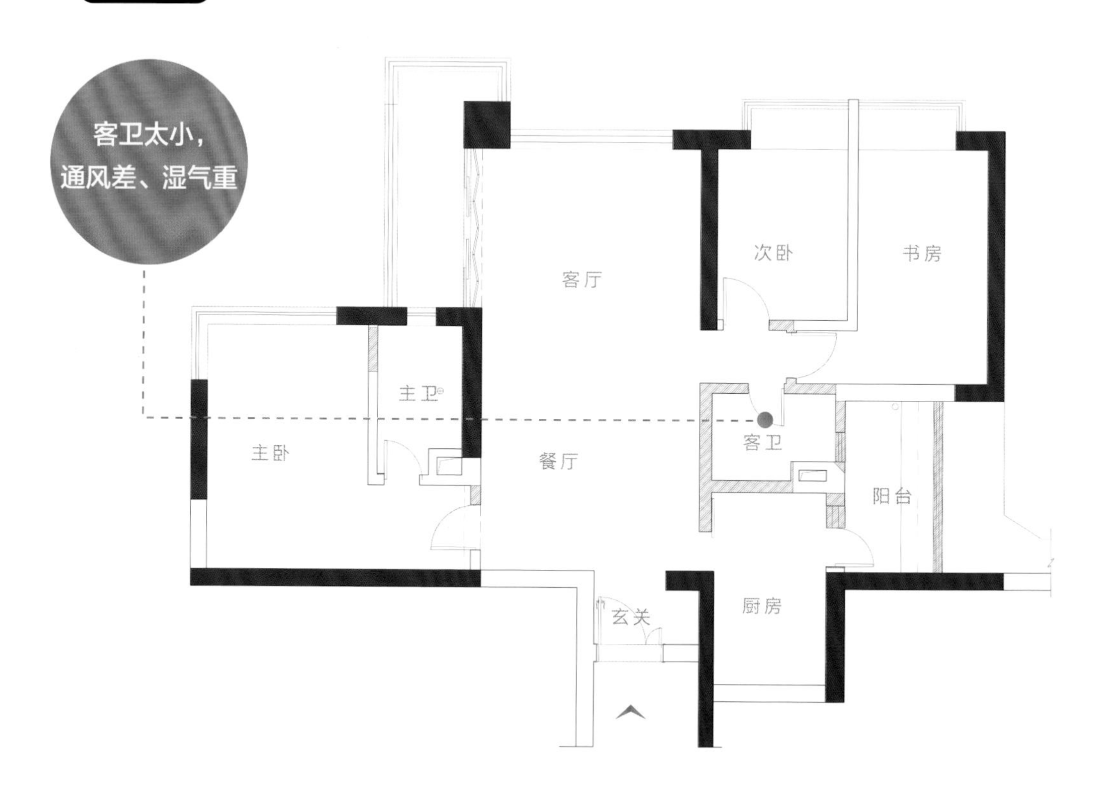

AFTER

拆除中央隔断，卫生间更好用

设计思考1：利用阳台扩大客卫，舒适度大提升

拆除客卫与厨房隔断，将客卫挪移至原本阳台的位置，随即扩增淋浴区，洗浴不逼仄。

设计思考2：改变开窗形式，增加设备功能

重新规划开窗方式，让卫生间有更好光线和通风，同时安装洗衣机、烘干机，洗浴后能将脏衣直接放入，缩短家务动线。

悬挂式镜面，保有对外开窗优点

将洗面台规划在开窗位置，让客卫保有良好的采光和通风，搭配悬挂镜面的设计，光线不被遮挡，巧妙满足照镜子的需求。

POINT 2

布局这样微调，多榨1㎡

— 概念 —

1

门片转个弯，释放空间与动线

常常会出现这样的情况：卧室门打开，就遮住了衣柜，或是卧室与卫生间共享同一个廊道，进出很拥挤。这些情况都让进出动线变得狭窄，也多了零碎的入口廊道。不如调转门片方向区分动线，同时也能让廊道化为无形，融入空间，有效扩增使用面积。

— 概念 —

2

既是隔断也是柜体

隔断是让人又爱又恨的设计，需要它界定区域，却又容易占空间，不如赋予它更多功能。利用柜体作为隔断，达到区隔空间的效果，同时又兼具收纳功能，甚至还能采用双面收纳的设计，让内外区域都有充足功能。不过柜体的隔音效果毕竟有限，适合用于书房这种使用频率低的空间。

— 概念 —

3

隔断退一点，满足各区收纳需求

当各区都要扩增收纳空间，却又没有多余位置能放柜体时，该怎么办？其实能通过调整隔断扩大空间，利用隔断退缩40～60cm，就能让出足以嵌入柜体的空间。比如客厅与卧室相邻，将两区的隔断分别退一些，面向客厅的一侧能做电视柜，面向卧室的一侧能做置物柜或梳妆台。

— 概念 —

4

犄角旮旯再利用

空间中无可避免的柱体处与梁下，总有难以利用的犄角旮旯，闲置不用很可惜，若是奇葩的斜角户型，还多了不方正的斜墙视觉感，空间显得更小。这些零碎的空间千万别浪费，沿着柱体、梁下设置柜体，既能拉齐墙面，解决斜角零碎的视觉感受，同时也能最大限度利用空间面积。

01 改变门的方向

SOLUTION / 01

卫生间门片移位，获得大容量衣柜

空间设计暨图片提供／上海费弗空间设计有限公司

当空间被门片限制住时，不如变换思维更动门片位置。比如此案例的主卧一进去就是卫生间的门洞，两道门片相互占空间，且管道井正好位于卫生间入口，不仅缩小使用面积，马桶、洗面台配置也受到局限，难以利用，而且屋主希望主卧卫生间能有标准配备和大量储物空间。于是卫生间入口调转90° 后向内挪移，原有门洞封闭，完善淋浴区功能。同时适当调整主卧门洞的尺寸，并改变开门方向，让出过道，在有限的入口处腾出更多衣柜空间。

BEFORE

AFTER

SOLUTION / 02

封门洞并转向，储物空间多一倍

空间设计暨图片提供／上海赫设计

更改门片方向，不仅能让动线更顺畅，还打造了完整的储物空间。这套作为婚房的110㎡两室户型，两人住起来很舒服，但原户型的次卧门口与卫生间距离太近，进出动线过窄，不易走动。于是封闭原先的门洞，挪用部分过道作为衣帽间，增强储物功能。同时在承重墙的安全范围内开了门洞，将多功能室门片改为朝向餐厅，重新规划流畅动线。进出更方便，也更贴近生活中心。

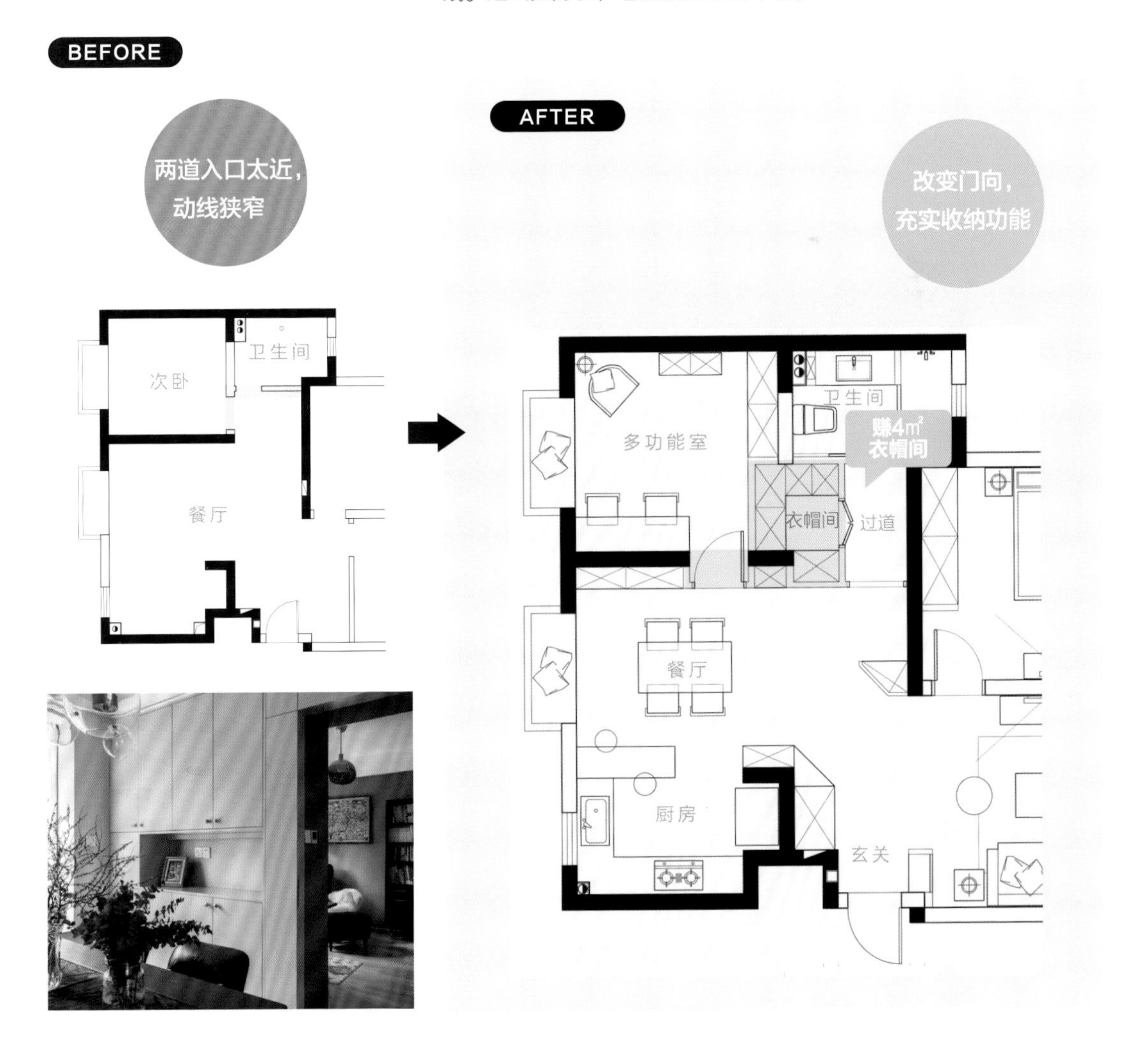

SOLUTION / 03

厨房门转90°，朝向餐厅，又多玄关鞋柜

空间设计暨图片提供 / 玖雅设计

原户型的厨房为封闭式，且开口朝向玄关，使得玄关空间被压缩，无处可设衣帽柜，从厨房端菜上桌也得绕弯而行，离餐厅太远。因此将厨房门转向餐厅，采用半开放式设计，并顺着凸出的烟道改装小吧台，既延伸视觉感，又引入阳台光线。而原始厨房入口的墙面略微退缩，让给鞋柜使用，扩增收纳功能。

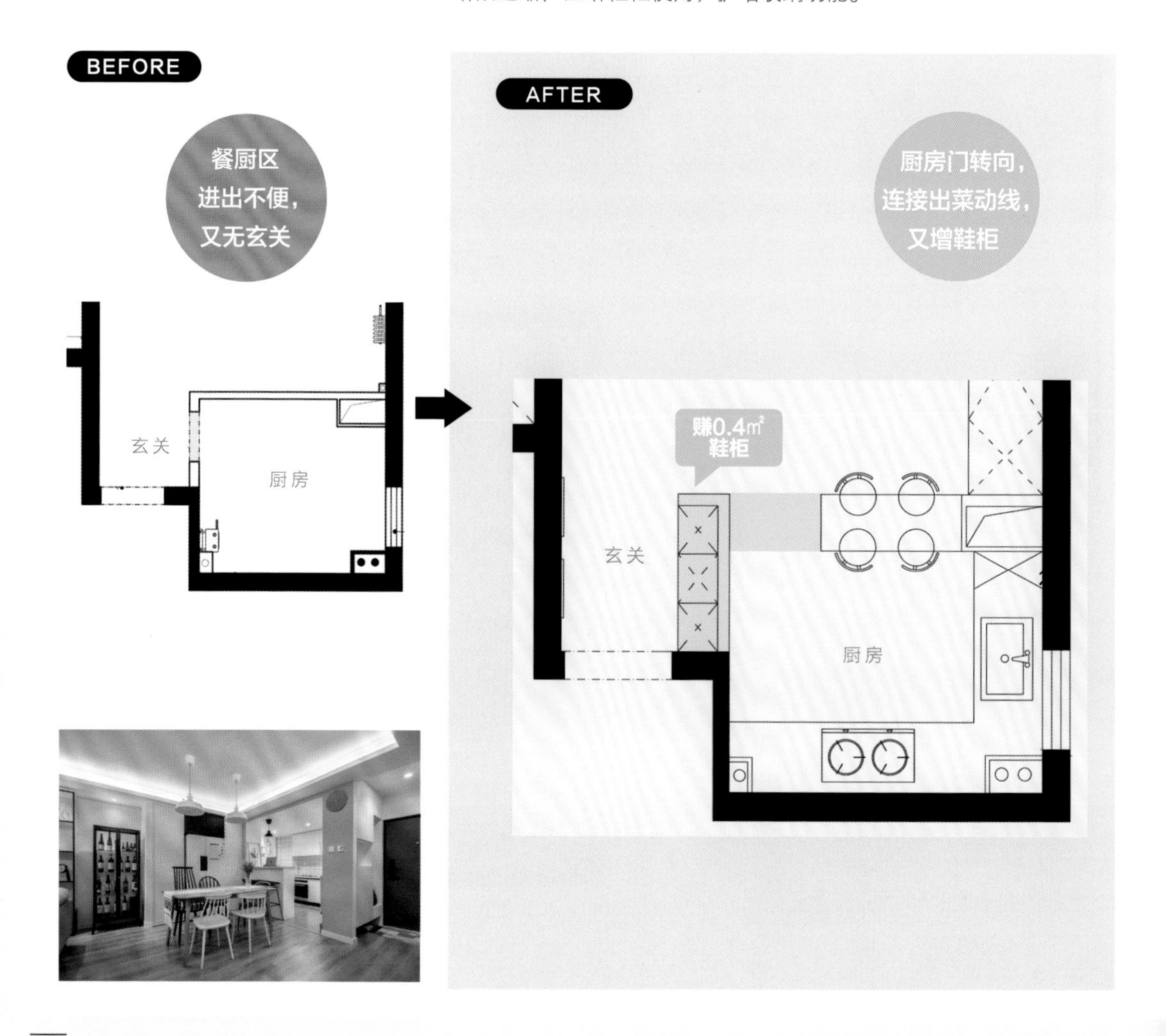

SOLUTION / 04

主卧、次卧入口相对，增加3.2㎡收纳空间

空间设计暨图片提供 / 上海谷辰装饰设计

为了避免干扰新增的餐厅空间，留出行走从容的过道，就势必将两卧房的隔断退缩。且要避开卧室门片正对大门，主卧、次卧的门片刻意转向，同时墙面退缩，巧妙留出主次卧进出的廊道。而廊道空间也不浪费，以柜体取代墙体，不仅廊道多了陈列功能，卧房内也增加了衣帽间，由内到外增加收纳空间，满足储物需求。

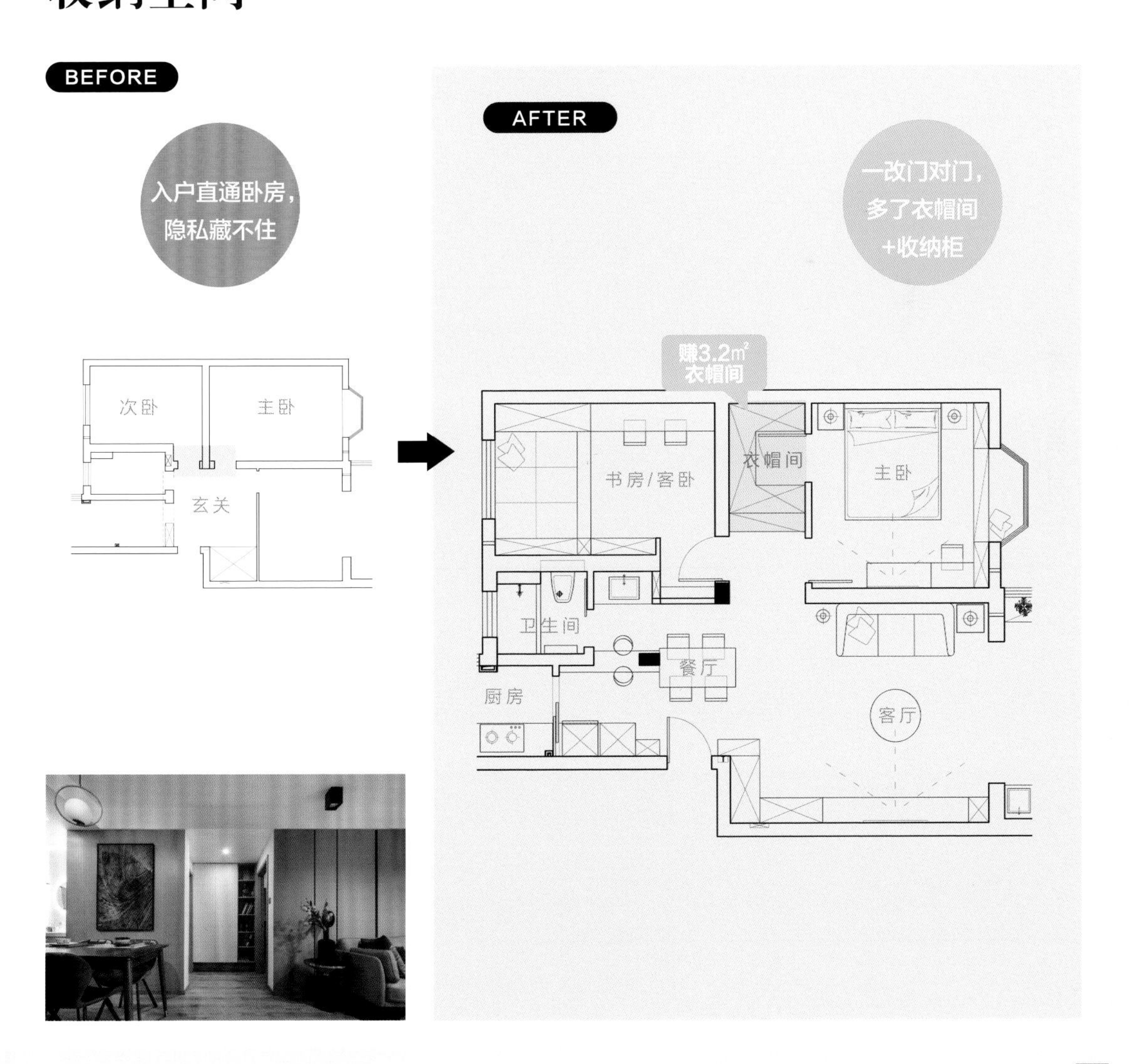

02 调动隔断换收纳

SOLUTION / 01

柜体当隔断，省空间又大增收纳功能

空间设计暨图片提供 / 十六月工作室

当空间面积不够用时，既要满足收纳需求，又想隔出房间，不如将隔断与柜体合二为一，省空间又具备收纳功能。比如这套79㎡的住宅要容纳两室，每间房分配到的面积本就不大，放了衣柜就更逼仄，空间只能放1.5m宽的衣柜。为了让卧室有效扩充收纳空间，拆除无用的墙面，改以嵌入式柜体作为主卧与书房的隔断，让柜体延长至主卧门口，不仅将柜体拉宽至2.8m，也不影响主卧入口的进出，维持开敞廊道。而书房转角也嵌入柜体当作墙体，扩增收纳功能。

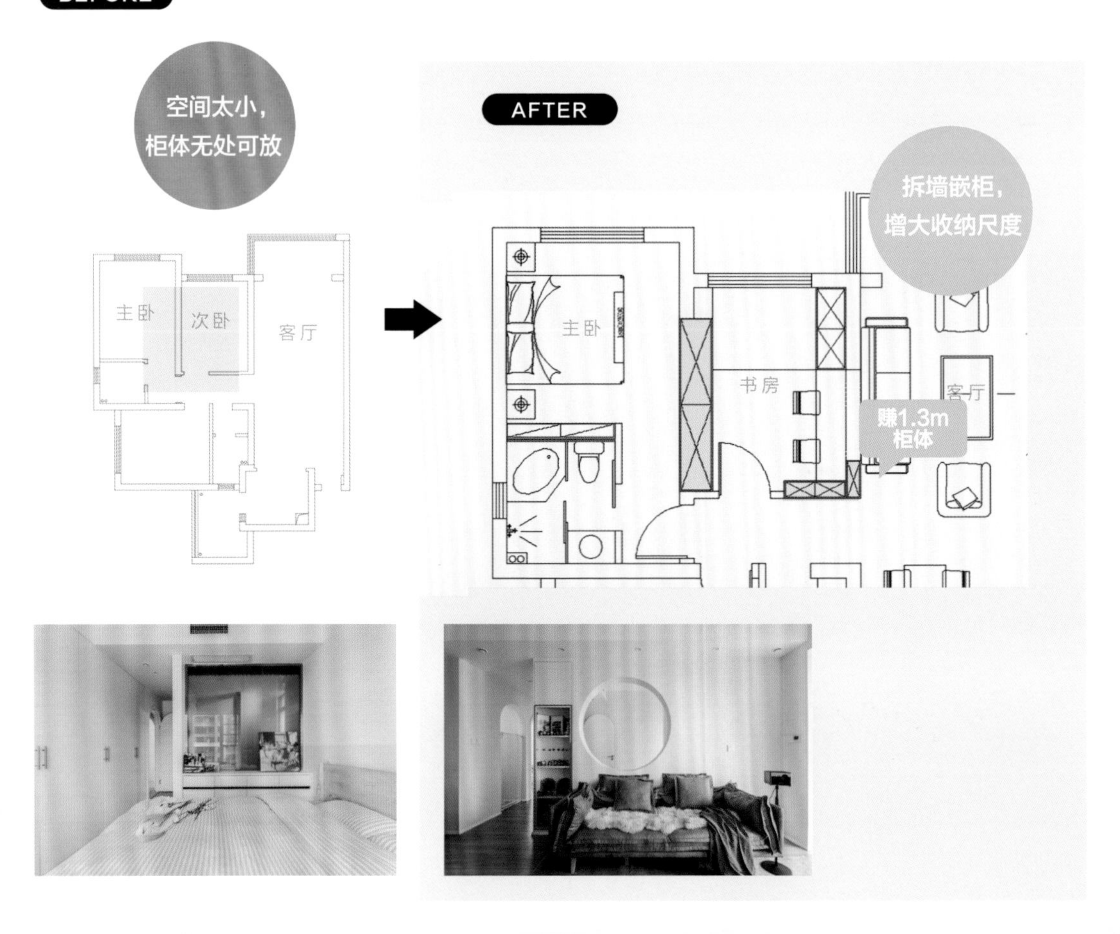

SOLUTION / 02

次卧退一点，玄关柜、书柜都有了

空间设计暨图片提供 / 涵瑜室内设计

当没有足够的收纳空间时，不妨通过挪移墙面让出柜体位置。这个89㎡小户型的玄关两侧都有门洞进出，没有完整墙面能放置鞋柜。为了将空间扩大到极致，封闭原有次卧门洞，调转门片，同时隔断略微退缩，鞋柜就能嵌入墙面不占空间，保有完整立面的同时满足收纳需求。在书房也运用相同手法，向次卧借点空间就多了书柜，加强收纳功能。

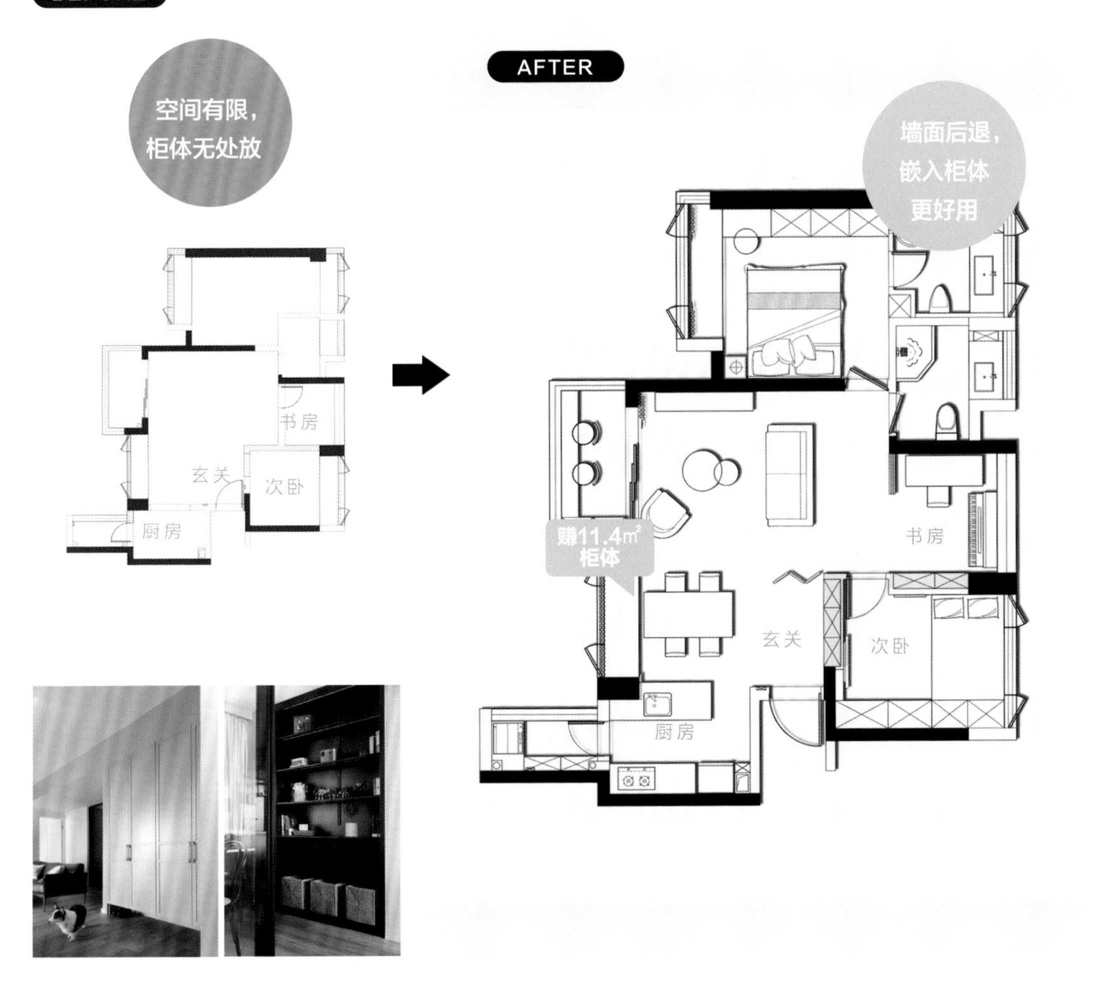

SOLUTION / 03

隔断退缩让出空间给柜体，收纳功能大增

空间设计暨图片提供 / 理居设计

住了15年的老学区房子，当初不合理的空间布局导致收纳功能严重不足，且物品无法分类，长年累月，生活物品吞噬了空间。想要丰富收纳功能，不如巧妙移动隔断挪用空间。于是整合利用率最低的两个卫生间，隔断顺势退缩，让出收纳空间，沿着隔断设置不同深度的柜体，面向餐厅的一侧能当餐柜使用，还多了冰箱的放置空间，面向廊道的一侧则能收纳家中杂物，让不同区域都能各自拥有充足的储物空间。

BEFORE

空间太多余，东西无处收

餐厅 客卫 客卫

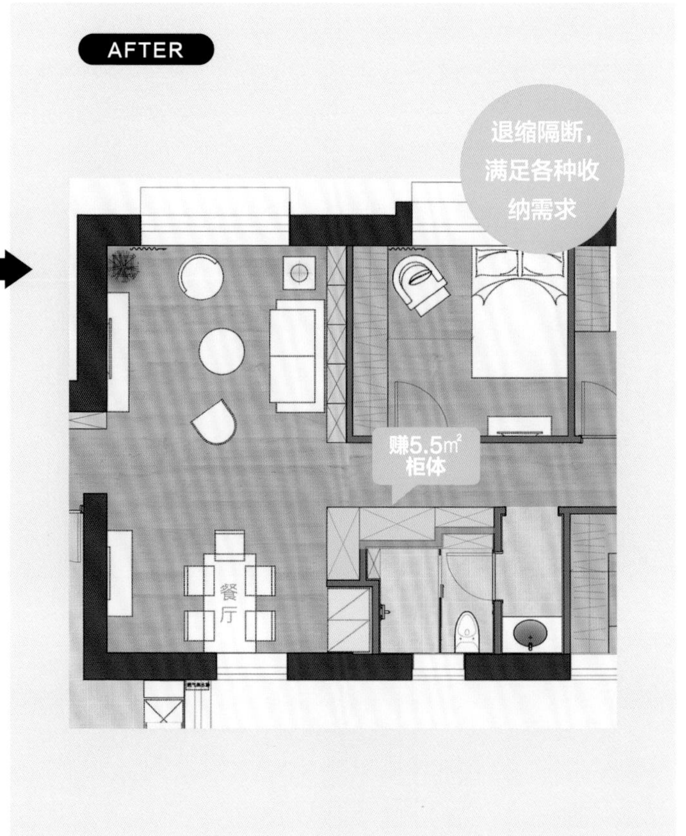

SOLUTION / 04

空间设计暨图片提供 / 南京木桃盒子设计

将隔断与柜体整合在一起，更省空间

找不到何处可放柜体时，不如微调隔断、善用零碎空间，柜体就能巧妙嵌入。这个125㎡的户型，虽然有储物间，但每间卧室入口有着一小段廊道，零碎、难以使用，也压缩了衣柜空间。于是释放储物间空间，与客厅相邻的次卧2封闭原始门洞，顺势退缩隔断，次卧2与廊道平分柜体空间，在卧室就能设置衣柜，廊道则能增设柜体，收纳备品杂物。而主卧与次卧1之间的墙面也一并拆除，往主卧推移，隔断两侧分别设置衣柜。每间卧室确保收纳功能的同时，也让零碎空间都得到利用，面积利用率最大化。

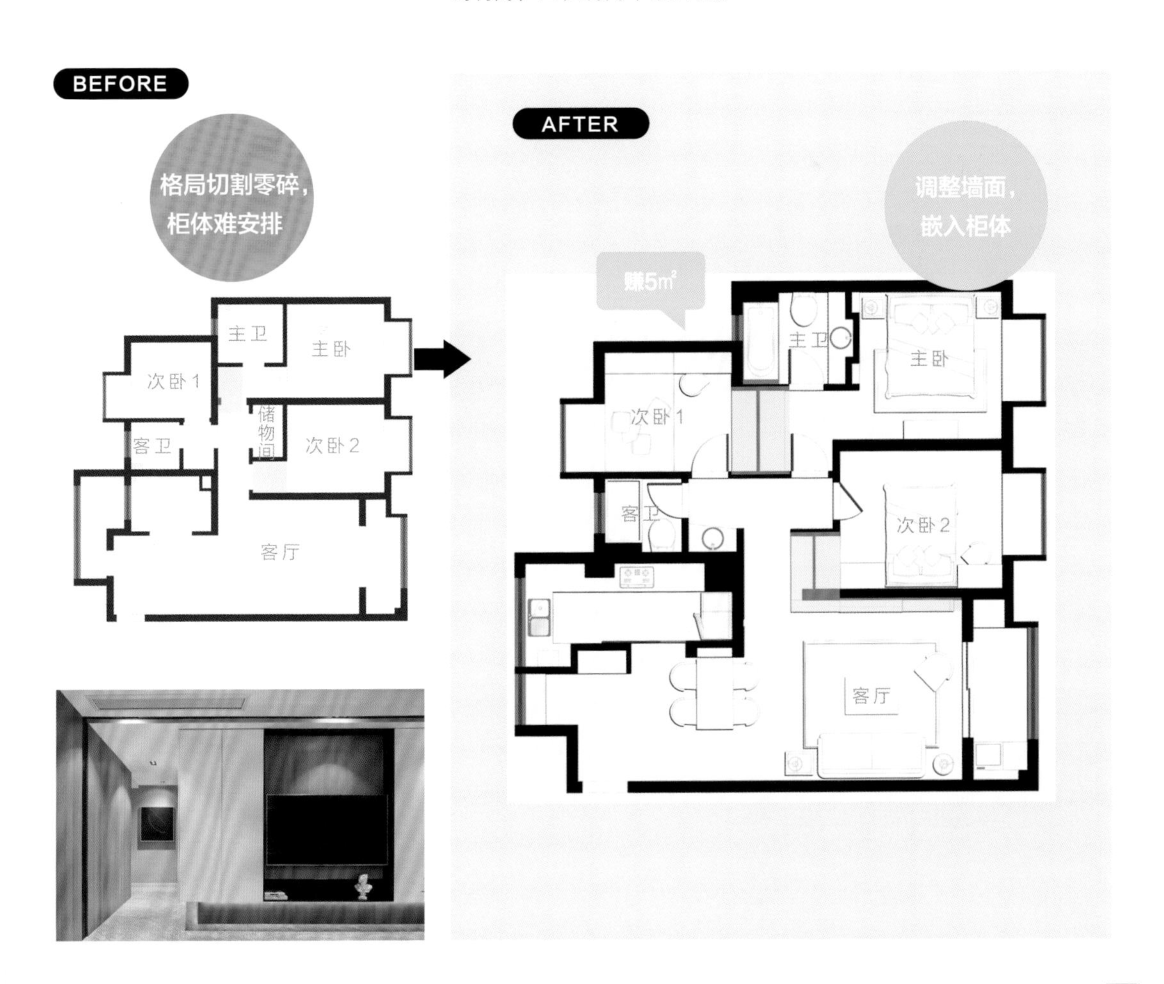

03 消除犄角旮旯

SOLUTION / 01

空间设计暨图片提供 / 玖雅设计

多砌一道墙，与斜墙平行，导正视觉

斜墙造成的畸零地带总是很难用吗？其实只要把握顺着斜墙设计的原则，就能尽情运用每一处空间。比如这个户型中的卫生间凸出两面斜墙，形成不规则的异形空间。为了破除三角概念，从整体出发思考，卫生间入口刻意退缩，同时顺着斜墙平行斜拉隔断，洗面台与洗衣机拥有方正空间，抹除崎岖畸零的视觉感受。而淋浴区则顺应洗面台拉出部分斜墙，让马桶区更为方正。原先让出的卫生间入口，则挪给玄关作为收纳空间，提升使用效率。

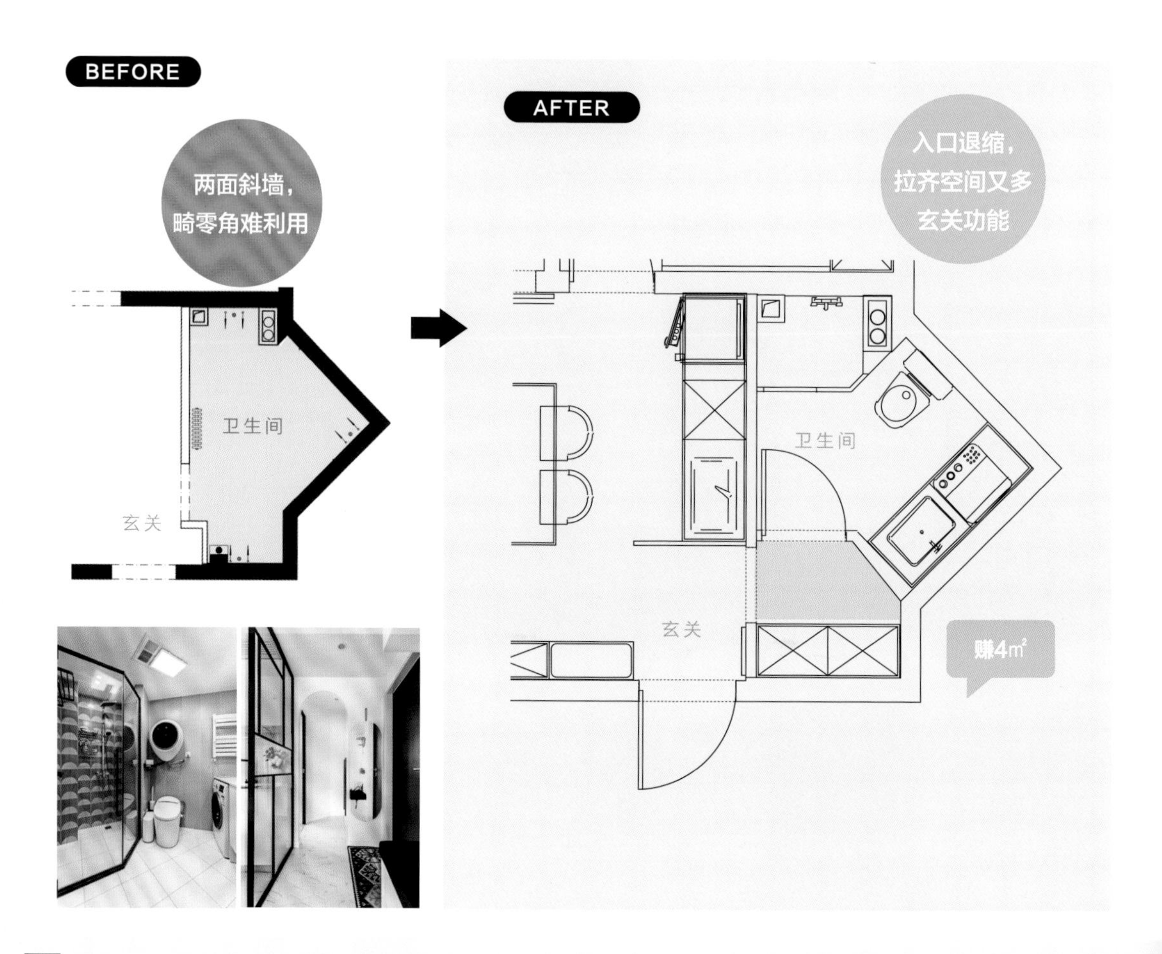

SOLUTION / 02

空间设计暨图片提供 / 理居设计

运用柜体藏起畸零角，提升利用率

房子格局不方正，空间布局与家具摆放就容易受限，使用效率低，也浪费面积，此时建议将空间中的异形角落藏起来。比如这个92㎡的空间中就有一处不方正的次卧1，因此依空间结构采用边缘化布局，让异形次卧1成为兼具客房与书房功能的空间，通过降低使用频率并运用柜体隐藏畸零角，充实收纳功能，拉齐空间，床铺也能方正地摆好。

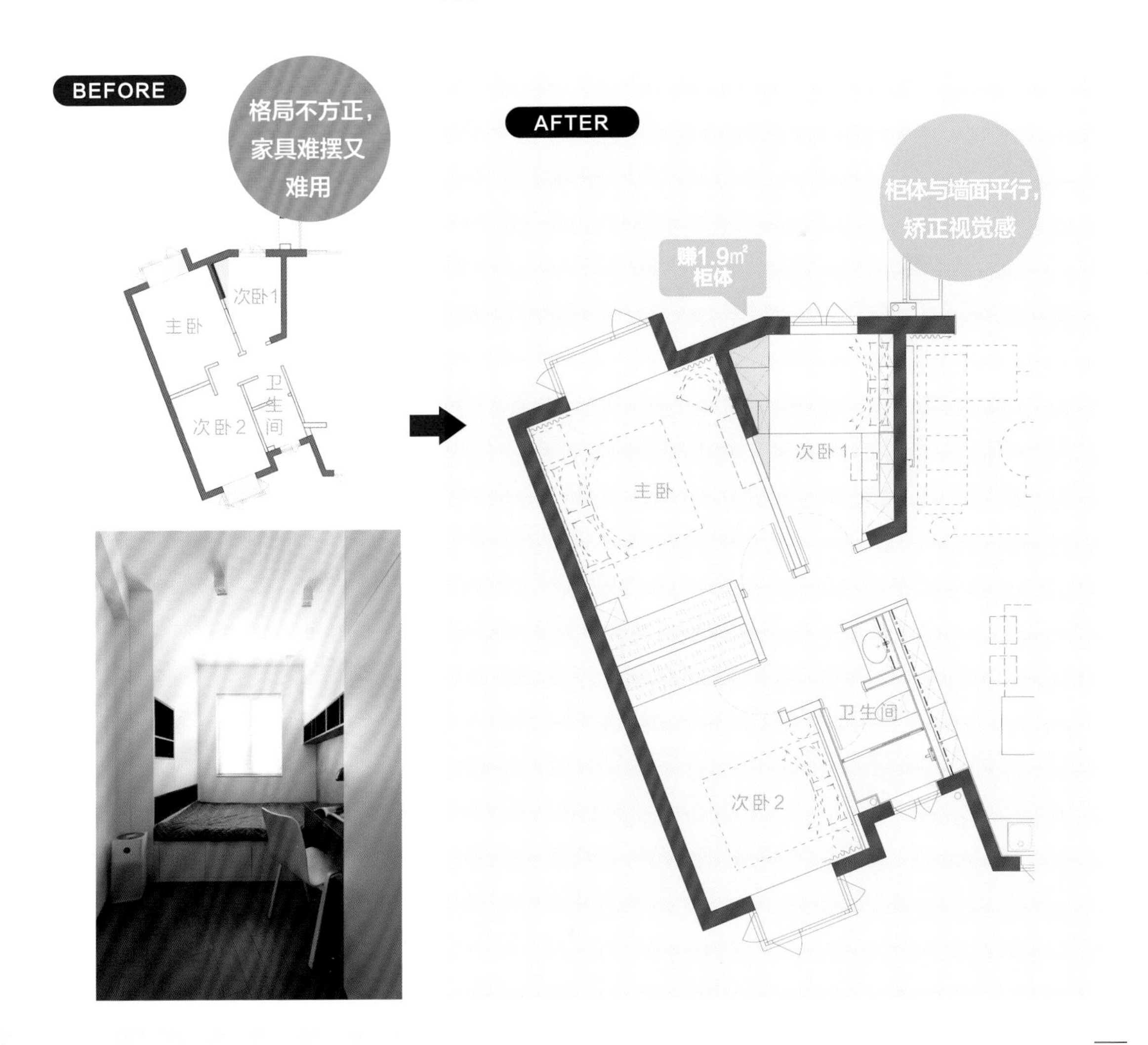

42个户型图实例解析

住宅不仅仅是单纯的空间，更是承载生活的梦想蓝图，户型的改造与变化都和居住成员息息相关。本章收录42个不同的户型面貌，透过调动格局、优化动线，教你如何从一房变两房、小房变大房，扩增衣帽间、卫生间分离，提升空间功能与质量，帮你从实际案例获取装修灵感！

- POINT 1：多造一居室
- POINT 2：少一室，小房扩容变大房
- POINT 3：房间数量不变，提升功能与质量

POINT 1

多造一居室

— 概 念 —

1

挪用公共区域造一房

一般而言，客厅、餐厅拥有相对较大的面积，若需要多增一房，建议先检视公共区域的格局，挪出部分空间，比如在客厅隔出儿童房或书房。而要挪出书房建议至少需要5㎡面积，儿童房则要8~9㎡，在改造前，要仔细确认公共区域的面积是否足够。

— 概 念 —

2

一室拆分为两室，隔断改柜体

当客厅、餐厅空间较小，不足以隔出一房时，不如将一间大主卧拆成两居室，同时为了避免房间太拥挤，可以将柜体外移到廊道，房间内部仅安排床铺、书桌，让出更多空间。或是将两房之间的隔断改作柜体，既有隔间的功效，不占过多面积，也兼备收纳功能。

— 概 念 —

3

善用挑高增设复式，向上多榨一室

若空间有4.2m以上的高度，不妨利用挑高优势增设复式，就能多拥有一房。而增设复式时，建议下层空间高度至少为2m，才能保持站立行走不弯腰。至于上层高度不足2m也没关系，作为卧室使用时，多半是躺在床上的，相对不压迫。

— 概 念 —

4

隔断维持通透，多一房也不挤

多一房，往往会让空间变得更拥挤，而实墙隔断会阻断视线与光线，隔出的房间也容易让人感觉狭隘。为了避免住得很逼仄，新增的一房隔断建议采用通透设计，半墙搭配玻璃，再安装拉帘，视野能保持开阔，房间也多了采光。在晚上休息时，则能拉下拉帘，保有隐私。

-CASE-

01

缩小餐厅、多出次卧，还多一间书房，一室增至三室，两人生活更舒适

室内面积： 87㎡

居住成员： 夫妻

格局规划前： 1室2厅1厨1卫1储藏室

格局规划后： 3室2厅1厨1卫

空间设计暨图片提供／嘉维室内设计

这个87㎡的新房虽然仅有夫妻两人居住，却只有一间卧房与一间储藏室，能用的空间太少，浪费空间，不符合使用效益。因此设计师更动隔断，腾出一间次卧，原有储藏室改为书房，从一室改为三室，大幅扩增功能，满足未来的家庭规划蓝图。

屋主需求

1. 只有一间寝卧，使用空间不足。
2. 卫生间仅一间，无法满足干湿分离的需求。
3. 虽有储藏室，但期望以更具实用性为主。

BEFORE

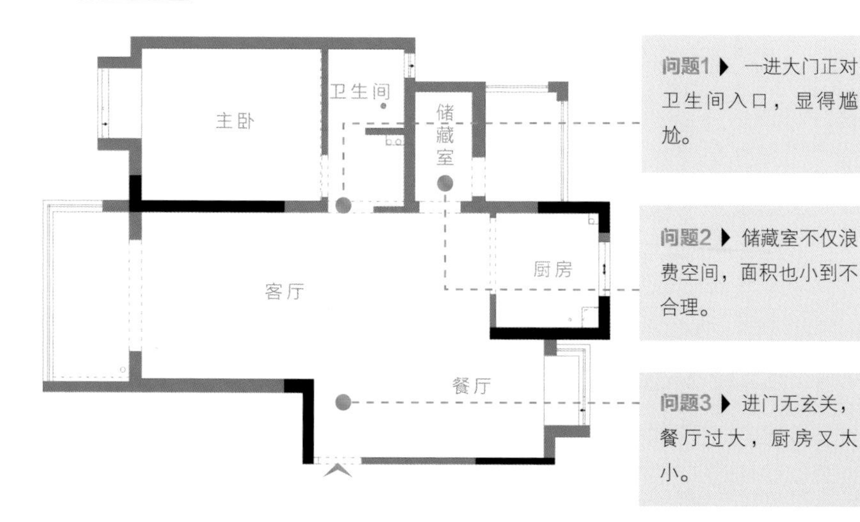

AFTER

破解1 餐厅纳入阳台，多一间次卧可用

原本想规划餐桌+中岛的西厨空间，但因屋主需求不高，改为隔出次卧，并打通阳台，扩增卧室面积。

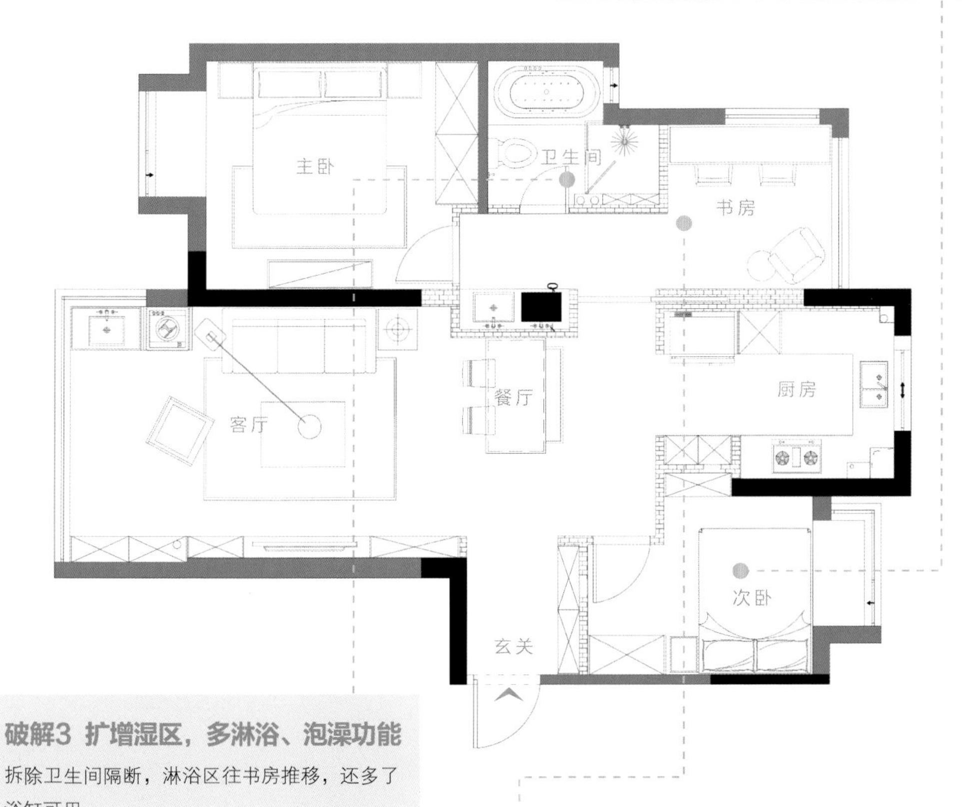

破解3 扩增湿区，多淋浴、泡澡功能

拆除卫生间隔断，淋浴区往书房推移，还多了浴缸可用。

破解2 串联露台，储藏室变书房

拆除储藏室，纳入露台，打造半开放的书房，空间有效扩容又提升亮度。

设计师关键思考

1. 将墙体外推，纳入阳台和露台，扩大使用空间。
2. 将储藏室扩充为书房，并扩大卫生间，和主卧串联，形成完整的套房。
3. 餐厅划出部分空间，隔为次卧，并借此延伸紧邻的厨房墙面。

虽仅有夫妻二人居住，但87㎡户型却只有一间卧房与储藏室，使用空间过少，客厅、餐厅比例相对太大，浪费空间，储藏室若要当卧房用也太小。而整体格局的改动，在于设计师将餐厅移至中央，并全屋打通阳台与露台，原本的餐厅就有足够的空间，可多隔出一间次卧，同时储藏室也扩大面积，改为书房使用，原本的一室就增加为三室，使用空间更大。

而餐厅移位与客厅平行，顺势延伸沙发背墙至餐厅，不仅具有延展客餐厅的视觉效果，这道餐厅主墙也能巧妙遮住卫生间入口，解决原本一入门就直视卫生间的难题。墙面刻意选用格状玻璃的设计，维持通透视觉，多了隔断，空间也不逼仄。而墙面另一侧则嵌入外移的洗面台，一体两面的设计兼具功能与视觉美感，塑造出专属的通道，串联从主卧到卫生间、书房的动线，洗浴、工作或阅读空间都分布在同一区域，打造完善功能。

1 **客厅连阳台，空间放大又变亮**
客厅墙外推，纳入阳台，让空间线条更加延展，也大幅提升明亮度。电视墙结合柜体收整线条，增加收纳和展示功能。

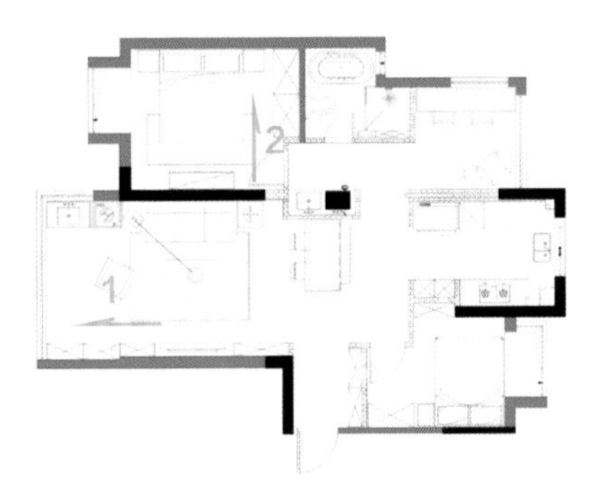

2 **调动餐厅，多榨玄关与次卧**

挪出餐厅部分空间，于入门右侧隔出次卧，一边以墙塑造3㎡玄关，另一边顺延厨房隔断，构造出7.5㎡的睡眠空间。

3

3 **玻璃隔断一体两面，分界内外**

通过玻璃隔断分隔动静两区，一侧是餐厅，另一侧则是洗面台，而主卧、卫生间与书房被隔断巧妙隐藏，有效维护隐私。在不牺牲卧室舒适度的情况下，主卧入口略微退缩，让出空间，打造双面台的舒适体验。

4 **厨房向餐厅延伸，扩增收纳量**

顺着新增的次卧，厨房墙面也向餐厅延伸，即多了将近1㎡的空间，能放置冰箱与收纳柜，同时改为U形的操作台，兼具收纳功能与顺畅动线。

5 **采用谷仓玻璃门，呼应通透质感**

卫生间改用谷仓门设计，不占空间的同时，开合之间兼具保护隐私和装饰功能，搭配长虹玻璃的设计，具有透光不透视的效果，有效引光进阴暗廊道，并与餐厅隔断相呼应。

6 **扩增淋浴间，洗浴享受更升级**

卫生间拆除墙面，往书房扩增，不仅能放下浴缸，还多了淋浴间，并铺设挡水石，导引水流，避免外溢。

7 **巧用沉稳素材，奠定卧室宁静质感**

主卧床头墙面以深绿色铺陈，搭配大地色系的窗帘，沉淀安稳舒适的宁静氛围，同时辅以鱼骨拼地板，增添视觉变化，注入欧式优雅气息。

4

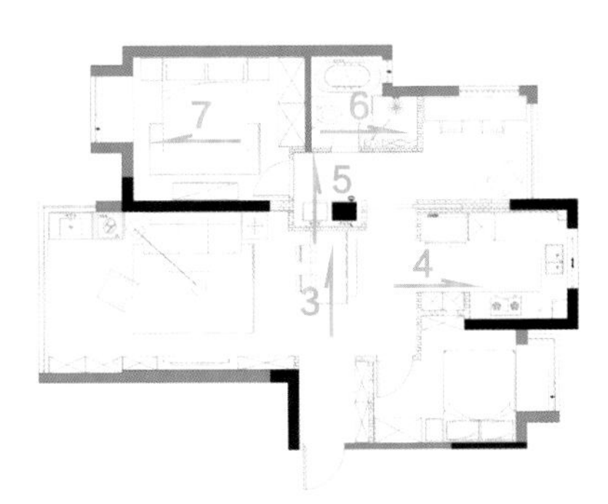
7
6
5
4
3

5

6

7

-CASE-

02

拆掉阳台隔断，两室家居再添一间多功能书房

室内面积： 69㎡

居住成员： 夫妻

格局规划前： 2室2厅1卫

格局规划后： 3室2厅1卫

空间设计暨图片提供／武汉邦辰设计

一对小夫妻拥有这套原始布局为两室的公寓，对未来新家的期待除了维持户型的通透与采光外，考虑父母、朋友偶尔来住，希望能将二居室扩增为三房。因此，改造上特别着重格局重整，通过局部空间微调，一一满足业主的生活需求。

屋主需求

1. 保留原始户型的通透与采光。
2. 父母、朋友偶尔来住，需有基本的房间数。
3. 希望兼顾储物、房间功能，以及个性需求。

BEFORE

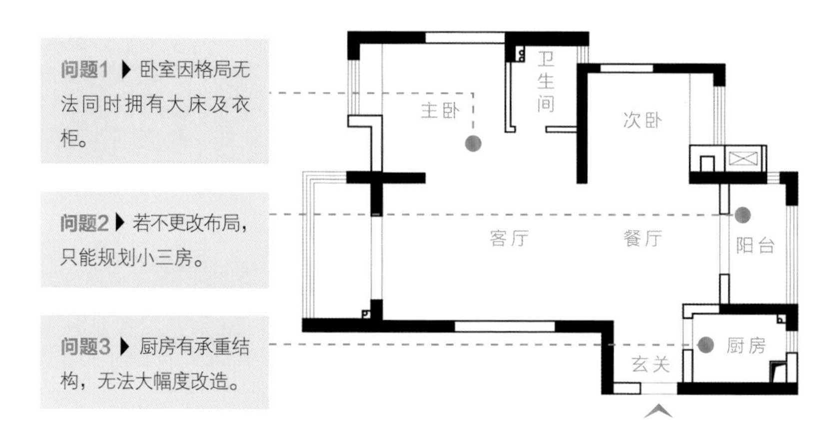

AFTER

破解1 增加隔断，界定主卧及客厅

通过加装一道功能隔断墙，界定主卧及客厅区域，并赋予收纳、造型等功能。

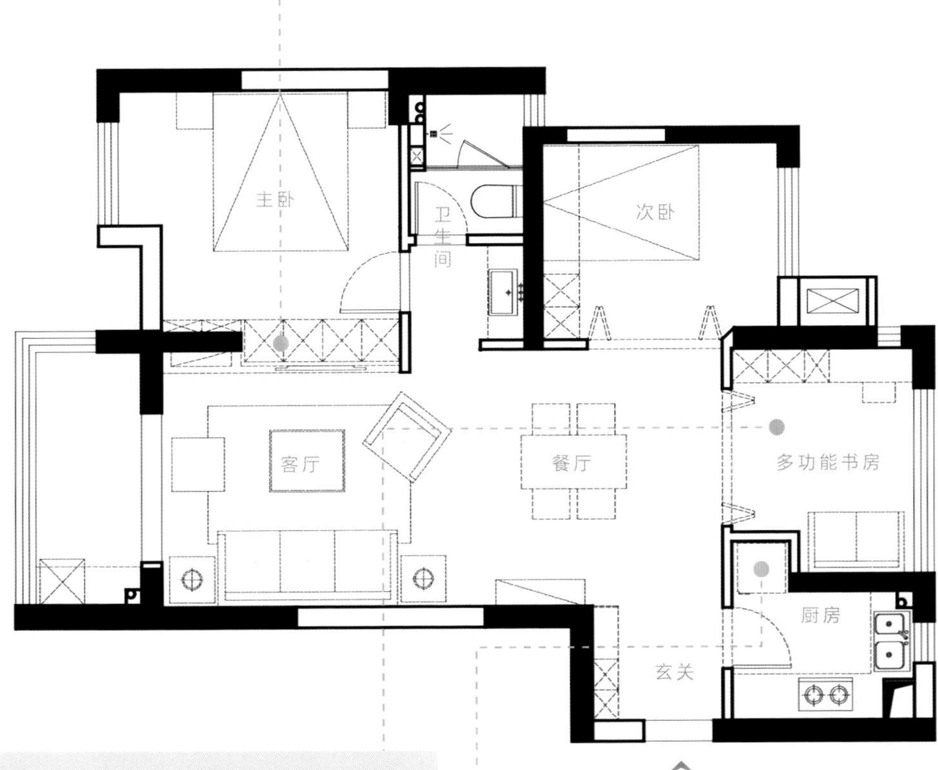

破解2 小阳台纳入室内变多功能书房

布局右侧的小阳台功能不佳，通过调整隔断将它纳入室内，改造为多功能书房。

破解3 拆解轻质墙，扩增厨房空间

拆除厨房仅有的一段轻质墙体，改造为冰箱放置空间，进而释放操作台空间。

设计师关键思考

1. 拆除、挪动墙体，改善不良布局。
2. 纳入右侧小阳台，创造多功能书房。
3. 主卧增加功能隔断，赋予界定、收纳功能。

这套南北通透的两室公寓，先天具备采光良好的特点，不过若要规划为三房布局，恐沦为小三房的狭小状态，因此势必需要重整空间。还好整屋的承重结构不多、飘窗也可以拆除，利于后续进行改造。

重新设计的玄关鞋柜结合换鞋凳功能，一旁的厨房门也改用带杂志架的谷仓门，利于从事设计的屋主放置书籍文件。厨房内则拆除一段轻质墙体来创造新空间，作为嵌入冰箱之用。改变小阳台的隔断位置，创造更大的室内面积，进而打造多功能书房，成为第三室，再搭配玻璃折叠门维持环境通透感。

受限于主卧空间，客厅电视背景墙较小，采用非常规设计，以柜体的方式装修，让它兼具主卧衣柜及客厅电视墙等多种功能。卧室门外就是卫生间，改造后变成干湿分离布局。考虑未来将有小孩，次卧拆除飘窗并改造为儿童房，再以长虹玻璃门与餐厅隔开，提供良好自然光。

1 **白色客厅，勾勒纯净感**

客厅以白色为底，再配上绿植及沙发、地毯的撞色处理，营造出屋主希望的纯净、舒适氛围。

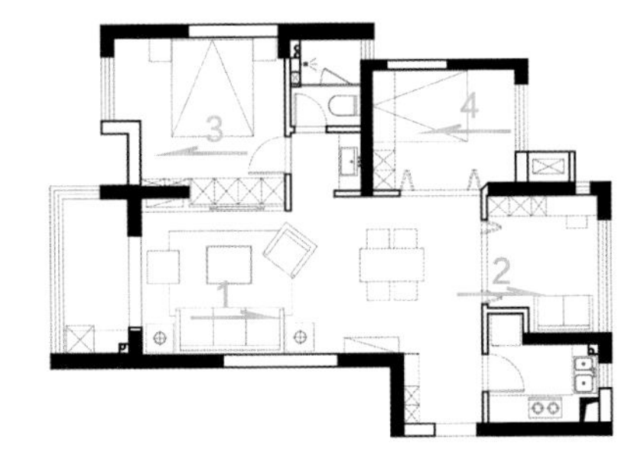

2 **调整隔断，阳台变书房**

原始两室布局通过调整隔断墙的做法，将小阳台纳入室内空间，打造多功能书房，满足屋主对第三室的期待。

3 **拆掉飘窗，多了图书角**

主卧调整布局后，放得下1.8m的床铺；并在拆掉原始的飘窗之后，床头角落多了一个图书角。

4 **壁床设计，赋予空间使用弹性**

去除飘窗与局部空调机位结构后，儿童房面积得以扩大；特别是隐藏式壁床设计，让空间既是卧室也是游戏室。

-CASE-

03

老房子动线太古板，推墙开门洞，客厅、餐厨区重新贯通

室内面积： 100㎡
居住成员： 夫妻、1小孩
格局规划前： 2室2厅1卫
格局规划后： 3室2厅1卫

空间设计暨图片提供／本墨室内设计工程（上海）有限公司

格局狭隘、装修破旧的上海老房子，不必大改格局，只要巧妙变更动线，新色彩粉墨登场，餐桌上的美食时光，阳台边的闲适日常，书房里的沉静独处，化暗为明、改头换面，也可以改造成100㎡的博主之家，在家里拍照，拍好拍满。

屋主需求

1. 女屋主本身是网红，需要家里每个范围、角度都能拍照，面面俱到。
2. 男屋主则任职于外企，因时差关系需经常深夜开会，希望能有个不受打扰的空间。

BEFORE

问题1 ▶ 客厅为西向且空间狭长，加上其他区域都有封闭隔墙，采光非常差。

问题2 ▶ 上海老房子通常没有玄关，入户还面临三道入口夹击，动线太分散。

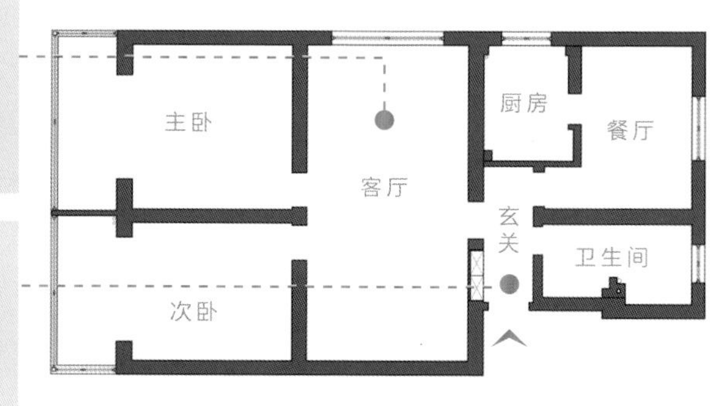

AFTER

破解1 厨房改双门洞，引光入客厅

调整厨房布局，设置双门洞，打造回形空间，顺势将西向光线引入客厅、厨房，解决阴暗问题。

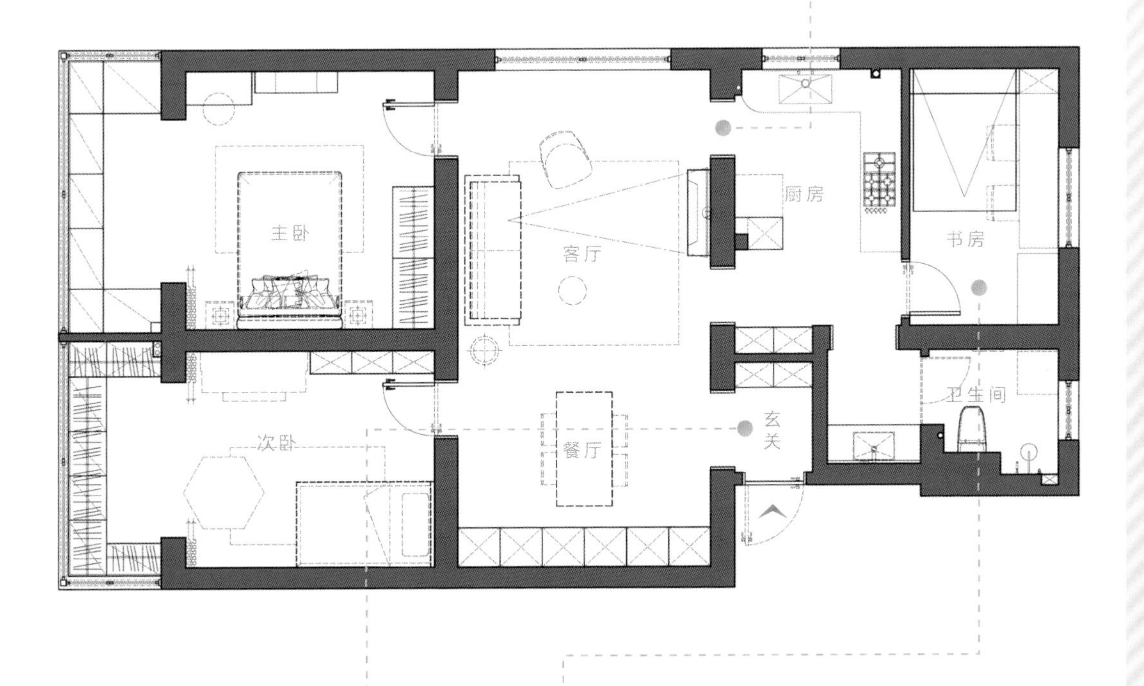

破解2 独立玄关，塑造入口意象

原本一入户就是卫生间门洞，将卫生间入口转向，同时增设一道墙面，就能规划完整独立的玄关区域。

破解3 餐厅改书房，扩增使用功能

餐厅移位，与客厅合并，原餐厅则改为书房兼客房，满足屋主对独立工作空间的需求。

设计师关键思考

1. 原本独立的各个功能区打通，形成客厅、厨房的环状动线。
2. 楼层高度只有2.55m，利用自然光与色彩来达到空间扩张效果。
3. 原有储物空间不足，采用高效率的集成壁柜，提升收纳功能。

这是上海浦东的一间老旧二手房，如同大多数的上海传统老房子一样，格局古板，客厅、餐厅、厨房、卧室每个空间皆为单独区域，让人一进门的直观感受就是空间采光非常昏暗。而身为网红的女屋主对家的需求与众不同，希望家里每个位置都能被拍照，每个视频都有好效果。

于是在这个100㎡的博主之家，通过变更动线，打通原来孤立的各功能区。先贯通客厅与厨房之间的墙面，打造双门洞的设计，形成半开放的空间，复古绿的厨房有效通过门洞延展光线，使小公寓有着超乎想象的扩张效果。而原本被客厅、卫生间、厨房三个门洞夹击的玄关，则是将通往厨房、卫生间的入口封起，塑造独立完整的玄关空间。

同时细心为家人量身打造，将餐厅移出，为需要在家办公的男主人打造一间舒适的小书房，也为屋主女儿打造一间单独完整的公主房，令网友们记住了这个家的爱与美好。

1 **客、餐厅合并，隐形壁柜功能大增**

餐厅移位至客厅一侧，打造开放的共享空间，隐藏的壁柜则发挥强大的收纳功能，兼具餐边柜、书柜、杂物柜功能。

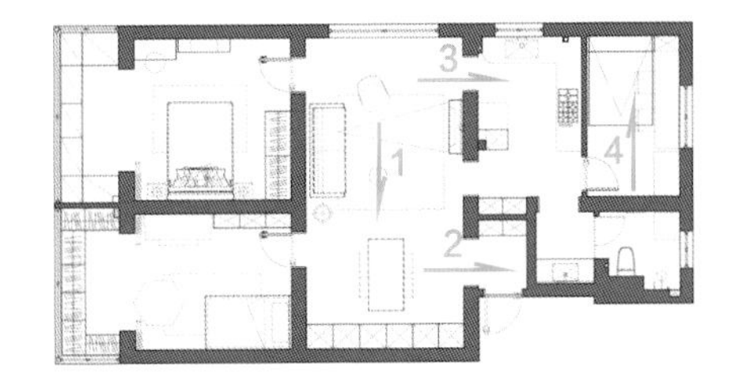

2 **独立玄关区缓冲地带**

填补卫生间与原餐厨空间门洞，同时入户处加建一道隔断，1.5㎡玄关区随之形成，点缀花砖与花卉墙纸让空间充满仪式感。

3 **厨房两侧打通门洞，通透更明亮**

复古绿的厨房虽仅有7㎡，通过增设双门洞提升采光量、延伸视线，又有U形厨房操作台面的大容量收纳空间。

4 **书房兼客房，面面俱到**

原餐厅变更为书房，满足屋主的办公需求，同时柜体内藏下翻床，能随时转为客房使用。墙壁刻意采用复古绿，不仅自带典雅气质，也与窗外自然景色相呼应。

-CASE-
04
手枪奇葩户型大变身！下沉客厅增建复式，坐拥挑高书房与开放式餐厨

室内面积： 95㎡

居住成员： 1人

格局规划前： 2室2厅1卫

格局规划后： 2室2厅1卫、书房、衣帽间

空间设计暨图片提供／墨菲空间研究社

一个人住的房子，可以大肆挥洒个人色彩，虽然客厅有着超乎寻常的下沉格局缺点，但造就了整体有5.4m的挑高视野。在满足未来婚姻和父母探访居住的前提下，除规划两卧外，巧妙将奇葩户型的劣势转为优势，加设跃层扩增使用空间，打造富有层次的视觉意象，行住坐卧穿梭其中也更添趣味。

屋主需求

1. 客厅下沉一米多，可多搭一层空间，规划为多功能房。
2. 因单身居住，卫生间无须太大，但要干湿分离，避免使用干扰。
3. 希望增加衣帽间，满足收纳功能，以呈现空间的利落美感。

BEFORE

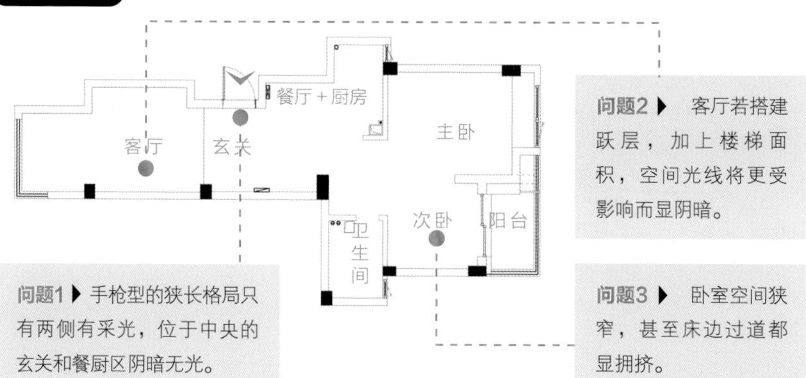

AFTER

破解1 悬浮楼梯，不做扶手不挡光

原始户型的面宽本就偏窄，楼梯若沿墙而设，客厅将更显狭小，故楼梯设计在落地窗边，不占过多空间，同时通过悬浮设计避免挡光。

破解2 拆一道墙，引一道光

为了有效引进光线，厨房拆墙与餐厅合并，次卧和主卧门片也同时改以长虹玻璃，增加透光效果。

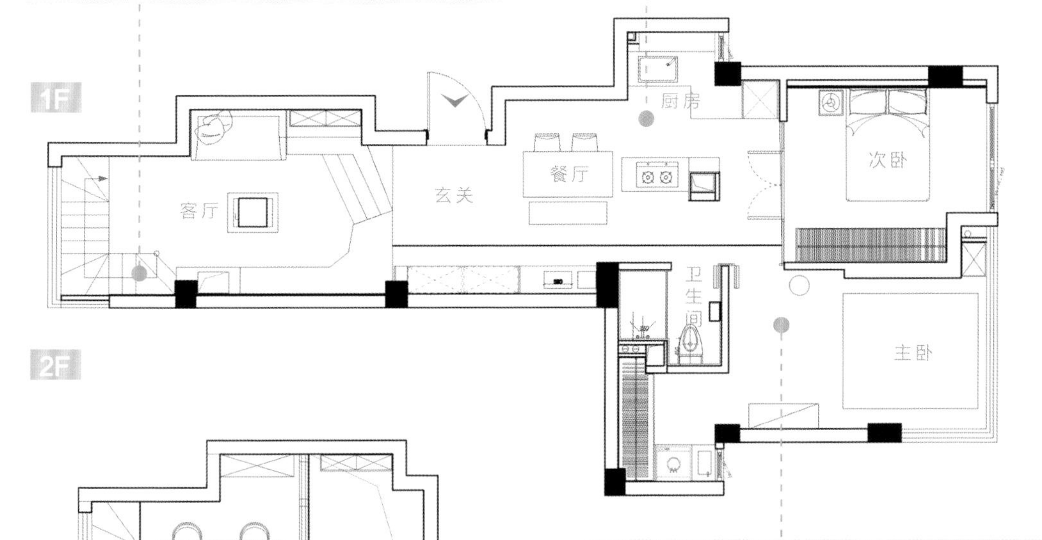

破解4 减卫生间、加阳台，主卧扩增衣帽间

干区外移后，即可压缩湿区，加上又纳入阳台，使主卧空间变大，得以增设衣帽间。

破解3 增设跃层，扩增书房工作区

善用挑高优势，增设通透跃层作为书房使用，面积利用率大幅提升，空间一点都不浪费。

设计师关键思考

1. 为了提升空间中央的亮度，拆除挡光墙面，让两侧采光自然深入。
2. 为了避免挡光，加盖楼层时须局部规划，并思考楼梯设计形式和位置。
3. 依需求调换卧室，挪用卫生间，完善主卧衣帽间功能。

这间小户型为手枪型格局，有着面宽较窄、中央无光的问题，再加上层高不一，餐厨区一侧的层高为2.63m，客厅却下沉1.07m，动线上多有阻碍。而单身屋主却利用下沉客厅换来的5.4m挑高优势巧妙增设跃层，多了一间书房可以使用。

为了不影响大面窗光洒落，跃层刻意不做满，楼梯悬浮且不装扶手，让光线得以通透，并以暖色而富有层次的拱形墙为造型，强烈视觉的立面设计，借此弱化狭长视觉感受。而沿楼梯转折的墙面则串联客厅的L形卡座，既收整空间线条，也避开跃层的压迫感，可围聚三五好友欢笑一堂，与两人沙发呼应而互补。

原餐厨区与主卧之间有着隔断阻隔光线，玄关特别阴暗，于是拆除厨房墙面，卧室门片改用长虹玻璃，有效引入光线，进而衔接客厅采光，照亮全屋。为了解决卧室过小的问题，将次卧和主卧对调，并纳入阳台、缩小卫生间，不仅有效扩大主卧的舒适度，也能设置衣帽间，完备卧室功能。

1 **跃层书房，加铺蔺席为卧**

借客厅下沉之利，刻意增建跃层作为书房使用，跃层不做满，仅占客厅面积的2/3，能巧妙引光。书房地面铺设榻榻米，能坐能卧，同时拱形高窗增设电动木百叶，隐秘性更高，也能兼作卧室使用。

2

3

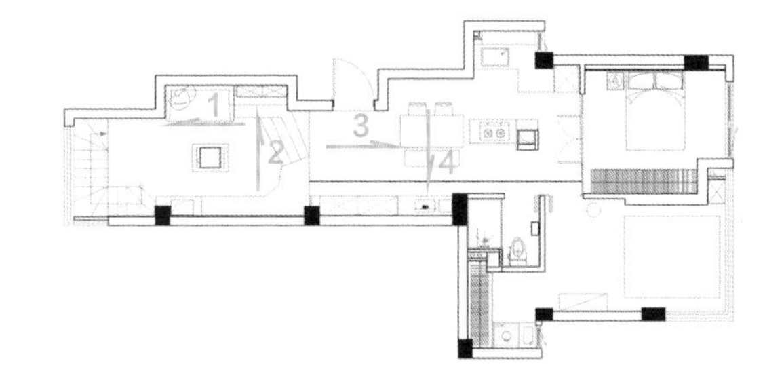

4

2 **3m书墙强化挑高感受**

客厅增设3m高的书架，强化挑高视觉，并通过架高平台+移梯辅助，以利于取书阅读，平台阶梯可坐卧，也可藏放物品，具备多元功能。

3 **开放式设计+玻璃门，解决阴暗困扰**

在仅有两侧采光的前提下，将挡光的厨房隔断拆除，改为开放式设计，同时卧室采用玻璃双拉门，引入光线照亮狭长而居中的阴暗餐厨区。

4 **干区外移，增加便利性**

将洗面台外移至餐厅，既可增加使用率，也巧妙让出空间给主卧，有效增设衣帽间。同时洗面台旁嵌入高柜，方便取用化妆品等日用品。

-CASE-

05 拆东墙补西墙，客厅多了书房、餐厅和玄关

室内面积： 80㎡

居住成员： 1人

格局规划前： 2室1厅2卫

格局规划后： 3室2厅2卫

空间设计暨图片提供／上海谷辰装饰设计

即便单身，也要考虑到未来的使用情境。保留原有两室格局，刻意新增一室，既能当书房，满足在家工作需求，也能作为父母、亲友来访的临时客房，同时调整主卧、次卧、卫生间隔断，并变更墙面方向，解决异形格局的难用困扰。

屋主需求

1. 为未来结婚成家打算，想增加储物空间，收放娃娃车和玩具。
2. 父母、亲友有留宿的可能，需要多增一室，能当客房、书房使用。
3. 原始格局并无餐厅，希望打造围桌共享美食的欢乐时光。

BEFORE

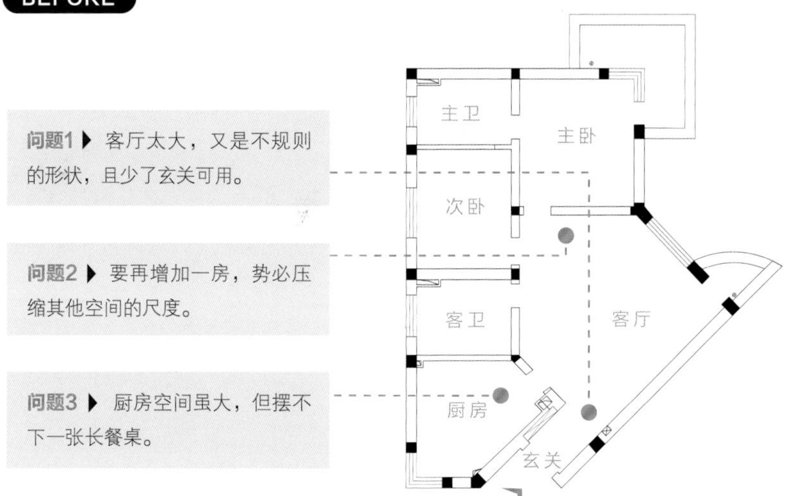

AFTER

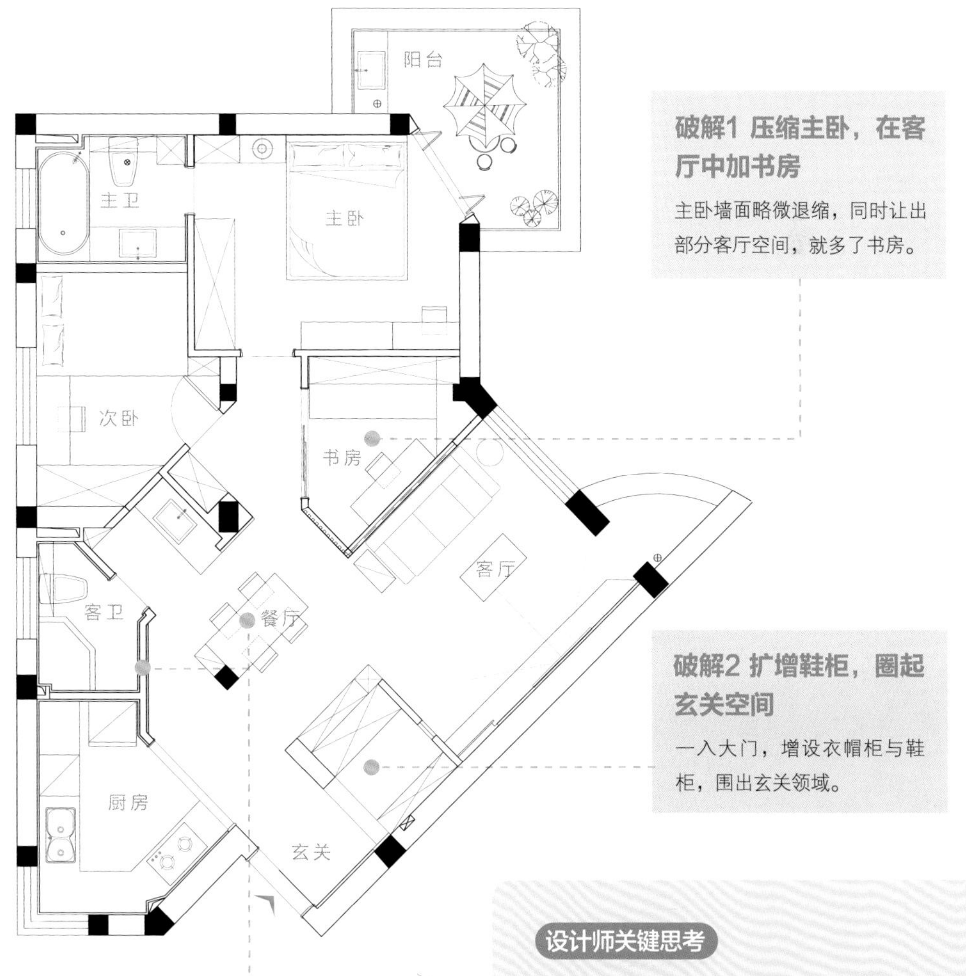

破解1 压缩主卧，在客厅中加书房

主卧墙面略微退缩，同时让出部分客厅空间，就多了书房。

破解2 扩增鞋柜，圈起玄关空间

一入大门，增设衣帽柜与鞋柜，围出玄关领域。

破解3 压缩厨卫，外增开放式餐厅

厨卫墙体退缩，借外露柱体嵌入餐桌。卫生间改以干湿分离，增加使用率。

设计师关键思考

1. 利用大客厅增加一间书房，并借墙线导正客厅格局。
2. 增加玄关设计，顺势结合储物空间，但须注意通风采光。
3. 压缩厨房空间，腾出开放式餐厅空间，让客餐厅更大、更开阔。

虽然只有屋主一人居住，却是为未来规划的新房，想象婚后的小家庭，父母常来探望，加上有在家工作与打游戏的需求，希望能再增加第三个房间。但户型本身有着异形客厅的缺陷，既无玄关，也无餐厅，而厨房空间太大，整体又少了强大收纳功能，格局配置势必要重新调整。

首先，拆除紧邻玄关的厨房隔断，空间瞬间开敞，同时设置步入式的衣帽柜，满足收纳大型家具的需求。接着略微压缩主卧空间，挪用部分客厅多隔一间书房，既能在家工作，也能当作临时客房让父母居住。书房刻意顺应户型拉出斜墙，借此导正客厅形状。同样地，次卧与卫生间也拉斜墙面并退缩，不仅释放空间给餐厅使用，也让开放的客厅、餐厅形成完整的方正格局，巧妙重整餐厨区与卫生间之间的动线。卫生间墙面退缩后，洗面台顺势挪出，打造干湿分离的设计。而洗面台后方正好有柱体，通过设置柜体包覆，扩增更多收纳量的同时，也能隐藏柱体。

1 **玄关衣帽柜嵌玻璃，增加透光性**

入门处增加3㎡的衣帽柜，步入式的开阔设计让衣帽柜能当储藏室使用。为了不让空间显暗，衣帽柜结合长虹玻璃，引入阳台光线，并一直延伸到玄关。

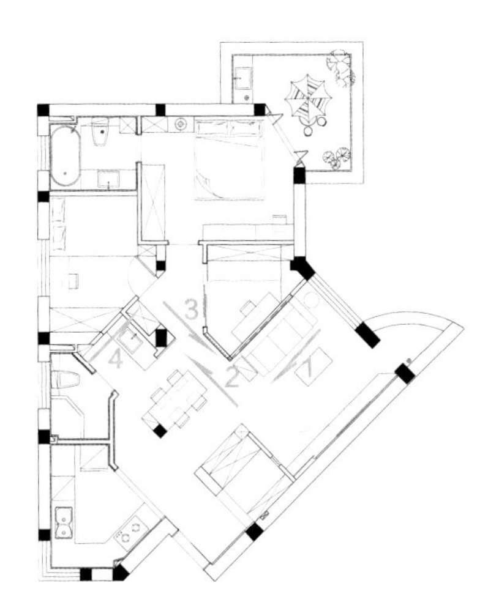

2 **挪出客厅增一室，搭配折叠窗也不显小**

客厅加一道和电视墙平行的墙面，随即多出一间书房兼客房，同时在墙面处利用4扇折叠窗的通透设计延伸视觉，即便多一间房，客厅也不逼仄。

3 **退缩厨房墙面，顺应柱体嵌入餐桌**

厨房墙退缩后，多出柱体挡在中央，顺着柱体嵌入餐桌，形成有趣的小分界，又无碍视野穿透。

4 **卫生间墙面位移，多出餐厅空间**

卫生间向内挪移，留出空间给餐厅使用，同时外移洗面台，并以玻璃移门区隔，巧妙遮挡用餐视线。

-CASE-

06

次卧、厨房大挪移，还多阁楼客卧，多出一室空间也不显小

室内面积： 110.7㎡（含阁楼）

居住成员： 夫妻

格局规划前： 2室2厅1卫

格局规划后： 3室2厅2卫

空间设计暨图片提供／十六月工作室

乌克兰人和四川人的跨国恋情，最终落脚在成都，决定将十年老公寓的顶楼翻新为极简风。屋主重视个人的空间和享受生活的思维，通过格局的重新配置，赋予清晰明朗的动线，让每个空间都朗朗独立，同时不忘营造休憩的小角落。

屋主需求

1. 玄关、客厅等各空间都要互不干扰，动线的设计要使人行走从容。
2. 夫妻需要各自独立的卫生间，并置入可享受泡澡的浴缸。
3. 增加阁楼空间，可作为客卧；两个露台也需充分使用，赋予休闲功能。

BEFORE

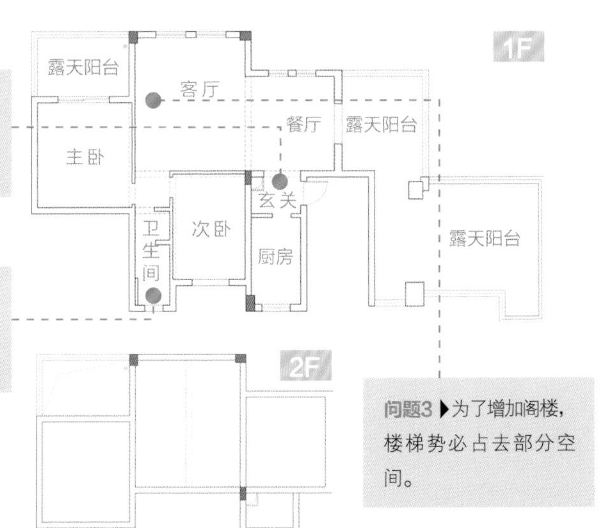

问题1 ▶ 原格局的动线不合理，从厨房到餐厅必须先跨越玄关。

问题2 ▶ 卫生间只有一间，又狭窄，无法享受盥洗泡浴。

问题3 ▶ 为了增加阁楼，楼梯势必占去部分空间。

AFTER

破解1 多增一间主卫，各自享有独立洗浴空间

一间卫生间不够用，刻意挪用客厅与餐厅部分空间，顺势在主卧入口增设主卫，夫妻两人各拥有一间，互不干扰。

破解2 厨房门口转90°，打造独立玄关

在玄关处封闭通往厨房的入口，围出独立的玄关，沿墙规划衣帽柜扩增收纳空间。而厨房则顺势转向90° 开口，改从餐厅进入。

破解3 增阁楼，多一间客卧，还多储藏室

善用挑高客厅的优势增建阁楼，能作为客房使用，同时楼梯后方利用隐形门设计，还藏进一间储藏室。

破解4 次卧、餐厅互换，促使餐厨动线流畅

为了有效串联餐厨动线，将原次卧与餐厅位置调换后，再打开厨房入口，塑造开放惬意的轻食区。

设计师关键思考

1. 改变厨房开门位置，避免穿越玄关的困扰。
2. 卫生间由一变二，势必压缩原次卧而需调换，并改变不同的开门位置。
3. 为使通往阁楼的楼梯不占空间、不遮光线，必须以靠墙位置加以规划。

一间四川老屋+西方设计元素，将东西联姻落实在中西合并的居所，原始空间却有着餐厨动线不顺、卫生间不够用的问题。于是先优化格局，将令人困扰的厨房入口封起，次卧与餐厅同时对调，厨房便改从餐厅进入，用餐与料理的动线更顺畅。而开阔餐厨区迎入大量窗光，夫妻两人能坐在小餐桌上聊天用餐，正好成为屋中一处惬意角落。

对男主人而言，隐私和享受是生活的两大主轴，加上本身有六点晨起、沐浴的习惯，但只有一间狭窄的卫生间，不仅不够用，也没有泡澡的空间。于是缩小客卫，多设一间二分离的主卫，并设置浴缸，满足屋主需求。主卧则设置大露台，铺上榻榻米地台与户外串联，在此能迎向日光运动、瑜伽，拥有放松悠闲的空间。

而最常使用的空间就是为了呼朋引伴而特别设计的户外露台，石阶搭木栏杆都是自然元素，迎合烧烤喝酒的休闲嗜好。同时在客厅增设阁楼客卧，亲朋也能随时过夜，满足屋主夫妻好客的天性。

1 **封闭墙面，扩增L形鞋柜**

原始玄关有三道出入口，分别通往进户门、餐厅与厨房，各种动线交集反而更显乱。于是封起通往厨房的门洞，鞋柜顺势延伸成L形，玄关收纳量更大、更实用。

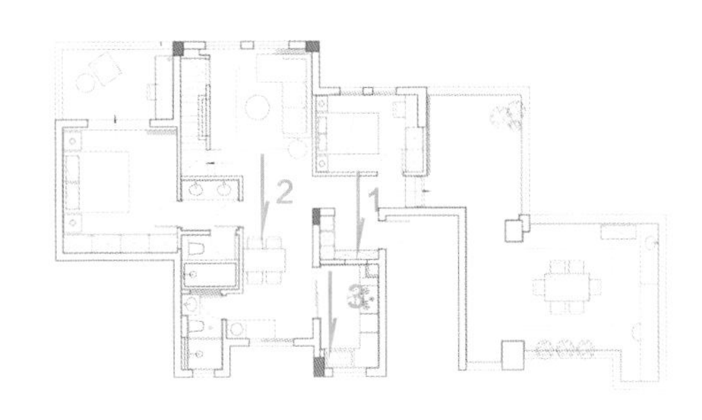

2 **次卧改餐厅，开放又串联**

拆掉原本的次卧墙面，改为开放式餐厅，客厅与餐厅顺势安排在同一轴线，日光得以从前后方进入，餐厅又串联通透的厨房门，塑造阳光充足的轻食区。

3 **厨房改以L形设计，料理更从容**

为了让料理更轻松，改用L形操作台，同时抬高烤箱，备料区变得更大，再搭配集成灶的设计，下厨更从容、不逼仄。

4 **纳入露台，主卧增休憩区**

将8.2㎡的主卧露台以透明玻璃隔起来，并借原本的架高结构改为榻榻米地台，随意摆上茶几和软垫，营造沐浴晨曦的小确幸。

5 **压缩客卫，多一间主卫**

将客卫一分为二，部分挪给主卫使用，同时外移洗面台，再安排男主人梦寐以求的浴缸，就能尽情享受泡澡的乐趣。

6 **斜顶小阁楼，多一间客卧**

为增加客卧的弹性空间，将原挑高4.98m的客厅以钢架结构隔出小阁楼，斜屋顶设计让客卧层高高达2m，睡寝不压迫。

7 **造景大露台，户外休闲感**

32㎡的大露台，以石与木呼应户外感，改造如余晖下眺望城市的花园别墅，满足邀友小酌烧烤的休闲嗜好。

4

5

6
多榨18.9㎡
客卧

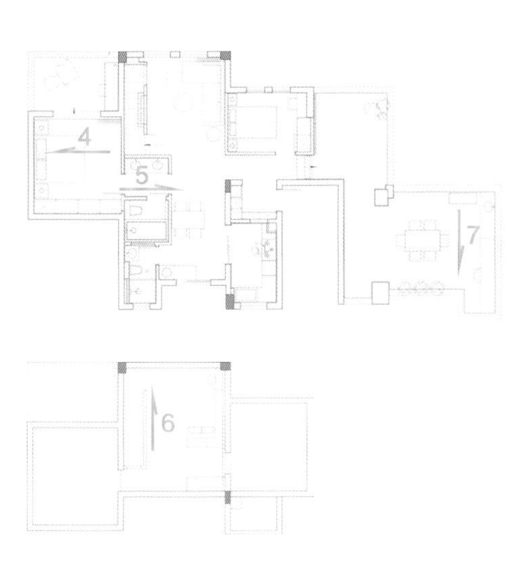
4
5
7
6

7

-CASE- 07

增一室、缩一卫，两道斜门片化解空间狭窄问题

室内面积： 80㎡

居住成员： 夫妻、1小孩

格局规划前： 1室1厅1卫

格局规划后： 2室2厅1卫

空间设计暨图片提供／玖雅设计

这个80㎡的空间住着屋主夫妻和一个两岁宝宝，原有格局可分两大区块，两侧分别为主卧与厨卫，中央是开放的客厅、餐厅，而屋主既想留下开阔客厅可供教学，又需增加一间儿童房。在新建一室的同时，通过斜面格窗隔断维持通透视觉，空间也不显小，完美满足屋主需求。

屋主需求

1. 为两岁宝宝增添一房，还希望采光充足、明亮清爽。
2. 需保留能进行大提琴教学的空间。

BEFORE

问题1 ▶ 原户型仅有一室一厅，少了餐厅空间，卧室也不够用。

问题2 ▶ 厨房、卫生间又小又狭窄，若要放大，势必牺牲部分空间。

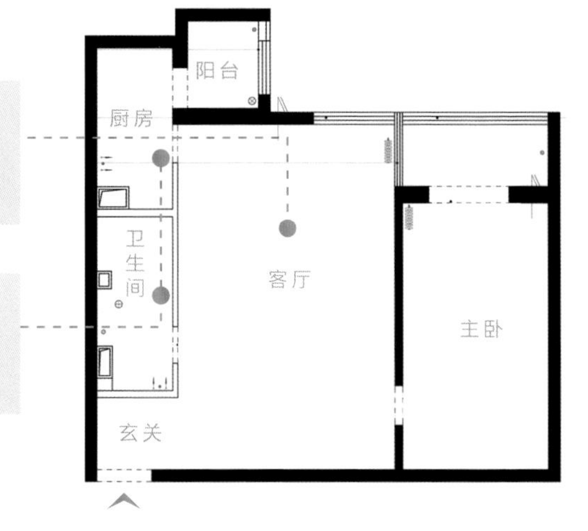

AFTER

破解1 客厅新增儿童房，区分客餐厅

沿着客厅大窗隔出一间儿童房，同时两侧分别安排客厅与餐厅，划分空间领域。

破解2 缩减卫生间进深，厨房改为开放式

缩减卫生间进深，将空间让给厨房，同时将厨房改为开放式，与餐厅串联，扩增使用面积。而卫生间则向客厅扩大，洗面台外移，打造干湿分区的体验。

破解3 增加隔断，界定主卧及客厅

扩增儿童房与卫生间后，客厅往返餐厨区的动线上就容易有尖锐直角，且过道也相对狭窄，于是卫生间与儿童房入口采用斜门片设计，让视野更加平直滑顺，扩增廊道宽度。

设计师关键思考

1. 先拆除厨卫隔断，以不动管线为原则，仅依需求重划范围。
2. 确定儿童房位置，顺应不同墙面，作为客厅和餐厅的无形分界。

一家三口住进仅有一间卧室的公寓，为了让孩子独立成长，自然要再多添一间儿童房，且需采光充足；加上女主人喜欢下厨，又有大提琴教学的需求，客厅和厨房亦须宽敞。

于是先观察客厅的采光来源，将儿童房靠窗规划并紧邻主卧，并借一边一墙区分出客厅与餐厅，留下完整的客厅空间作为教学之用。将阳台纳入厨房，作为热炒区，通风良好的阳台有利油烟排出，同时将原有的厨房隔断拆除，卫生间也一并退缩，让出更多空间给厨房，开放式设计能放下大冰箱与餐柜，甚至餐桌旁也多了小水吧，能在此泡茶、泡咖啡。

卫生间隔断退缩后，减少的面积则横向往客厅拓宽，并外移洗面台，打造好用的干湿分离，又不占太多客厅空间。由于拓宽的卫生间会与儿童房墙面形成锐角相对的视觉感受，也让走道变得狭窄，为了拉开彼此距离，两区同时改以斜角门片，不仅让进出餐厅的过道变宽，也避开了尖锐直角。

1 **客厅加隔一房，弹性使用**

将开阔的客厅隔出一间儿童房，并融入游戏房的概念，平时可开门开窗，引入风和光，居中的客厅不仅不显暗，也保留宽敞的大提琴教学区。

2

3

4

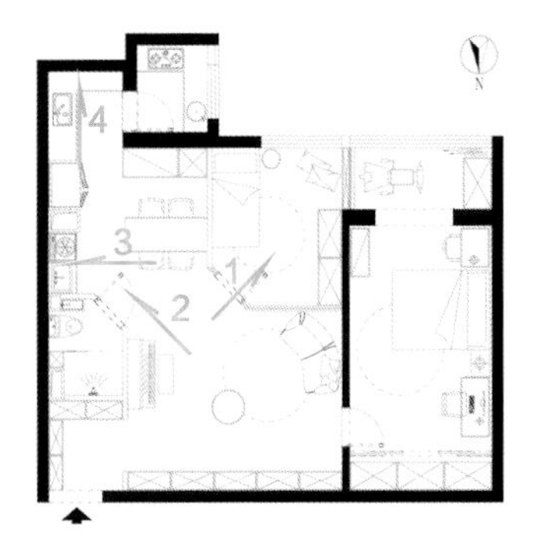

2 直角改斜门片，过道变宽

餐桌夹在儿童房和厨浴空间之间，为了避免穿越行走时磕磕绊绊，卫生间与儿童房入口以斜角设计，让出了1.7m宽的过道。

3 外移洗面台，浴厕不干扰

为了扩容厨房，只好缩小卫生间，将洗面台外移，下方巧妙藏进洗衣机，并搭配镜柜收纳洗洁用品，有效利用空间。

4 将阳台纳入厨房，扩大使用面积

纳入阳台、拆除卫生间隔断，让厨房多了L形料理台面，也拥有双水槽、大冰箱与电器柜，让喜爱下厨的女主人能尽情展现好厨艺。

-CASE-

08 舍餐厅增一室，重整空间动线，打造夫妻二人的幸福生活

室内面积： 78㎡
居住成员： 2人
格局规划前： 2室2厅1厨1卫
格局规划后： 3室2厅1厨1卫

空间设计暨图片提供／亹维室内设计

屋主是一对年轻的小夫妻，虽然两室就能满足需求，但次卧空间过小，放了床与衣柜就无法转身，厨房也很逼仄，连冰箱都放不下。于是舍弃过大的餐厅，改作卧室，并调动墙面微调厨房格局，改善客厅与餐厨区动线，在全屋都能自在游走。

屋主需求

1. 需要足够的收纳功能，赋予清爽明亮的空间感。
2. 喜欢温馨的小角落，平添生活的情趣和温度。

BEFORE

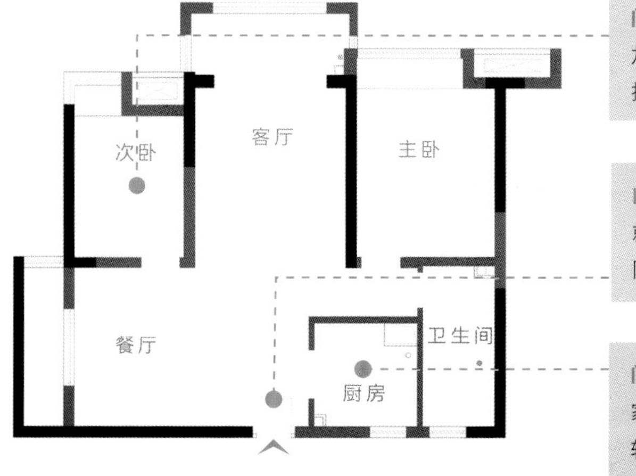

问题1 ▶ 次卧空间狭窄，加柜、加梳妆台都太拥挤。

问题2 ▶ 没有玄关，一眼就能看到阳台，少了若隐若现的层次感。

问题3 ▶ 厨房面积太小，家电置放空间不足，连转身都很困难。

AFTER

破解1 原次卧拆墙，改为休闲书房

原先次卧过小，于是刻意拆除半边墙，与客厅串联，扩容空间，同时设置飘窗，作为休闲书房兼客房使用。

破解2 厨房门朝向客厅，接续餐桌动线

将厨房入口转向90°，面朝客厅，随即缩短厨房到餐桌、卫生间的动线，端盘上桌、用餐洗手都轻松自如。

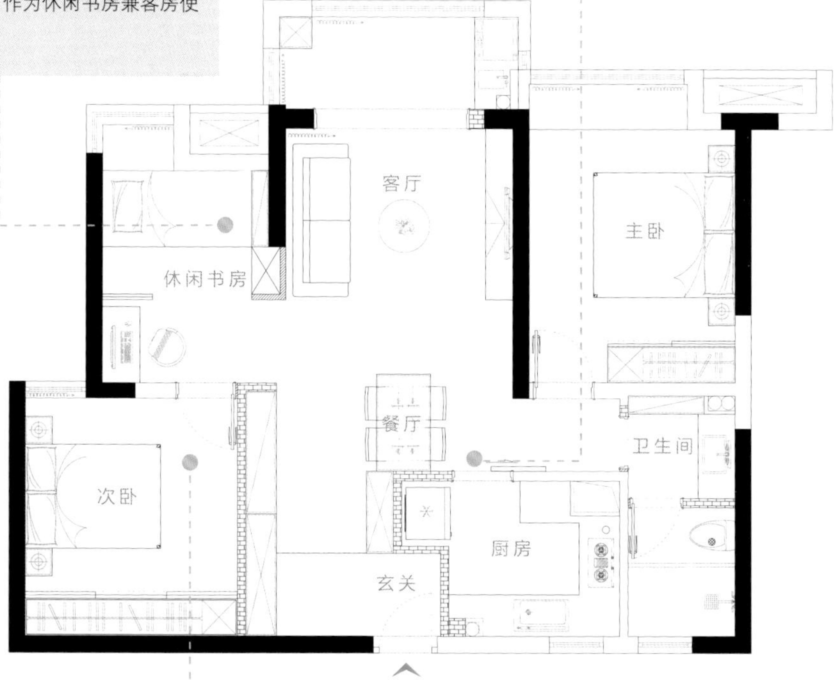

破解3 次卧移位，借墙围出玄关

挪用面积较大的餐厅重新打造次卧，而新建的卧室墙面结合柜体，不仅能作为鞋柜，也能围出玄关范围。

设计师关键思考

1. 餐厅释放部分空间隔出次卧，原次卧则沿窗改为休闲书房。
2. 为了打造玄关，改变厨房门位置，并扩增面积，也重新规划餐厅动线。
3. 卫生间规划干湿分离，洗浴互不干扰，生活更见从容。

年轻夫妻企盼的新房，一如岛屿般的世外桃源，着重明亮的空间与柔和的色彩，营造惬意的生活感。为了避免过多的器物用品打扰干净的空间线条，须规划足够的收纳空间，柜体又须巧妙隐藏，避免起居空间变得更小更逼仄。

于是整户重新规划，调整原先过小的次卧改为休闲书房，拆除一半墙面与客厅串联，让狭小的休闲书房更为通透。为了维持两室的需求，挪用餐厅空间重新划分一间次卧，就有充裕的面积配置床铺与收纳空间。而厨房空间也不足以放下冰箱，因此将部分墙面往玄关推移，借用空间放置冰箱，厨房入口也顺势移至客厅一侧，就有完整墙面安放餐桌。

随着墙体更动，整体动线也更加顺畅，从玄关廊道进入，动线即由此集中而再放射，向右走是酝酿下厨端菜的情浓意好，向左走是浮生半日闲的小窗日光。一步一伫留，发酵有情有味的小日子。

1 **挪动墙面，避免进户门对窗的困扰**

为了避免一入玄关即直视大窗的问题，稍微挪动厨房墙面，促使入门廊道多一个转折，有效遮挡进户门视线，同时增设柜体，打造富含收纳功能的玄关空间。

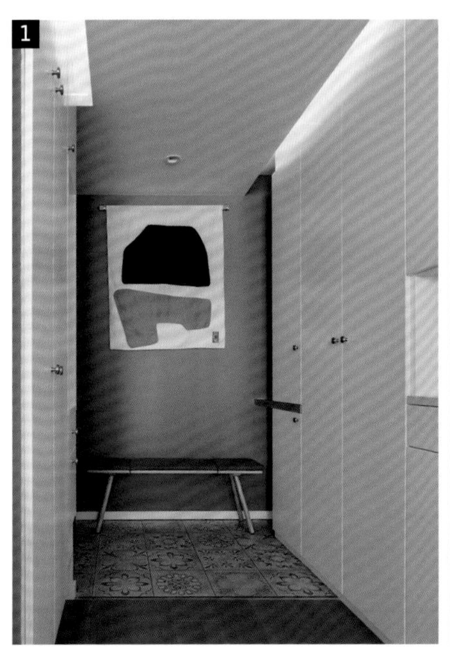

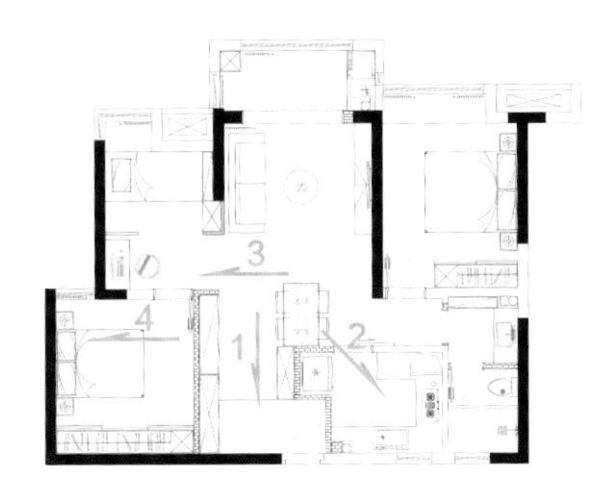

2 **厨房门片转向，扩容放冰箱**

将原先朝向玄关的厨房入口换个方向，改为往客厅进出，同时延伸墙面，拓宽厨房面积，对外挪出了餐厅位置，对内则多了能放冰箱的空间。

3 **拓宽墙面，照亮空间也拓展进深**

原本的次卧敲除墙面，拓宽入口后，中央摆放一方小桌，迎来窗光，空间进深也随之延伸，而一旁的收纳柜墙则圈出次卧领域。

4 **引入阳台与餐厅，次卧变更大**

在次卧纳入阳台、挪用餐厅，重造隔断打造全新次卧，瞬间扩容为13㎡的卧寝空间。

-CASE-

09

两房格局太小，客厅一分为二；多榨一室，满足四口之家需求

空间设计暨图片提供 / 大炎演绎空间设计

室内面积： 80㎡

居住成员： 夫妻、2小孩

格局规划前： 2室2厅1卫

格局规划后： 3室2厅1卫

原始空间是一套90㎡的常规两房户型，由于朝向的缘故，空间本身的采光并不好，加上第二个宝宝即将到来，需要重新规划改造成三室，相对的收纳储物也非常重要，因此在满足多一室的情况下，以创造居住空间的最大化着手打造理想家居。

屋主需求

1. 因为家庭人员结构变化，有三室的需求。
2. 由于四口之家东西多，每个空间都需要足够的收纳柜。

BEFORE

问题1 ▶ 餐厅非常小，厨房也不大，用餐显得十分拥挤。

问题2 ▶ 两侧采光都被卧室挡住，中央客厅阴暗无光。

问题3 ▶ 家庭成员增加，只有两室不够用。

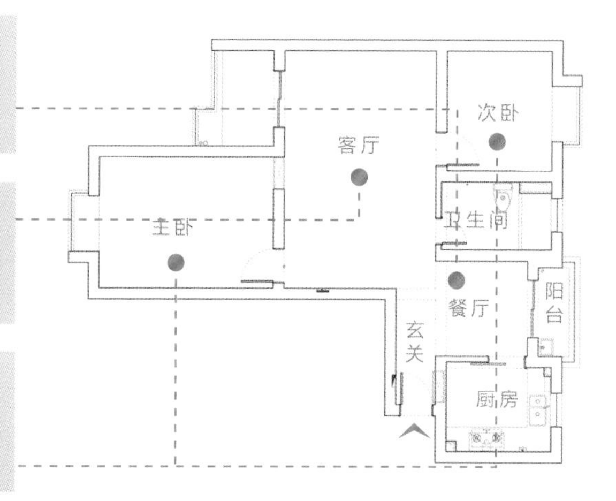

AFTER

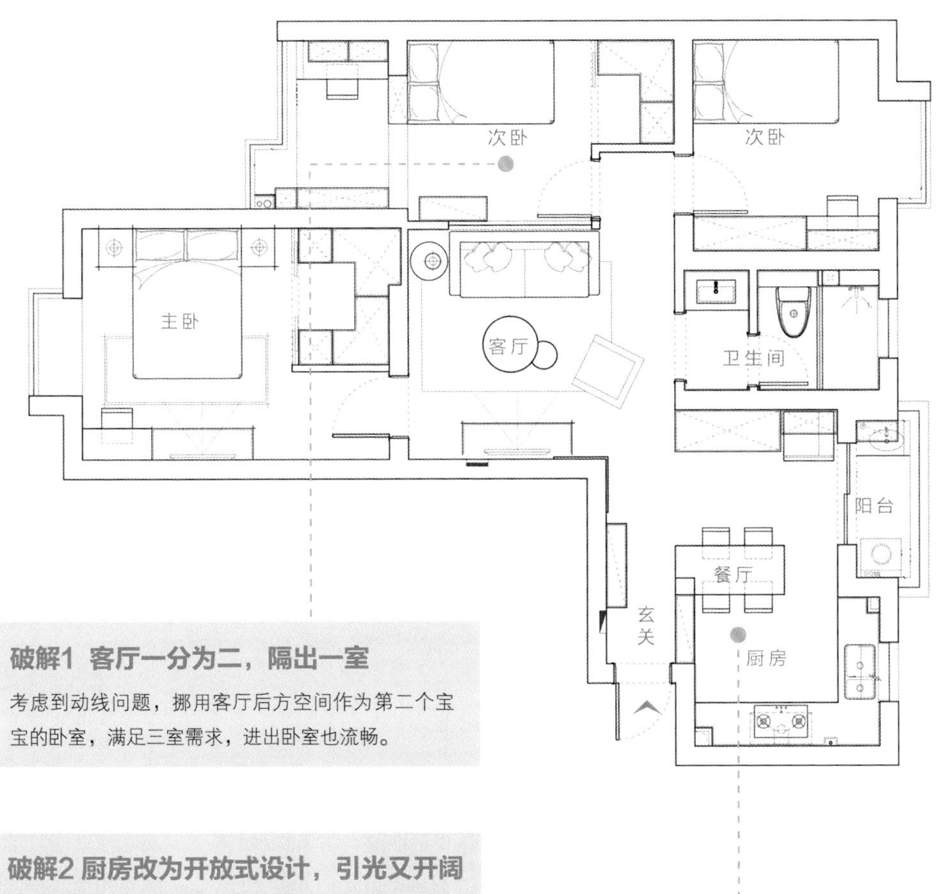

破解1 客厅一分为二，隔出一室

考虑到动线问题，挪用客厅后方空间作为第二个宝宝的卧室，满足三室需求，进出卧室也流畅。

破解2 厨房改为开放式设计，引光又开阔

打开厨房不仅将更多光线带入室内，餐厅、厨房合并的设计也解决原先面积过小的问题，同时增进家人之间的互动。

设计师关键思考

1. 打通原先餐厅与厨房，同时能增加客厅采光。
2. 挪用客厅，隔出一间儿童房。
3. 利用玻璃材质做隔断，借此引入更多自然光。

屋主是一位80后青年企业家，原始户型是两室两厅一厨一卫的常规住宅，因为家里喜临第二个宝宝，迫切需要多增加一间儿童房。因为空间朝向的关系，再加上采光也被两侧卧室挡住，位于中央的客厅特别阴暗。首先解决采光问题，整合原先狭小的餐厅和厨房，规划成为较大的开放式餐厨空间，空间扩容后，光线就能引伸到客厅，提升整体公共空间的明亮度。接着，客厅一分为二，挪用部分空间新建儿童房，儿童房同时运用玻璃隔断引光，有效延展视觉与光线，即使增加了一室也不显局促，维持开阔效果。

主卧也扩充功能，利用入口空间增加衣帽柜，原先的次卧也通过改变门洞位置增加书桌与衣柜，每个空间都设置专属收纳区，更方便依照使用习惯整理。经过优化整体动线，客厅成为连通空间的核心，能流畅通往三间卧室、厨房与餐厅，空间小也能自在悠游其中。

1 **清透玻璃，放大空间视野**

切出一半客厅给儿童房，利用双层钢化玻璃作为隔断并加装纱帘，不但解决隐私及隔音问题，采光和视线也能彼此穿透。

1

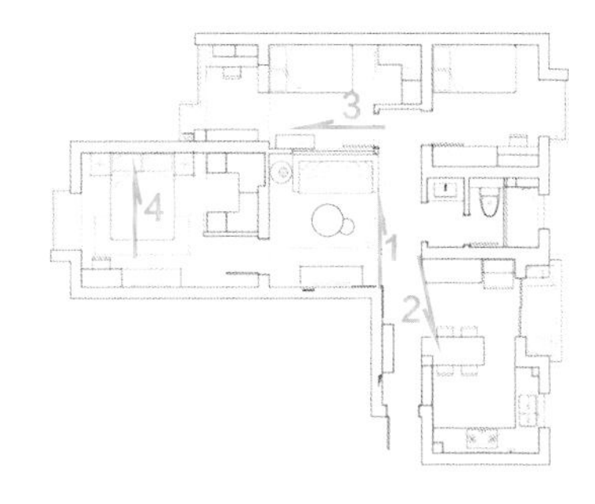

2 **餐厅、厨房合并，引入大量采光**

原先狭小的餐厅和厨房合并，少了隔断的遮蔽，让空间视野开阔，引入大量光线，也无形提升了客厅的明亮度。

3 **儿童房纳入阳台增加空间功能**

原先有小阳台的客厅部分纳入儿童房，设计了书桌和柜子作为学习区，增加了空间使用效率。

4 **增设收纳功能，美感兼备**

利用主卧门口区域规划大容量的衣柜，让每个空间都拥有专属收纳区，现代简约的风格与雾蓝色系相互辉映，营造低调优雅的寝居氛围。

-CASE-

10

奇怪户型卧房难布局，多建一层，独立寝居好舒适

室内面积： 80㎡

居住成员： 夫妻、1小孩

格局规划前： 1室1厅1卫

格局规划后： 2室2厅2卫

空间设计暨图片提供／鹿可可设计

歪斜不规整的房型，过于挑高的高度，难以使用的厨卫配置，一家三口要住进这80㎡的空间，势必要解决许多难题。将看似难以规划的刁钻房型进行改造，善用高度转为优势，不但增加楼层多了一间卧室能用，同时以分割法导正空间，打造灵活有趣的居住体验。

屋主需求

1.很喜欢岛台，想要开放式厨房。

2.一楼和二楼都要有独立的卫生间。

3.希望能在主卫放个小小的浴缸。

4.先生喜欢喝茶，希望会友时有个小空间喝茶聊天。

BEFORE

问题1 ▶ 一进门就是及顶的墙，严重影响客厅采光与空气对流。

问题2 ▶ 厨房太小，夹在卫生间与阳台的过道中。

问题3 ▶ 卫生间为非下沉式结构，管路不易配置，排污管与通气管占用空间。

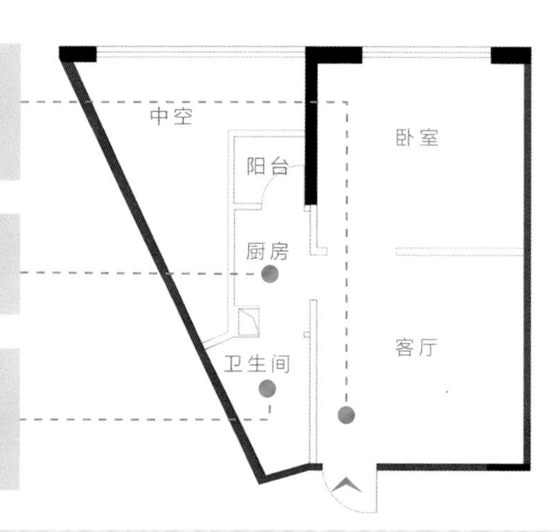

AFTER

破解1 移动式儿童房，安全又有趣

拆除客厅与卧室隔断，改以能弹性移动的儿童房藏在客厅与玄关中间，与朋友聚会时，整个儿童房能往玄关推移，客厅即增加90cm的宽度。

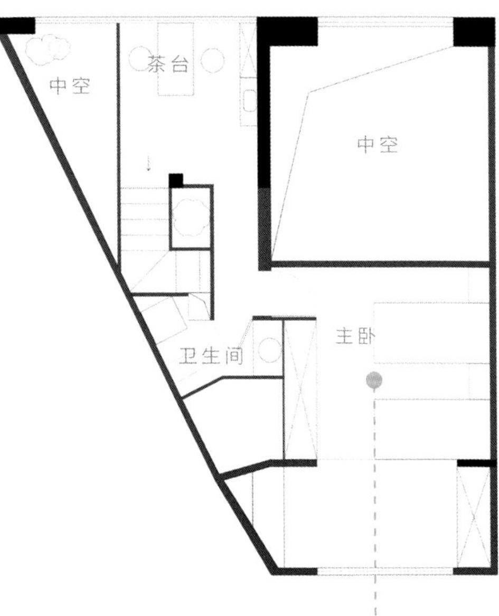

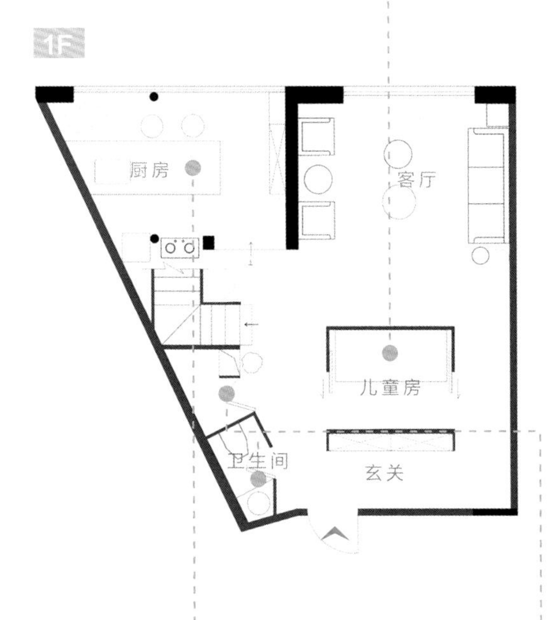

破解4 挑空楼层，增设一室一卫

善用挑高增设二楼，就多了主卧和一间卫生间，同时在客厅保留4m挑空，一楼与二楼隔而不断。

破解2 厨房改为开放式，创造最大效益

将封闭厨房改为开放式，并与餐厅整合在一起，创造高效率的下厨动线，增设一个大岛台，同时满足屋主料理、用餐、办公的三大要求。

破解3 卫生间改二分离，使用更方便

一楼的马桶间与淋浴间拆分成两个独立空间，干湿分离的设计，让淋浴、洗漱可同时进行。

设计师关键思考

1. 打造可移动的儿童房，同时创出洄游动线，增强视觉延伸。
2. 利用挑高增加二楼空间，扩容一家三口的生活空间。
3. 挑空厨房的三角区域利用绿植突破楼层限制，营造放松氛围。

女主人和她的老公与儿子，买下了一间一般人难以理解的房子，在这间位于顶层的住宅中，唯一的采光被卧室挡住，一进门就看到及顶的隔断，使得客厅阴暗无光，动线也不合理，而且厨房太小，也没有空间能设置餐厅。由于一家人喜欢温馨简约、有趣的空间，他们也有定期整理的良好习惯，在不需要太多柜子的情况下，女主人希望在厨房增设岛台，男主人则想有个喝茶聊天的空间。

为了让空间显大，拆除原有的卧室隔断，并将卧室和客厅的位置对调，客厅改为靠窗，能拥有较充足的光线与通风，同时在单层面积太小的情况下，利用4.4m的层高优势，新建阁楼作为男女主人的睡寝空间，并采用切割法让一楼、二楼都保持方正。通往二楼的楼梯设计在靠墙位置，尽可能让出空间给客厅与儿童房使用。即便增设阁楼，客厅与厨房仍保留挑空的处理，让视野能向上延展，使空间有错落的层次感，也更开阔舒适，角落处以绿植点缀，营造鲜活有趣的生活空间。

1 **儿童房改活动隔断，空间功能大增**

入门处运用鞋柜隔出玄关领域，兼具收纳与屏风的区隔效果，与后方客厅的挑空形成鲜明对比。活动吊门围成的儿童房能机动地往玄关推移，瞬间为客厅增加宽度。

2

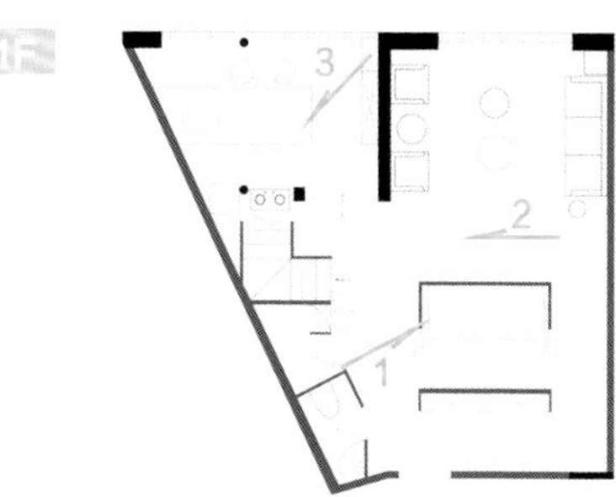

3

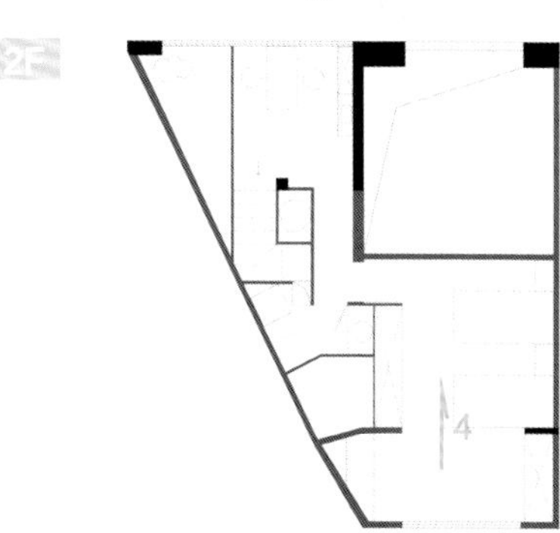

4

2 **对调客厅与卧室，维持挑空，保有开阔视野**

拆除原有卧室，客厅移至窗边，同时保有4.4m的挑高视野，空间有效扩容。同时打破传统思路，不以电视为中心，改以沙发取代，轻便的茶几移开后又能变身亲子互动玩耍区，增加家人互动。

3 **增设中岛餐桌，料理与用餐兼备**

餐厨区合并，改为开放式设计，同时增设女主人想要的中岛，不仅料理空间更为开阔，中岛也兼具餐桌功能，一物多用的设计让空间效率最大化。

4 **多增一层，主卧有着落**

由于空间不够一家三口居住，利用4.4m的层高多搭建一层作为主卧寝居，原本只有49.5㎡使用面积的空间扩增到80㎡。二楼主卧矮墙采用空心轻钢结构做骨架，有效减轻楼板负荷，同时能借用客厅采光，白天也明亮舒适。

-CASE-

11

三房变四房，次卧家具更精实，一家老小通通照顾到

室内面积：96㎡

居住成员：夫妻、2小孩

格局规划前：3室2厅2卫

格局规划后：4室2厅1卫、衣帽间、储藏室

空间设计暨图片提供／九艺装饰

每一个固定的空间，其实都能创造无数种可能。一道墙会框住人们对空间的想象，也会影响家的模样，如果开放式的空间代表心的交流，那么灰白主色调的空间，传递给人的是舒适、自由、清朗的感受，回家让人更轻松、更放心。

屋主需求

1. 为了顺应父母偶尔来住，在三房格局的基础上改造成四房。
2. 客厅没有采光条件，希望能有一个通透光亮的公共空间。

BEFORE

问题1▶ 原先的客厅没有采光，仅能从厨房阳台获得二次采光。

问题2▶ 只有三房，房间数量不够用。

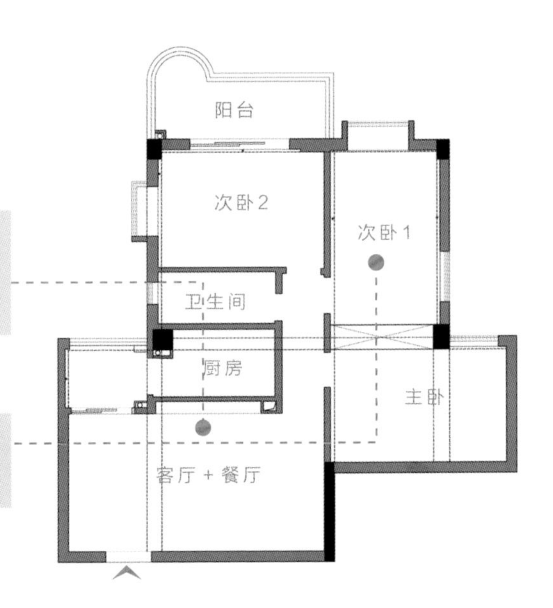

AFTER

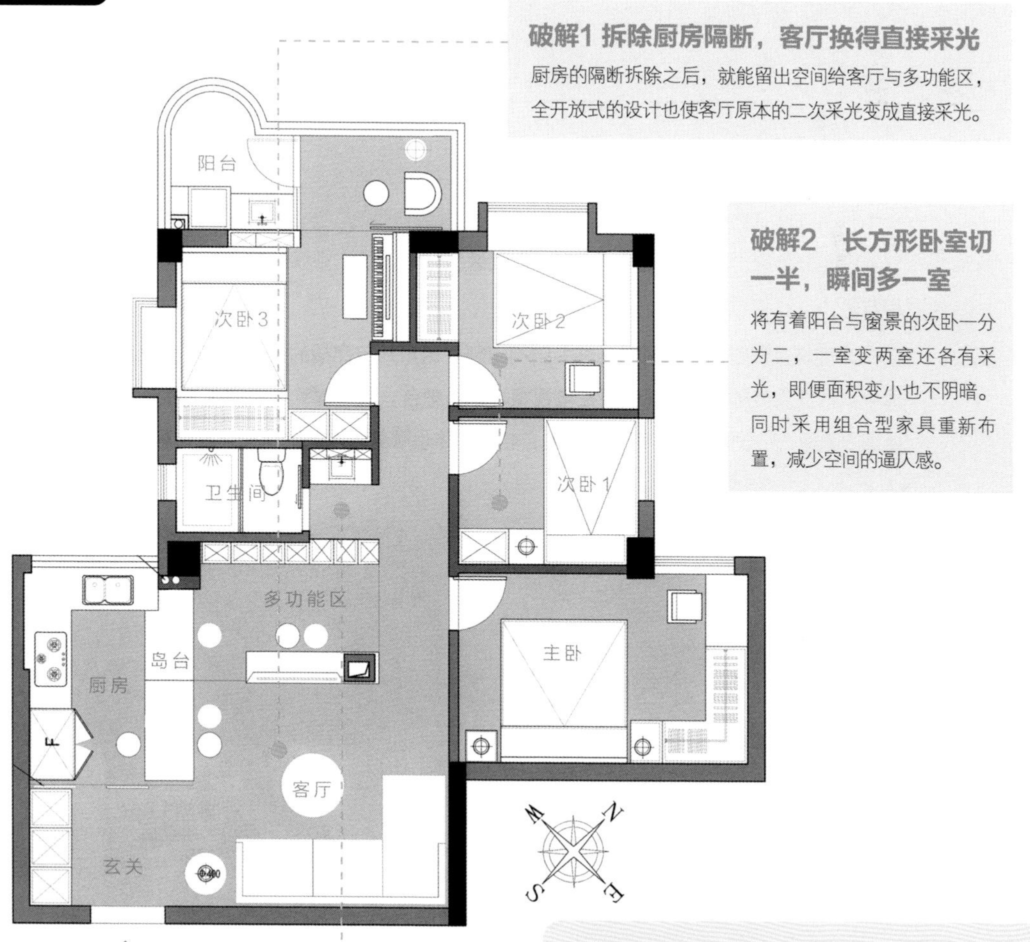

破解1 拆除厨房隔断，客厅换得直接采光

厨房的隔断拆除之后，就能留出空间给客厅与多功能区，全开放式的设计也使客厅原本的二次采光变成直接采光。

破解2 长方形卧室切一半，瞬间多一室

将有着阳台与窗景的次卧一分为二，一室变两室还各有采光，即便面积变小也不阴暗。同时采用组合型家具重新布置，减少空间的逼仄感。

破解3 卫生间退缩，有效干湿分离

敲除卫生间的部分隔断，将干区外移，干湿分离的设计让家人洗漱不排队。

设计师关键思考

1. 将大部分墙体拆除再重新规划，根据屋主需求将次卧一分为二。
2. 餐厨区域与客厅融为一体，借助厨房阳台光线注入室内。

屋主本身从事装饰工程周边行业，具备高度审美，希望能拥有一个舒适时尚、宽敞明亮的家。由于一家有四口人，再加上父母会偶尔来住，只有三房不敷使用。因此重新分配格局，将一间有着双向采光的卧室分成两间使用，虽然多出一室让每个房间的面积都变小，却因为拥有明亮采光面不显得拥挤。“无中生有”，其实不难，只要多一点巧思就能做到。

客厅、餐厅是家庭成员情感交流的场所，屋主希望拥有一个通透明亮的公共空间。由于原有的客厅与餐厅仅有30㎡，于是采取开放式设计手法，拆除部分墙体，客厅、餐厅与厨房随之串联，还多了酒吧、书区。公共区域化零为整，空间更开阔，也附加多种实用功能。

户型经过调整，反而暴露出许多结构问题。运用几何穿插的概念，将排烟管藏进柱体中，也把几何形体的表现运用在电视柜与中岛吧台，还为喜欢品酒的男屋主安排了一处酒吧藏柜，不仅让结构问题巧妙隐形，功能柜体也顺势嵌入，空间线条更利落。

1 **开放客厅，纳入书房与品酒区**

将厨房、阳台所有隔断拆掉，形成全开放的空间，以半高电视墙为空间界限，又使空间互为连结。架高木地板巧妙框出休闲区，可以是形式更为自由的书区，也能当作吧台，满足屋主下班回家品酒的雅兴。

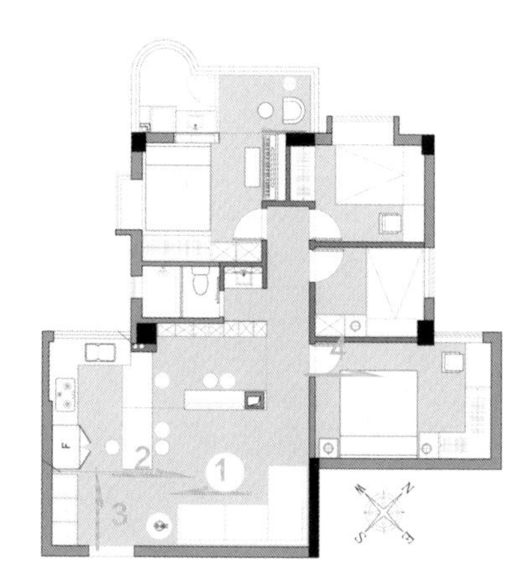

2 **结构柱化身一道几何线条**

顺应原有柱体延伸半高电视墙，让柱体与电视墙巧妙结合，既保持空间的通透性，也解决承重结构柱体单调的限制。墙面后方也顺势架高地台，打造多功能区。

3 **素白和浅灰搭配，带来最大亮度**

主色调采取浅灰和素白搭配，尤其白色会亮化空间，适合配置在采光弱的地方。

4 **卧室扩充收纳空间，提升使用性能**

为了使卧室更为宽敞舒适，床头与木头墙面融为一体，床头柜、衣柜、梳妆柜不仅满足不同的收纳需求，更展现出角落空间的极致利用。

-CASE-

12

96㎡两房变三房，善用收纳空间，衣柜、鞋柜也兼当隔断

室内面积： 96㎡

居住成员： 夫妻

格局规划前： 2室2厅1厨1卫

格局规划后： 3室2厅1厨1卫

空间设计暨图片提供／壹石空间设计

这间96㎡的住宅中，男主人喜爱手办、女主人热爱烘焙，除了需要有足够收纳空间与厨具，也得多设置一房让父母来访时居住，显然小两房的空间并不符合需求。经过墙体重组，扩增一室，并巧妙运用隔断柜补足收纳空间，空间功能得到有效提升，生活更舒适。

屋主需求

1. 顺应夫妻两人各自的生活兴趣，需要大量的储物空间。
2. 有生宝宝的规划，父母也会短暂来帮忙，因此需要多一房。

BEFORE

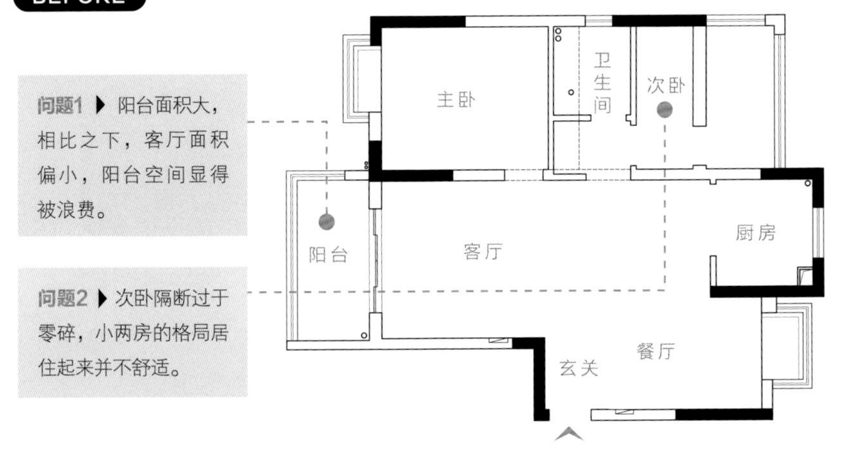

AFTER

破解1 缩减阳台，客厅换来更多收纳空间

阳台空间退缩20cm让给客厅，增加储物量，客厅更开阔放大。

主卧
卫生间
次卧
阳台
客厅
餐厅
厨房
书房
玄关

破解2 整合次卧，使用更舒适

次卧面积过小又零碎，于是将阳台与次卧整合，空间得到合理使用。

破解3 以柜代墙，圈出书房

只有两房不够用，挪用闲置的餐厅空间，运用柜体作为隔断，巧妙新增一间书房。刻意采用三面柜设计，能同时为玄关、书房与餐厨区扩增收纳空间。

设计师关键思考

1. 基于原始结构与实际需求更动墙体，扩大生活空间。
2. 整合收纳功能，满足屋主夫妻需求。

这个位于南京的96㎡房子，地理位置靠近长江，从自家阳台就能将江南水色收进眼底。屋主是一对年轻夫妻，他们有了对新生命的想象，除了预留儿童房，同时也得保留父母来访的卧室，小两房的户型就显得不够用。于是墙体重组，运用入户前的闲置空间打造书房，两房升级成三房，平时能作为办公空间，父母临时来居住也方便。更巧妙的是，书房隔断采用三面柜设计，临玄关一侧的柜墙可同时作为书房的衣柜与玄关鞋柜使用，而面向餐厅的柜体则是嵌入烤箱，为喜爱烘焙的女主人扩增料理功能。

原始狭小零碎的次卧则拆除隔断，与阳台整并，留作儿童房使用。同时实现卫生间干湿分离，洗面台也顺势转向90°，不仅干区空间扩大，也巧妙遮掩入门视线，让洗漱更有隐私。

1 **一柜三用，整合鞋柜、衣柜与橱柜功能**

考虑到厨房空间不大，将常用的烤箱与入户鞋柜、书房衣柜一起做成三面柜，女主人从餐厅转身拿取更方便，玄关也有充足的收纳功能。

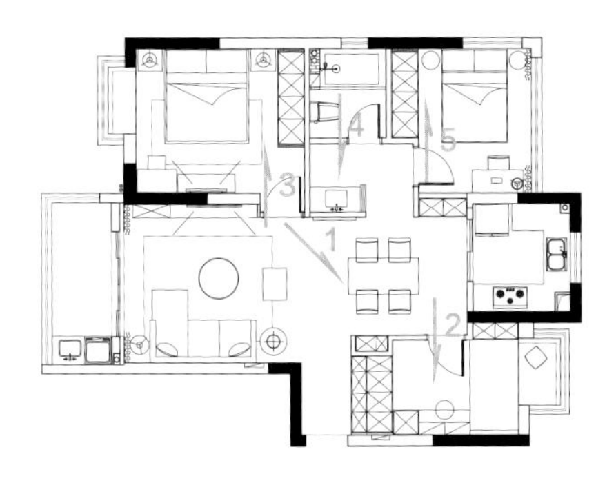

2 **善用闲置空间，增设书房**

运用入户前方的闲置空间，通过墙体改造，扩增为书房，采用榻榻米的设计，不仅能当床铺，也能充实收纳空间。办公桌面则从衣柜延伸至榻榻米上方，有效运用空间。

3 **衣柜暗藏梳妆台，提升空间使用率**

主卧沿墙增设衣柜，确保收纳功能的同时，特意在衣柜侧面藏入梳妆台与椅凳，方便女主人梳妆，巧妙优化主卧功能，空间使用率大幅提升。

4 **洗面台转向，使用更有余裕**

卫生间干区转向90°，洗漱空间变得更大，也能避免一进门就看见镜子，同时设计半墙巧妙遮挡浴柜，兼具隐私性与开阔的视野。

5 **次卧与阳台合并，有效扩容**

整合次卧与阳台，合理规划床铺与柜体，衣柜刻意内嵌，节省空间，柜面采用水泥灰的中性色调，有助于沉淀空间情绪，营造舒适好眠的睡寝氛围。

-CASE-

13

玄关增一墙、主卧扩一室，阴暗二手房晋升简约现代住宅

室内面积： 68㎡

居住成员： 夫妻、1小孩

格局规划前： 1室2厅1卫

格局规划后： 2室2厅1卫

空间设计暨图片提供／上海鸿鹄设计

这套二手房仅有一间卧室，不仅面积过大，与客厅比例悬殊，也不符合小夫妻和一位宝宝的居住需求，再加上客厅朝向不佳，也没有独立玄关。所幸房屋结构多以梁柱承重，能进行大幅度的拆墙改造。于是客厅增设一道结合鞋柜、餐桌、电视墙的多功能柜体，再将一室划为两室，一并解决收纳、卧室数量不足的问题。

屋主需求

1. 多增一房，让宝宝有舒适的小窝，还要增加储物空间。
2. 进门要有鞋柜，在黑白灰的空间基调里也要有明亮利落的姿态。

BEFORE

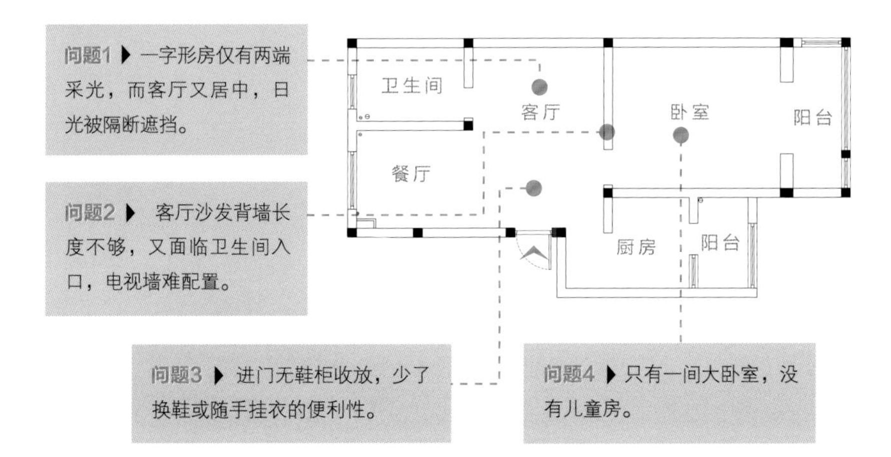

AFTER

破解1 转客厅朝向，加设电视墙

将客厅转向90°，沙发靠墙，再新设一道电视墙，不仅可以轻松坐着看电视，另一侧也可当玄关墙使用。

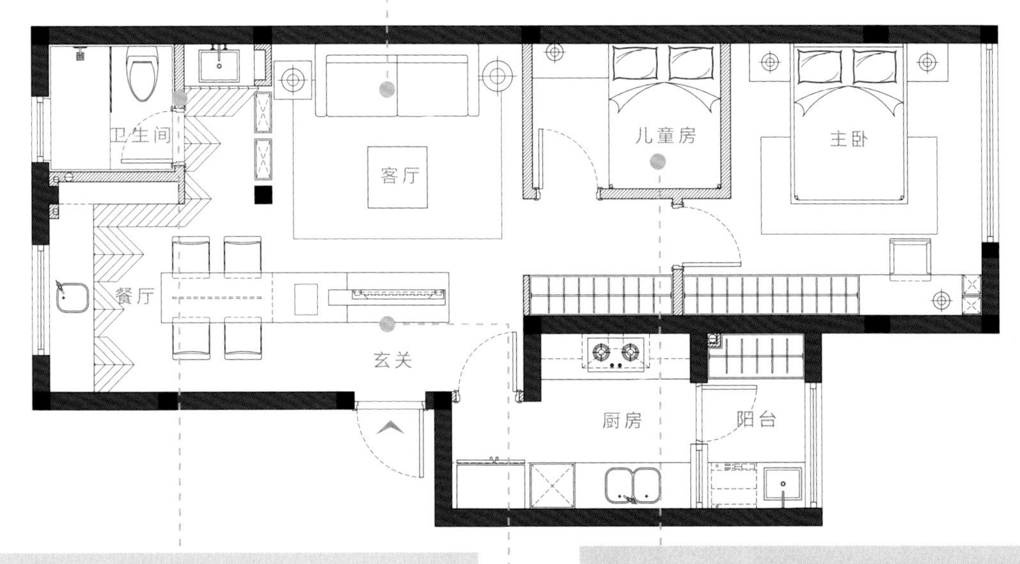

破解2 卫生间隔断内缩

卫生间隔断内缩，将洗面台外移，打造干湿分离的设计。

破解3 电视墙与玄关合体，餐桌藏鞋柜

电视墙延伸至餐桌，桌面下方结合鞋柜，方便穿脱鞋，并据此延展餐厅视野。

破解4 卧室一分为二，增设儿童房

原有卧室纳入阳台，划分主卧、儿童房，儿童房空间有限的情况下，衣柜外移至过道，确保卧室进出动线的同时，也满足一定的收纳量。

设计师关键思考

1. 重新配置客、餐厅格局，不仅电视要居中，餐厅也需明显分区。
2. 增加玄关与鞋柜，不仅能微遮客厅隐私，也有效划分入门动线。
3. 现有卧室纳入阳台，就有足够面积划分两室，满足一家三口需求。

不到70㎡的室内空间，仅有一间卧房，而要安置年轻夫妻和小宝宝的起居，势必再加一间卧室，收纳储物的空间也不可少。在有限的条件下，卧室纳入4㎡阳台，就有足够面积拆分两室，同时巧妙退缩儿童房，让出走廊，并沿廊加设柜体，保留卧室的出入过道，也扩增收纳功能。

而客、餐厅之间无明显区分，也无玄关，形成界线不明的模糊地带；另外，客厅也有长度不够与光线不足的问题。于是客厅刻意取“长墙”、转向90°，改为面对大门；又为避免入门即见客厅的尴尬，利用电视墙遮挡玄关视线，这道电视墙也与鞋柜、餐桌结合，不仅满足用餐、收纳、视听娱乐的多功能设计，也有效划分玄关、客厅与餐厅动线。

卫生间微调隔断，挪出独立洗面台，同时位于中央的客厅被卧室与卫生间挡光，采光不足，显得阴暗。趁着调整卫生间之际，顺势将洗面台与客厅相邻的墙面拆除，填入镂空搁板，光线可攀墙而入，居中的核心客厅也有明亮生活气息。

1 **增一道墙，兼顾用餐、收纳、视听功能**

开门迎来一道黑白几何的半高墙面，既是电视墙，也圈出玄关领域，增加2㎡使用空间。同时墙面嵌入白色餐桌，下方增设鞋柜，满足多元需求。

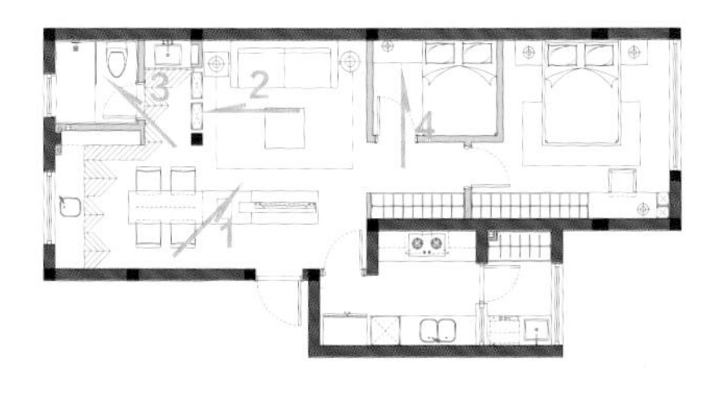

2 **拆墙改搁板，客厅变明亮**

为了增加客厅亮度，利用洗面台的开放特性，将客厅的隔断改为通透搁板，光线能穿透而入，又可装饰摆件。

3 **卫生间隔断退缩，改二分离**

卫生间多增一道隔断，挪出洗面台，独立设置，形成干湿分区的二分离设计，面积不变，使用起来却更方便。

4 **新增儿童房，衣柜外移**

新增儿童房后，为了不影响出入动线，刻意将衣柜挪出房外，房内只放床铺与边柜，搭配大地色的造型墙纸，安稳宁静。

POINT 2

少一室，小房扩容变大房

— 概 念 —

1

拆除无用一房，公共区更显大

80～100㎡空间做成三室或四室户型，各区容易被切割成零碎的空间，住起来显得很逼仄。若家庭成员较少，仅有夫妻两人或三人小家庭，不妨拆除无用的卧室，让给全家最常待的客厅、餐厅使用，不论是看电影还是用餐，都能开阔不拥挤，提升生活质量。

— 概 念 —

2

两房合并，提升卧室精致度

当家中不需要太多房间时，将空间让给主卧，次卧合并，或是两个小房合二为一，多出的空间就能设置衣帽间或梳妆台，安排书桌办公区，甚至还能沿窗增设飘窗，多了悠闲的阅读角，增添卧室的精致度，打造如同酒店般的体验。

— 概 念 —

3

弹性移门，复合空间属性更好用

大家都想多留一间客房备用，但客房实际的利用率很低，反而更浪费！其实有个两全其美的好方法，多出的一房拆除隔断，改用移门就能弹性运用空间，平时全部敞开，作为开放书房与公共区合并，需要时将移门拉起，就能成为一间独立客房，让空间拥有多重属性，将使用效益发挥到最大。

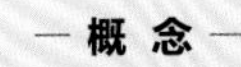

4

重整布局，创造流畅动线

当空间少了一室，整体开放感随之扩增，不如趁机整顿空间动线，试着将客厅、餐厅、卧室打通，创造回字动线，环绕全屋也不会遇到任何一堵墙，有效提升空间舒适度。

-CASE-

14

85㎡小三房用减法设计，拆两房，卫生间置中，全屋开阔感大5倍

空间设计暨图片提供／谢秉恒工作室

室内面积： 85㎡

居住成员： 夫妻

格局规划前： 3室2厅1卫

格局规划后： 1室2厅1卫、书房

两个人住，空间其实可以更自由。原始三室的设计让各房不仅更小，单面采光也被卧室拦截，动线复杂、空间也相对阴暗。于是全屋布局大变更，将三室整合成一室，卫生间也随之调动至空间中央，动线化繁为简，打造畅通自如、阳光满溢的自在空间。

屋主需求

1. 三室太多，空间显得小，想要有更开阔的空间，增进家人交流。
2. 需要保留书房，同时衣帽间要离玄关近，进门就能卸下衣物并洗漱。
3. 喜欢烘焙，也爱邀请朋友聚会，餐厨区要兼备备料与社交功能，还要够开阔。

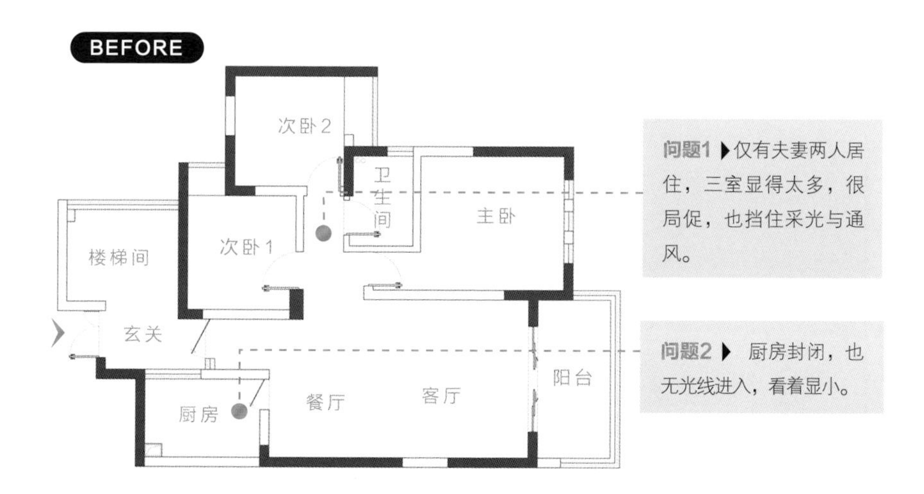

AFTER

破解1 入户设置衣帽间

三室拆除两室，邻近入户的卧室改为开阔的衣帽间，屋主一入门就能放下大衣、包包，使用更便利。

破解2 释放封闭厨房，合并客、餐厅

拆除厨房隔断，与客厅、餐厅串联，料理空间更开阔，也适合成为社交中心。

破解4 主卧改书房，视野开阔更有光

拆除原本的主卧，改为半开放式书房，利用移门巧妙敞开视野、引入光线，工作空间也不逼仄。

破解3 卫生间置中，串联回字动线

为了让各区空间更互通交流，卫生间采用三分离设计并挪往中央，与衣帽间、开放式书房通道串联，打造全屋能通畅行走的回字动线。

设计师关键思考

1. 以减法设计为主轴，缩减卧室数量，着重提升每区功能。
2. 采用全开放式设计，动线与光线都能顺畅自如。

屋主为一对年轻夫妇，由于先前居住的住宅较大，当换到仅有85㎡的户型时，希望能维持开阔通透的空间调性，并有互动性强的餐厨区与衣帽间。但原始三室的布局让空间被切得零碎，动线变得迂回，也挡住仅有的单面采光，必须大刀阔斧重新整顿。

由于居住人口相对单纯，三室舍弃两室，仅保留一间较小的房间作为主卧使用。将邻近玄关的一间房改为衣帽间，淋浴间与洗面台也顺势向中央挪移，与衣帽间并排，屋主入户即能完成换衣、洗浴动作，而三分离的卫生间也让两人能悠闲地盥洗。另一室则改为书房，运用移门调度开敞视野，邻近客厅的墙面则改为通透大窗，屋主在家办公也不逼仄。

为了满足喜爱烘焙、聚会的屋主的需求，将封闭厨房改为开放式设计，设置中岛与餐桌，不仅备料空间更大，下厨时家人、朋友也能坐在餐桌旁互动，形成社交重心。通过重新布局，全屋开放式的设计让动线也一并串联，从玄关、客厅、餐厨区到卫生间能环绕一圈，畅通无阻，即便户型小，也能过上舒适的生活。

1 **回字动线，全屋悠游畅通**
释放封闭厨房，客厅、餐厨区随之串联，同时调动卫生间位置，让出连接卧室与书房的廊道，使公共区与卧寝区彼此相通，有效打造回字动线环绕全屋，能穿梭自如，行走更抒压。

2 **衣帽间采用移门，有效遮挡视线**

将一室改为衣帽间使用，安排在入户相邻的优势位置，出门、回家都能马上更衣，并运用移门能随时开合，有效引入光线之余，也能保有隐秘性。

3 **弹性书房，维持开阔视野**

书房采用半墙隔断并设置通透大窗，保有开放性的设计能随时与家人互动，在家办公也不沉闷。而面对廊道的墙面则设计柜体，顺势满足洗面台区域的收纳功能，空间一点都不浪费。

4 **扩大卫生间，两人使用也不挤**

浴缸、淋浴间与洗面台挪移至原先次卧的空间，隔断上方运用玻璃砖引光，解决中央阴暗的困扰，同时加大洗面台，一半挪作女主人的梳妆台，两人同时梳洗时也不拥挤。

-CASE-

15 三房隔断不适合两代同堂，拆两室，挪客厅，展开空间尺度

室内面积： 100㎡

居住成员： 夫妻、1长辈

格局规划前： 3室2厅1卫

格局规划后： 2室2厅1卫

空间设计暨图片提供／上海费弗空间设计有限公司

原始的隔断阻绝了光线及视野，也不适合两代同堂的生活模式，因此从光线及动线角度重新思考空间，大刀阔斧重新配置隔断，将卧房及客厅挪移到更适宜的位置，不仅展开空间的视野，睡眠舒适度也大为提升。

屋主需求

1. 衣物较多，希望有较大的储物空间和衣帽间。
2. 想要敞开的公共空间，动线明朗，风格简约明快。
3. 要同时考虑长辈和夫妻的生活需求。

BEFORE

问题1 ▶ 有三室空间，但每个房间又小又局促。

问题2 ▶ 没有足够的餐厅空间，只能贴墙放一张1.4m长的餐桌。

问题3 ▶ 玄关没有鞋柜，整体收纳量少，大门也与卫生间正对，视线很尴尬。

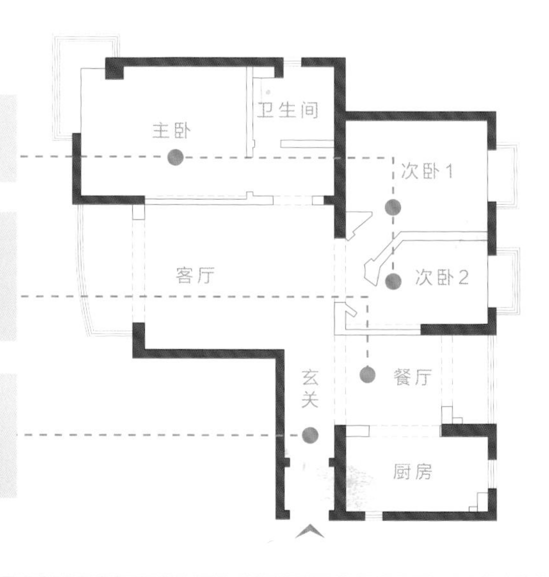

AFTER

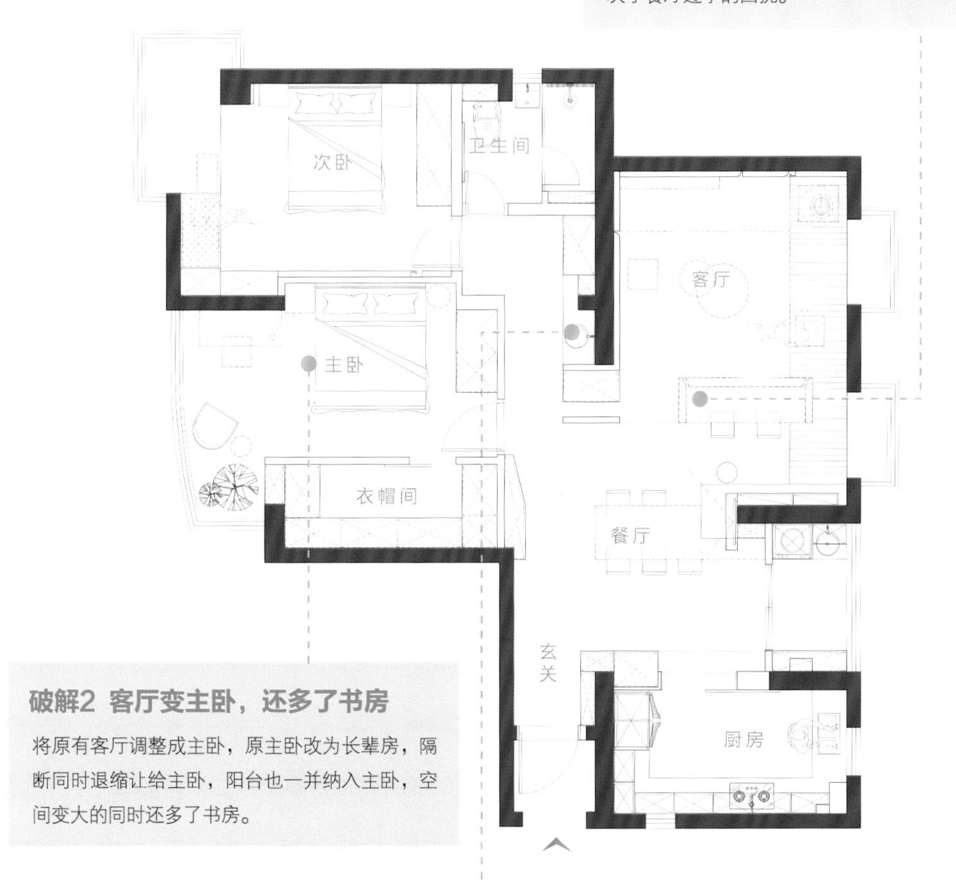

破解1 整合两室改为客厅，互动无阻碍

拆除狭小的两室隔断，改为客厅，与餐厅、厨房整合在一起，全开放式设计不仅让互动更流畅，也解决了餐厅过小的困扰。

破解2 客厅变主卧，还多了书房

将原有客厅调整成主卧，原主卧改为长辈房，隔断同时退缩让给主卧，阳台也一并纳入主卧，空间变大的同时还多了书房。

破解3 外移洗面台，新建隔墙遮蔽入户视线

通往长辈房的走廊嵌入卫生间的盥洗台，缓解了家人使用卫生间的压力，且增设一道横向墙面，巧妙遮掩洗面台，也阻挡入户直视卫生间的视线。

设计师关键思考

1. 将客厅与卧室重新分配，保证两间卧室都朝南，让采光、通风更好。
2. 各区扩充大量收纳空间，主卧也新增衣帽间。

屋主放弃北京的工作决定回乡照顾年迈的母亲，原先的空间并不适合两代同住的生活，且100㎡的空间有三室格局，但每间房显得又小又逼仄。在居住成员仅有3人、人口相对简单的情况下，将三间小卧房改为两房，客厅调整为主卧，原主卧则改为长辈房，保留两个南向空间作为卧室，使寝居能享受柔软温暖的阳光。

空间大幅改造后，从玄关通道开始即为中央轴线，就此划分动静两区，纵横动线也更为单纯明确。一条纵向动线巧妙将客厅、餐厅、厨房的动区串联在一起，客厅与餐厅之间设置书台，满足日常的办公需求。而另一条纵向动线则是串联主卧、长辈房、卫生间的静区，在静区过道上增设柜体，不仅强化收纳功能，也能引导路径。考虑到家人共享卫生间的便利性，将洗面台移出，嵌在两房交会的走道，至于横向动线则是经由餐厅过道联系动静两区。整体通过开放式设计创造流畅动线与开阔视野，同时采用现代简约的风格反映心境，让三口之家重新展开另一段的生活篇章。

1 **拆两房，家人交流好顺畅**

撤掉两间小卧室，换来开阔客厅、餐厅及厨房，增设半高书桌区分空间，不仅在视觉上彼此串联，生活上的交流也毫无阻隔。

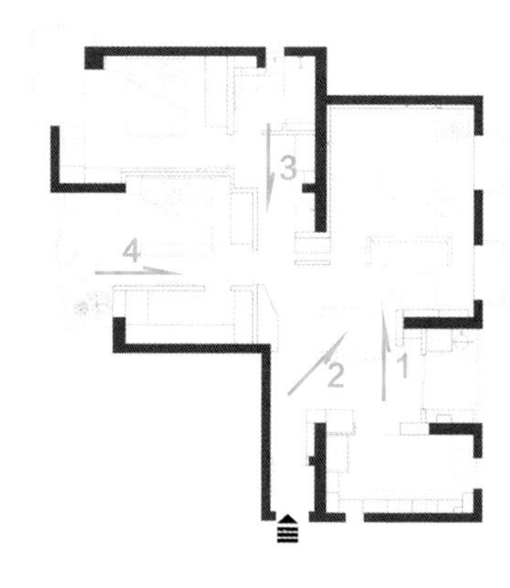

2 **开放式岛台，汇集家人情谊**

餐厅顺着承重墙做一个岛台，延伸成为餐桌，放大空间的同时，消弭原本墙面带来的拥堵感。全开放式设计也解决原先餐厅过小的问题。

3 **洗面台藏墙后，避开大门视线**

洗面台挪至过道，无形延展卫生间面积，使用起来更方便，同时安排柜体与墙面遮挡，入户不会直视卫生间。

4 **挪移墙面，扩大主卧面积**

为了让主卧更大，挪移床头墙面，不仅放得下大床，电视墙后方还藏着衣帽间，保证充足的收纳量。

-CASE-

16 两室改一室，全屋动线贯穿，打造90㎡酒店级轻奢住宅

室内面积： 90㎡

居住成员： 夫妻

格局规划前： 2室2厅2卫

格局规划后： 1室2厅1卫

空间设计暨图片提供／上海赫设计

这间90㎡的空间，原房型为两室一厅两卫的长条形户型，整体采光良好，但屋主希望作为度假使用，向往酒店式房型，两室两卫就略显鸡肋。通过将户型打开重组，各空间串联互通，再打造阳台阳光房，开阔敞亮的环境让生活不压迫，自然达到放松疗愈的氛围。

屋主需求

1. 度假使用，希望在工作之余，可以暂时避开繁华城市的喧闹。
2. 希望是家庭式酒店套房配置。

BEFORE

问题1 ▶ 两个卫生间采光和通风都不太好，使用较为局促。

问题2 ▶ 入户门与客卫门口正面相对，视线较尴尬。

问题3 ▶没有明确的玄关和餐厅空间。

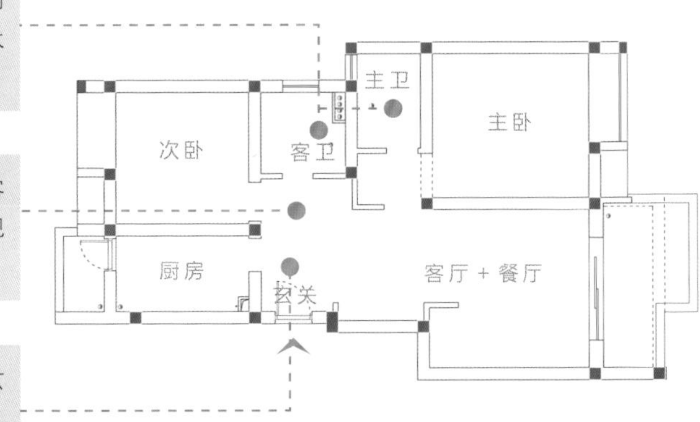

AFTER

破解1 客卫改衣帽间，充实收纳空间

舍弃采光、通风不好的客卫，改作衣帽间，增加主卧收纳空间。

破解2 打通各区隔断，创造回字动线

为了实现酒店套房的舒适体验，拆除卧室两侧隔断，与客厅互通，同时打通卫生间、衣帽间与餐厨区入口，回字动线让全区畅所无阻。

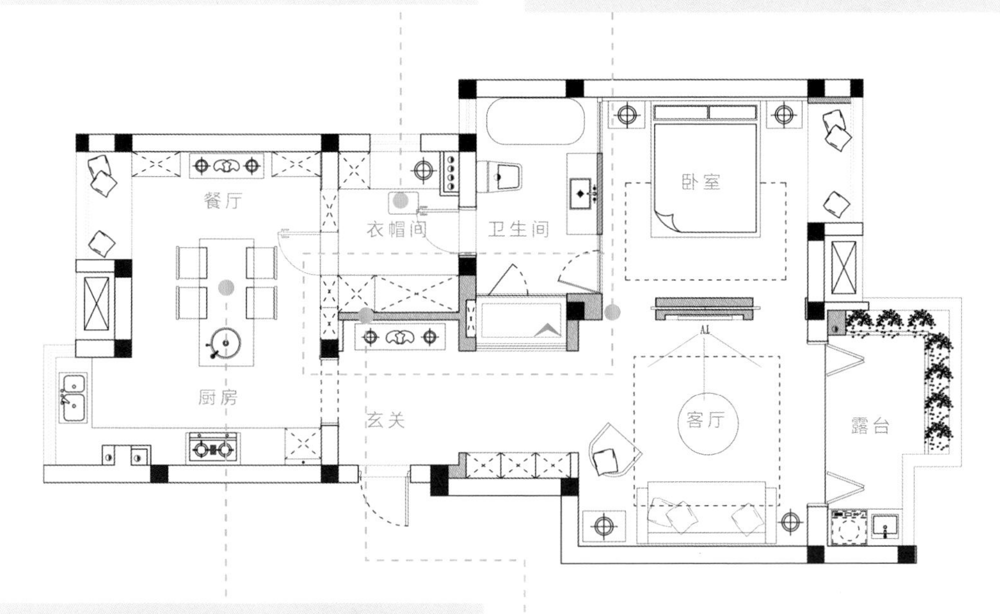

破解3 次卧结合厨房，打造开放式餐厨区

将两室改为一室，打通次卧与厨房，形成一个自带飘窗的开放式餐厨区。

破解4 玄关设置隔断，确立落尘区

封闭客卫入口，设置实墙隔断和柜体，不仅有效避开原本入户直视卫生间的视线，也圈出明确的落尘区。

设计师关键思考

1. 将空间打通重组，融入酒店套房的概念，创造开阔舒适的度假体验。
2. 客厅、卫生间、衣帽间与餐厨区四点一线，每个功能区域通透连贯，贯穿整个空间。

这间90㎡的简约风住宅，是屋主希望在闲暇时能暂时避开繁华城市的度假之处，能尽情享受简单生活的纯粹与宁静，考虑到方便与实用性，屋主期盼家庭式酒店的套房配置，因此设计师在安全范围内拆改非承重墙体，将空间打通重组。

首先，将客厅与卧室之间的隔断拆除，仅留两侧通道，两区即能串联。舍弃次卧，让出空间与厨房合并，打造开放式餐厨区。客卫入口转向改为衣帽间，解决卧室收纳功能不足的问题。接着，客厅、卫生间、衣帽间、餐厨区四区打通贯穿，随即创造能自在游走的回字动线，通过半开放式设计穿梭于每个空间。同时各区运用墙柱错开视野，巧妙避开盥洗、更衣的直视视线，在视线通透之余仍保有隐私。而原本玄关与餐厅界线不明的问题，则通过封闭原先的客卫入口，打造木皮实墙巧妙划出玄关领域，入户有所区隔的同时，也能感受温润气息。

1 **双入口串联客厅、卧室**

客厅运用温润木皮铺陈，巧妙通过金属线条展现立体质感，营造温馨利落的氛围。而电视墙置中留出两侧入口，串接卧室与客厅，流畅的过道不仅让空间感得以延伸，光线也能自然深入。

1

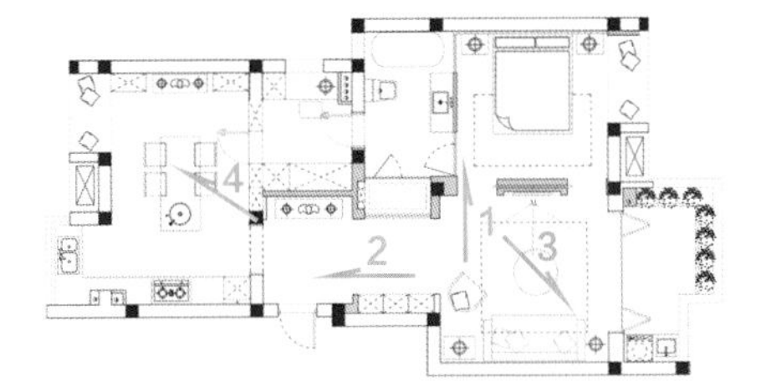

2 **玄关长桌成为入口风景**

原本定位不清的玄关，通过隔断明确界定领域，并摆放高腿长桌，搭配绿植、摆件，在温润木皮的映衬下塑造入口的美好风景。

3 **阳光房将户外自然光援引入内**

将3㎡阳台纳入客厅，同时考虑到安全问题，以不锈钢边框和玻璃窗将阳台封闭，作为阳光房，巧妙将户外自然光引进屋内，让空间达到和谐的对流。

4 **多功能中岛，兼具备料、用餐与工作**

次卧与厨房结合成开放式餐厨区，同时增设中岛，并嵌入水槽方便备料，既可当作餐桌，同时也能当办公区使用。一物多用的多功能设计能有效节省空间。

5 **打通隔断，光线、动线全屋流通**

开放式餐厨区与客厅串联，即能发现餐厨区、衣帽间、卫生间与卧室连成一线。通过打通各区隔断，串起回字动线，能悠游自在环绕全屋一圈，毫无阻隔。

6 **沉稳的深蓝色与木皮，注入宁静气息**

卧室延续客厅色调，窗帘、床头背墙采用沉稳的深蓝色作为映衬，并铺设半高的护墙板让墙面视觉效果更有层次，木皮强化宁静温馨的睡眠氛围。

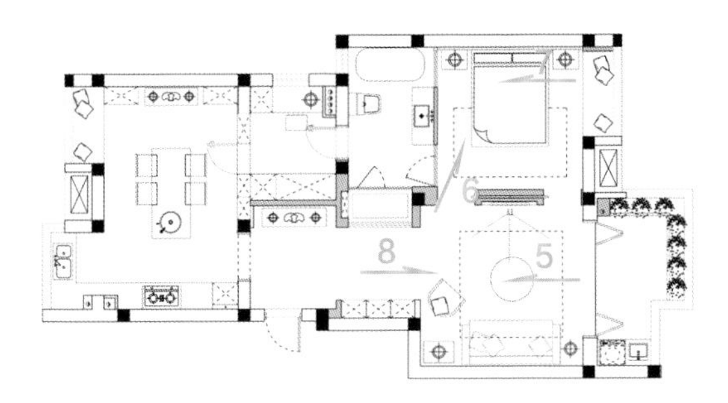

7 **卫生间改设玻璃隔断，引入采光与通风**

虽然原始卫生间有对外窗，但光线与通风仍显不足。于是拆除部分卫生间隔断，改为通透玻璃，巧妙引入卧室采光，空间更显扩容，同时采用金色不锈钢勾勒门框，亮面光泽展现轻奢高雅的气质。

8 **全通透设计，有效延展视野**

为了重现酒店式套房通透开阔的概念，淋浴间面向廊道的一侧采用玻璃隔断，视野即能延展深入，无形达到扩容效果。玻璃内侧也搭配卷帘，有效维护洗浴的隐私环境。

-CASE-

17 三房变两房，卫生间多了 4 ㎡，还坐拥大中岛

室内面积： 90㎡

居住成员： 1人、2只猫

格局规划前： 3室2厅2卫

格局规划后： 2室2厅1卫

空间设计暨图片提供／启物空间设计

一个家的模样，取决于居住者的想法。三室户型的空间对于单身屋主而言，显得有些琐碎多余，于是舍弃一室，转而扩大卫生间，慵懒享受泡澡乐趣，同时保留客房让爸妈能偶尔来住，平时则能当瑜伽室使用，半开放式设计让视线与光线能自在游走，维持通透开敞的格局。

屋主需求

1. 不需要餐桌，用吧台应付日常生活，可灵活当作办公桌使用。
2. 不需要三房，改成两房，同时加大卫生间空间。

BEFORE

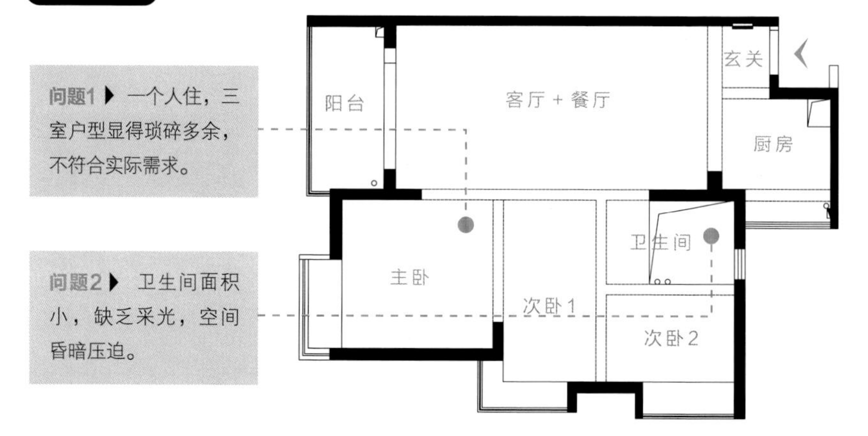

AFTER

破解1 主卧连接卫生间，缩短动线更便利

原始主卧离卫生间太远，于是主卧与多功能房位置对调，缩短与卫生间的动线，晨起洗漱或起夜使用更便利。

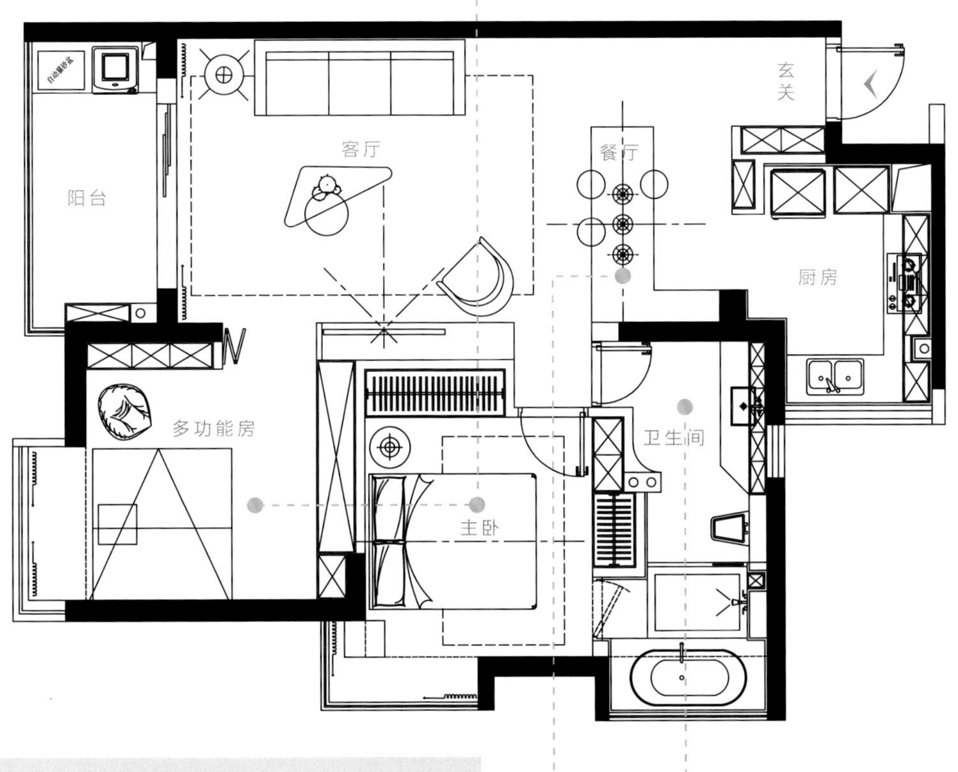

破解2 中岛吧台可兼作餐桌，省空间

空间小的情况下，增设中岛吧台取代餐桌，岛台加宽加大的设计提升实用性，还能当办公桌使用。

破解3 舍弃一室，与卫生间合并，扩大面积

仅有一人独居，三室的格局略显多余，舍弃一室，融入卫生间，有效扩大卫生间空间，让洗浴体验更舒适。

设计师关键思考

1. 只需两房基本需求，多余一房挪给卫生间，扩充空间感。
2. 跳脱常规格局，厨房改设中岛吧台，更符合年轻人的使用习惯。

这个位于深圳万科城小区的90㎡房子，与这座快速成长流动的城市，像是一方都市人生活形态的浓缩写照。由于只有女屋主一人，还有两只猫同住，偶尔爸妈会来访，而这间以三代同堂为基础的三房户型就显得多余且有零碎的落差感。

为了能尽情享受舒适的独居生活，释放无用的一房面积，让给卫生间使用，不仅解决面积过小的问题，也能塞下大浴缸，工作疲累的时候可以放松泡澡。主卧也顺势与多功能房对调，拉近与卫生间的距离，洗浴动线更便利。

至于最常待的公共区域，则将厨房与餐厅合并，一反常规不放餐桌，反而赋予符合年轻人生活形态的中岛吧台，朋友聚会时就能围绕吧台，使其成为社交活动的中心，平时不常下厨的屋主也能用来工作。电视墙后方的多功能房则是客房兼瑜伽室，采用可自由推移的折叠门，打开时能与公共区域保持连通，等于拥有一个30㎡的超大空间，也能有效引入采光，空间不显小，利用率更高。

1 **中性色调，内敛有个性**

屋主不喜欢过于素净的空间，墙色选择灰中带粉，搭衬蓝色柜体、地毯，带来宁静质感。

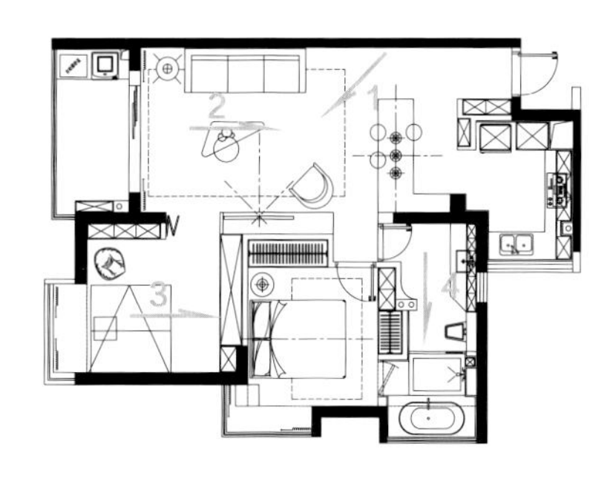

2 **中岛吧台兼具用餐、办公功能**

由于屋主极少下厨，索性省去餐桌以吧台取而代之，更适合邀请朋友来家里小聚，也能当工作桌使用。

3 **一室多用，空间不浪费**

原始户型的主卧改为多功能房，平时是屋主的瑜伽室，也是宠物猫的运动场，考虑到父母来访过夜的需求，搭配沙发床能当作客房使用。

4 **合并次卧，卫生间多了大浴缸**

拆除次卧隔断，部分移作卫生间使用，并且放置屋主想要的大浴缸，同时墙面铺陈缤纷粉色，更显柔美气息。

-CASE-

18

三室合并为一室大主卧，打造回字动线，现代简约一步到位

空间设计暨图片提供 / 辰佑设计

室内面积： 100㎡

居住成员： 1人

格局规划前： 3室2厅1卫

格局规划后： 1室1厅1卫、书房、衣帽间、鞋帽间

空间的灵动性，会让生活变得更加简单且有趣。一个人生活，多了点个性，少了些妥协。于是布局简化，将三室格局改为一室，客厅、餐厅、厨房甚至卧室完全开放，视野与动线畅通无阻，同时坐拥高楼优势，无限亲近自然与天空，内外皆开阔。

屋主需求

1. 由于只有一人居住，保留一房即可，其余空间都打通。
2. 客厅不放电视，采用极简风格，回归简单生活。

BEFORE

问题1 ▶ 厨房有一堵墙面占据餐厅，不得不占用客厅来摆放餐桌。

问题2 ▶ 卧室太多，隔出太多区域，显得狭小凌乱。

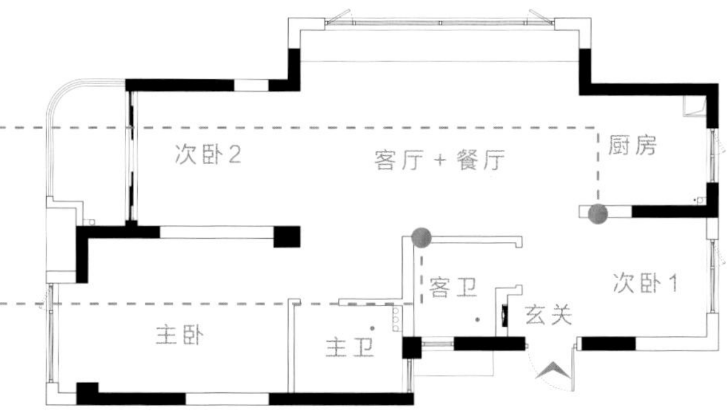

AFTER

破解1 柜体置中+退缩墙面，打造回字动线

客厅改以柜体置中，两侧不做满，同时卫生间墙面退缩，四周留下出入廊道，清楚引导回字动线，使客厅、餐厨、卫生间、书房、卧室各区得以串联。

破解2 餐桌嵌墙，以结构形式弱化柱体

将厨房的承重墙结合结构设计，延伸出餐桌台面，使厨房与餐厅互相连通。

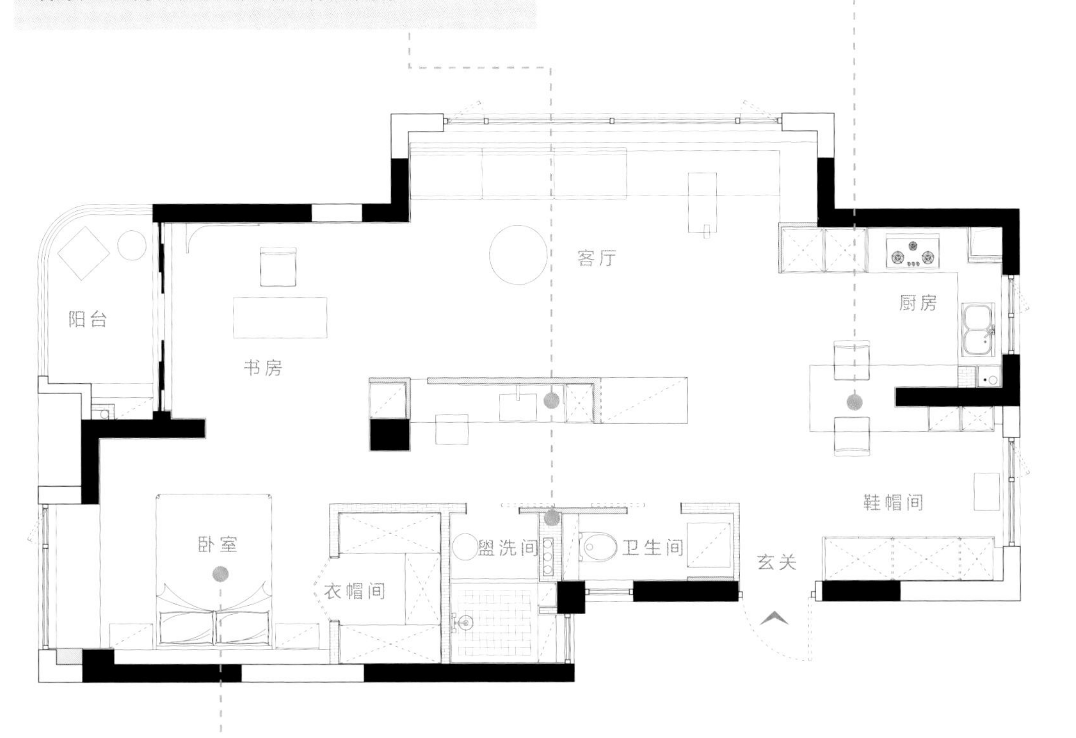

破解3 拆除卧室隔断，引光更开阔

拆除卧室与书房之间的隔断，全面运用采光优势，视野也随之扩展延伸。

设计师关键思考

1. 本来是三房空间，把所有非承重墙拆除，展现空间的开阔感。
2. 坐拥高楼层的视野，大面积的玻璃窗将生活转化成一道风景。

这间单身公寓的屋主崇尚简约主义的生活态度，于是只需一间卧室，客厅不放电视。屋主喜欢漫步在自然光的生活空间，运用纯白的简单调性，收拾起生活的琐碎与庸扰。

即便是一个人生活，大多时间仍待在客厅、餐厅、厨房，所以先有了开放式空间的设定。首先将卫生间墙面退缩，让出更多空间给客厅，客厅增设悬浮柜体，同时拆除卧室与书房隔断，柜体四周瞬间有了通畅廊道，打造顺畅的能环绕整室的回字动线，有效连通所有公共区与私领域。少了隔断的遮蔽，大量阳光也能随之渗入，三面采光的优势给予空间温暖触感。

为了让生活更有余裕，玄关一侧的卧室改为鞋帽间使用，打造充足收纳功能。而当卫生间墙面退缩时，由于面积变小，即改为独立马桶间，洗面台顺势外移，与中央柜体合并，原有主卫的部分空间挪作淋浴间使用，打造梦寐以求的三分离卫生间，剩下的空间则改设衣帽间，有效扩大主卧收纳量。

1 **隐形柜置中，打造回字动线**
低调的隐形柜处于房间的正中央位置，化解了隔断的限制，两侧留出过道塑造回字动线，并使采光在各空间自然流通。

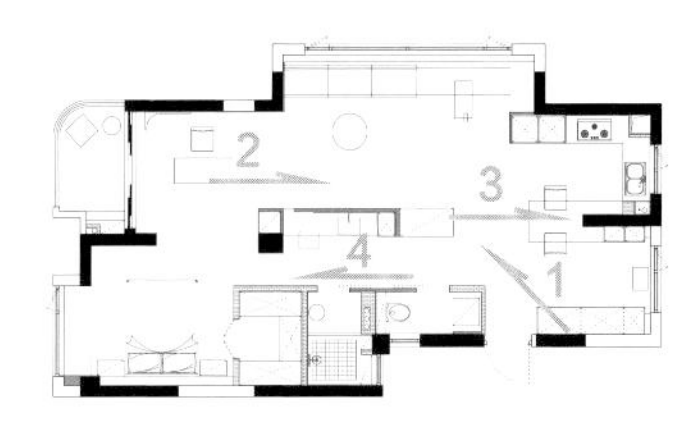

2 **超享受的飘窗沙发**

利用飘窗改造而成的沙发区，大面积玻璃窗让人的视觉维度无限延伸，收入窗外风景，令人感到特别放松。

3 **墙柱延伸餐桌，不占过多空间**

顺应厨房墙面巧妙嵌入餐桌，通过咬合的结构设计，弱化承重墙柱的存在感，不仅让厨房、餐厅保持互通，也有效节省空间。

4 **隐形门界定三分离卫生间，享受酒店级洗浴体验**

缩小原主卫、客卫面积，隔断向后退移并拉齐，搭配隐形门设计形成利落的完整立面。洗面台外移，墙面点缀金属，添入轻奢气息的同时，也兼具挡水条的实用性能。

-CASE-

19

107㎡单身住宅，三室合并为两室，坐拥中西双厨

室内面积： 107㎡

居住成员： 1人

格局规划前： 3室2厅2卫

格局规划后： 2室2厅2卫

空间设计暨图片提供／FunHouse方室设计

这个107㎡的三室空间，虽然只有屋主一人居住，但偶尔长辈会来访过夜。在只需两室的情况下，将主卧与次卧对调，合并两室扩大主卧空间，打造一间兼具睡寝、收纳、工作与洗浴的舒适主卧，公共区域则纳入中西双厨的概念，完善生活功能，单身生活更悠闲自在。

屋主需求

1. 因为只有一个人住，希望空间更大胆自由。
2. 喜欢深色、现代简约的风格。

BEFORE

问题1 ▶ 客厅仅有单面采光，夏季采光虽好，但冬季室内偏暗。

问题2 ▶ 入户玄关没有落尘储物区，鞋子都随意摆放。

问题3 ▶ 客厅与餐厅太近，厨房也显小，料理空间不够用。

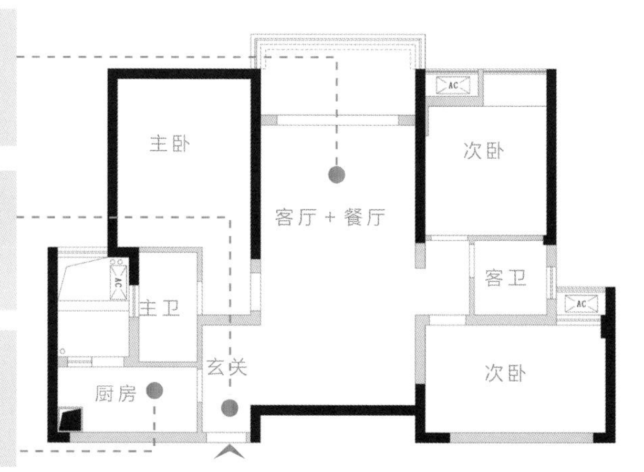

AFTER

破解1 次卧改主卧，独享开阔私人领域

两间次卧合并改为主卧使用，还多了衣帽间与书房。

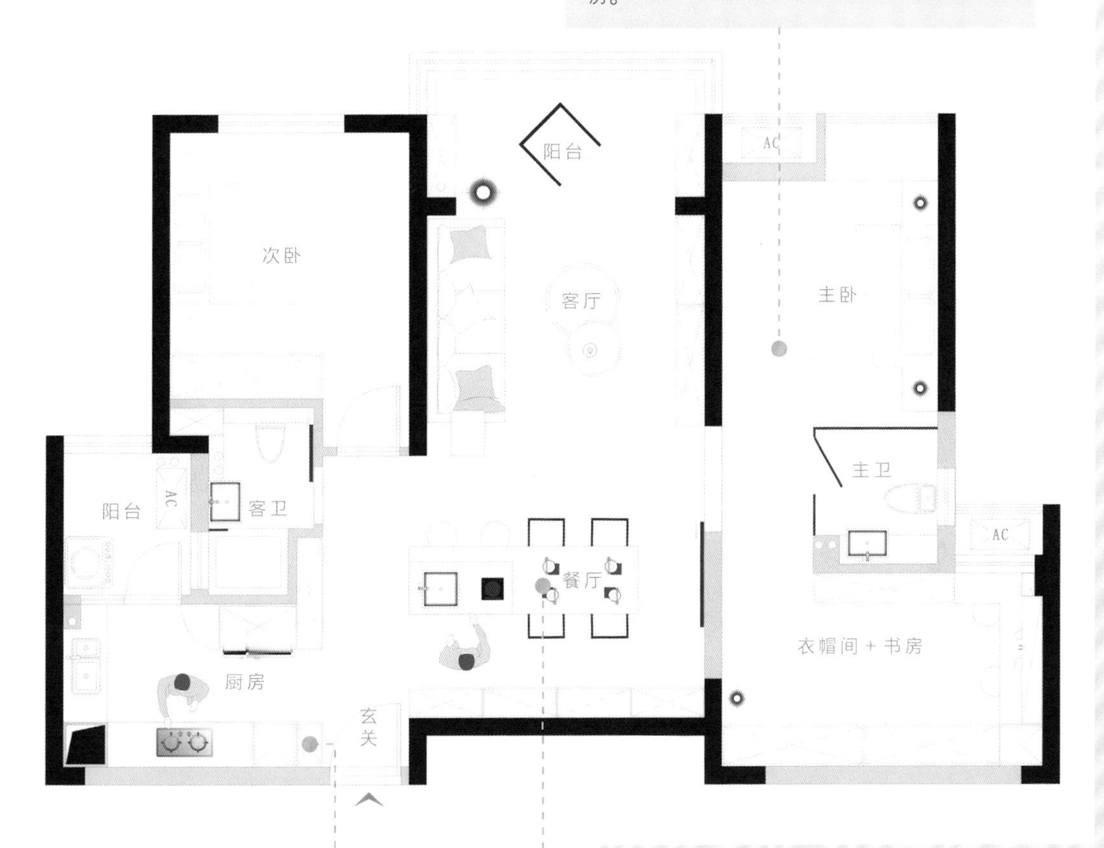

破解2 拆墙增添鞋柜，解决收纳问题

拆除厨房隔断，原主卧与卫生间的墙面退缩，玄关就整理出内嵌的鞋柜空间，解决原本入户区没有收纳柜的问题。

破解3 餐厅结合西厨，增添料理互动

餐厅增设高柜与中岛，搭配水槽、电器柜，就能发挥西厨功能，同时打造环形动线，增加料理互动。

设计思考

1. 次卧与主卧对调，三室改为两室，原次卧合并引入最大自然光。
2. 厨房墙面退缩，改为内嵌鞋柜，增加玄关储物空间。
3. 缩小原有主卫面积，挪给厨房使用，餐厅也增设西厨。

在屋主一人居住的前提下，107㎡三室两厅的隔断显得太过零碎，空间难以利用。于是将两间次卧合并改为主卧，就多了衣帽间及书房，将卫生间也纳入进来，赋予屋主宽阔的私人空间，结合睡寝、洗浴、收纳与工作多种功能。合并后的两侧采光同时纳入，再加上主卧出入口改以玻璃移门，让公私区域的光线得以互相穿透。保留原有的主卧改为次卧，作为长辈来此小住的空间。

拆除厨房隔断改为开放式设计，靠卫生间一侧的空间内嵌冰箱，操作台旁的厨房高柜也嵌入蒸箱、烤箱，并与入户柜统一面板，打造统一的视觉。餐厅同时增设中岛，打造中西双厨，不仅解决餐厅与客厅太近的问题，也满足亲朋好友来家里聚会的需求。

在色彩风格方面，屋主喜爱黑色调与现代简约，碍于空间不大，全用深色会造成视觉压迫，因此采用低重心配色，柜体通过材质展现不同浓度与质感的黑，而墙面、厨房与卫生间则以纯净白色相互映照，不仅有效吸光，也丰富空间立体层次。

1 **舍弃餐桌改中岛，满足西厨需求**
顺着餐厅增加中岛与高柜，多了能简易备料的西厨空间，满足朋友来小酌时料理轻食的需求。中岛也延伸台面，能当餐桌使用，兼具多重功能。

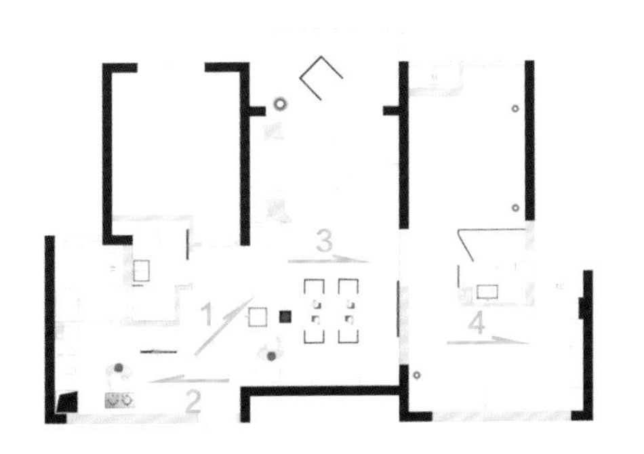

2 **挪移卫生间，厨房多出放置冰箱、储物柜的空间**

原本的主卫墙面退缩，让出的空间就能放置冰箱，外侧墙面也放得下餐厅储物柜，有效延伸厨房空间，收纳功能也更多、更好用。

3 **透明卫生间，为主卧扩容**

考虑到屋主平常只有一个人住，卫生间大胆采用玻璃隔断，无形扩容空间，让主卧一点也不显小。卫生间搭配全白色调，与黑色壁面相互映衬，形成强烈对比，增添空间层次。

4 **两室合并，主卧多了衣帽间与书房**

两间次卧合并作为主卧，其中一室改为衣帽间，并特别设计了写字台，将更衣与阅读功能结合起来，为屋主打造隐秘的专属空间，丰富生活功能。

-CASE-

20

顺应采光修正格局，四房变两房，一字动线改倒L形

空间设计暨图片提供／墨菲空间研究社

室内面积： 89㎡

居住成员： 夫妻、一只猫

格局规划前： 4室2厅1卫

格局规划后： 2室2厅2卫

这对90后的新婚夫妻平时爱热闹，也爱与猫在一起，对公共空间的需求远胜于卧房，但原格局不仅客、餐厅采光不足，卧房也多达四间，显得多余，在保留两室的前提下，打破规律平整的格局动线，让行、住、坐、卧更有趣。

屋主需求

1. 房间数量缩减，生活才更舒适。
2. 虽然偏爱浓重色彩的家居调性，但公共区域采光不足，过于阴暗。
3. 思考收纳储物的未来需求，以免久积的生活杂物干扰设计美感。

BEFORE

问题1 ▶ 客厅无生活阳台，少了能放置洗衣机、烘衣机的空间。

问题2 ▶ 房间太多，各房面积相对变小，没有安排衣帽间或梳妆台的空间。

问题3 ▶ 三间卧室集中在南边，形成长墙，隔断光线。

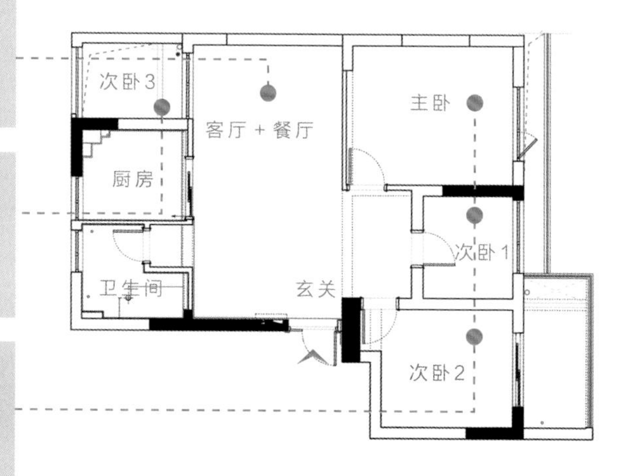

AFTER

破解1 主卧变客厅，公领域全打亮

顺应采光重新安排格局，拆除主卧与次卧隔断，客厅调动到原本主卧位置，不仅光线有效延伸入内，客厅也与开放式餐厨区串联，形成倒L形。

破解2 小房横移扩大，兼备工作、收纳功能

将原始面积过小的儿童房隔断横向挪移，加大面积，同时纳入女主人需要的衣帽间与工作桌。

破解3 次卧变主卧，纳入阳台再放宽

将有阳台的次卧挪作主卧，多了阳台可放置烘衣机、洗衣机，又可兼得梳妆台。

设计师关键思考

1. 公共区域从一字形改为倒L形，整排的卧室隔断产生采光口，导入大量光线。
2. 缩减卧室数量，各房面积相对变大，就能合理安排床铺与收纳空间。

这间89㎡公寓有着四房的局促格局，仅有的南北两侧采光也分别被卧室与厨卫遮挡，中央的客餐厅特别阴暗。而身为平面设计师的男主人，具有时尚态度，能接受创新思维，认为卧房能少就少。于是顺应采光，拆除位于南向的主卧与一间次卧，改为客厅与开放式书房，空间就此扩大开放。客厅与餐厨区串联，形成倒L形的开阔格局，活泼的行走动线打造丰富的生活经验，同时少了墙面阻隔，引进大量阳光，一扫阴暗印象，公共区域更明亮开阔。

四室改为两室后，主卧移位、纳入阳台，增设烘衣机、洗衣机和梳妆台，剩下的次卧则作为未来的儿童房使用。由于屋主夫妻都有在家办公的需求，再加上主卧面积不够放置衣帽间，于是女主人的工作桌与衣帽间则统一安排在儿童房内，解决工作与收纳需求，男主人则配置开放式书房，两人各自拥有独立的私密空间，互不干扰。

1 **移位又缩墙，客厅变明亮**

拆除两房隔断，一房挪作客厅，另一房则改为开放式书房，客厅、书房与餐厨区串联，形成完全开放的公共区域，光线穿梭无碍，整体开阔明亮。

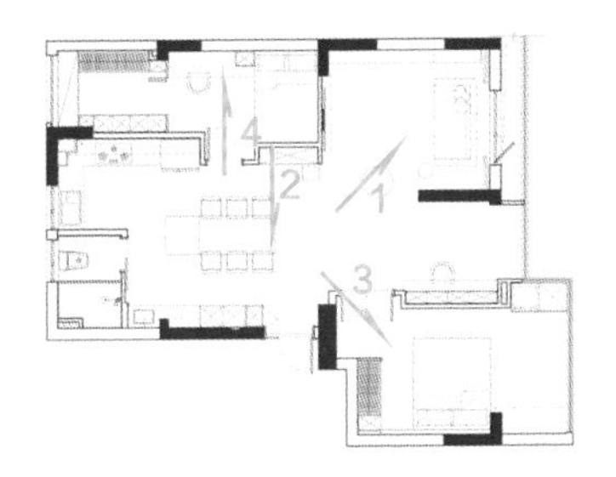

2 入户视野横向拓展，还原空间广度

少了隔断阻隔，入户视野平行展开，解决原先客、餐厅狭窄阴暗的困扰。卫生间干区向外挪移，与鞋柜并行设置，同时采用黑色柜门与石材作为衬底，巧妙与白色中岛形成强烈对比的视觉感受。

3 缩减房数，主卧移位

缩减多余的四房，主卧移位到自带阳台的次卧，不仅多了洗衣、晾衣的空间，也增添兼具工作与梳妆的桌面，丰富实用性能。主卧背墙铺陈毛石，展现原始粗犷的肌理，打造抢眼惊艳的效果。

4 扩容儿童房，收纳功能增长

为了让男女主人都有各自的办公空间，狭小儿童房扩容的同时，顺势安排工作区与衣帽间，床头墙也布满高柜，不仅满足大量收纳与办公需求，也充实未来的生活功能。

-CASE-

21 大胆的倾斜角设计，开放式厨房多榨2㎡

空间设计暨图片提供／文青设计机构

室内面积： 89㎡

居住成员： 夫妻

格局规划前： 3室2厅1厨2卫

格局规划后： 2室1厅1厨2卫

标准三居室的户型，却不是屋主喜爱的格局，加上不需要传统客厅的功能，因此改造上颠覆常规的装修思维，不仅借由调整墙体，创造更符合业主期待的生活空间，同时让客厅转型为客餐厅，发挥一室多用的效果。

屋主需求

1. 对客厅需求不大，放弃传统客厅形式。
2. 两间卧室不实用，要调整。
3. 希望空间氛围更有个性。
4. 东西多，需要充足的储物空间。

BEFORE

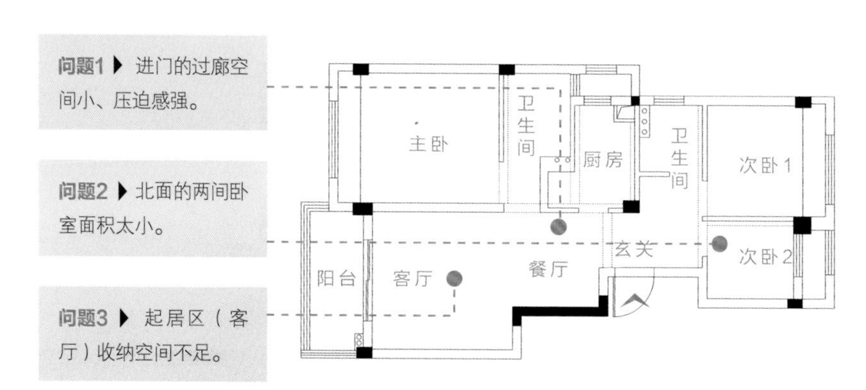

AFTER

破解1 斜角设计，化解过廊空间过小的问题

厨房墙体进行倾斜角装修，并顺势设置辅台，化解进门过廊局促问题。

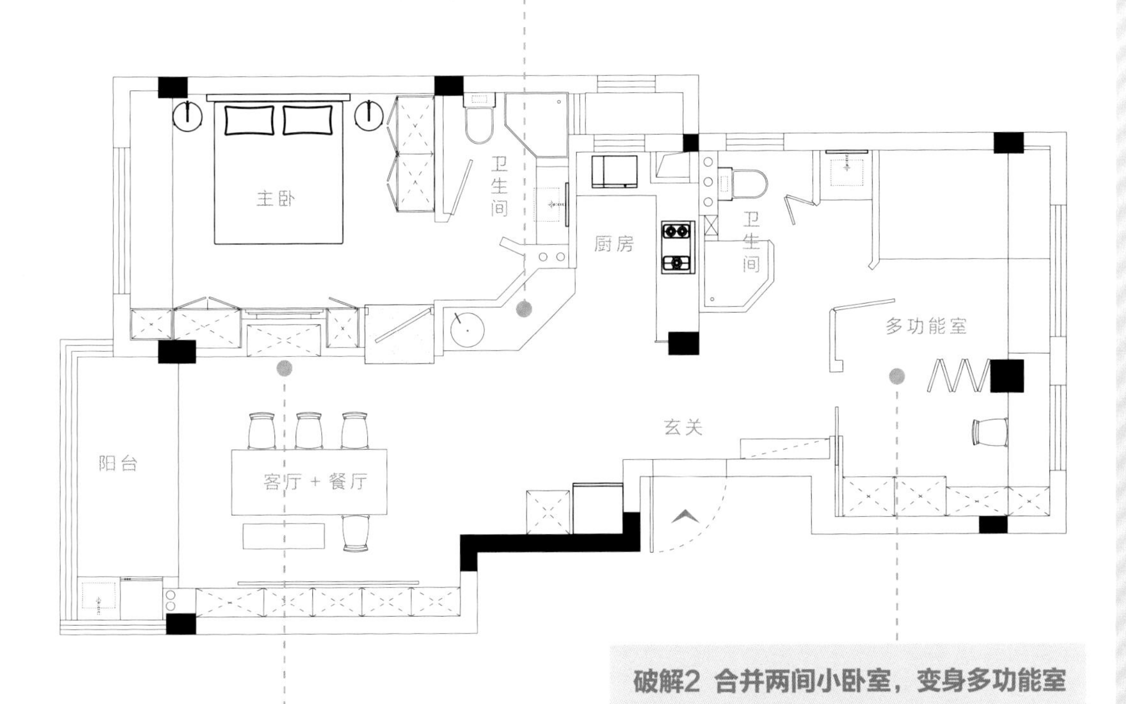

破解2 合并两间小卧室，变身多功能室

将两个小空间墙体打通，搭配利用一扇移门，变换不同的使用场景。

破解3 凹形结构墙体，打造客餐厅储物柜

将客餐厅及主卧之间的墙体改为凹形结构，为客餐厅增加储物空间。

设计思考

1. 进门过廊狭小，通过改造厨房墙体来改善。
2. 打通北面两间小房，赋予完善的功能。
3. 改造客厅墙体，创造收纳空间。

从户型图来看，这套三居室公寓符合常规三口之家的家庭使用需求，不过对现任屋主来说，却觉得格局不佳，某些空间难以利用，间接形成浪费；于是首先针对北面的两间小卧室，拆除横亘其中的隔断，让打通后的大空间成为多功能室，并运用移门来变换房间构造，满足不同的使用场景。

布局上的第二个问题，就是进门的过廊空间非常小。为此大刀阔斧改造厨房墙体，做了一个倾斜角的设计，一来舒缓入户空间的压迫感，同时也让原本封闭式厨房变为开放式，提供舒适的做饭环境。

由于屋主对于客厅的需求并不大，因此放弃了原始沙发背景墙的规划，同时也将沙发、茶几换成一套长餐桌，将客厅重新定义为客餐厅，让办公、会客、就餐都能在餐桌完成；并大胆采用复古绿色作为空间主色，再融入橘红色的钢板门套，形成视觉上的强烈冲击，赋予空间鲜明个性。

1 **运用镜面，延伸空间感**

客餐厅位置有一个比较突兀的墙角，通过运用半圆拼接的镜面，化解视觉犄角，无形中也放大了空间。

2

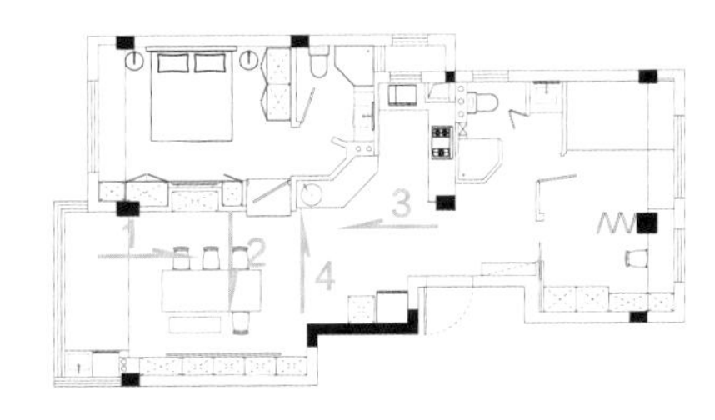

3

4

2 **墙面装柜体，创造收纳量**

善用客餐厅的两侧墙体，一面打造大容量的整墙书柜，另一面则借由凹形结构墙体，规划隐形收纳柜。

3 **开放布局，明亮又宽敞**

通过调整墙面，让公共区域形成开放式布局，不仅视觉空间变宽敞，也利于自然光线深入室内，照亮环境。

4 **打造辅台，分担厨房收纳压力**

首先，墙体采用倾斜角设计，并设置辅台扩增厨房使用面积；其次，扩大地面瓷砖的铺设范围，让厨房空间感更强。

-CASE-

22

整并餐厅、厨房，主卧与次卧合一，100㎡住宅坐拥大中岛与衣帽间

室内面积： 100㎡

居住成员： 夫妻

格局规划前： 3室2厅2卫

格局规划后： 2室2厅2卫、衣帽间

空间设计暨图片提供／启物空间设计

100㎡的空间仅有夫妻两人居住，对于生活细节讲究明确干净的屋主，设计主轴强调在简约中充实生活功能。餐厨区合并，扩增中岛，同时缩减一室卧房融入主卧，打造大套间。每个空间都开阔，同时也满足收纳、用餐功能。

屋主需求

1. 希望空间呈现极简现代的风格，避免多余软装。
2. 需要一间多功能房，平时在家办公、创作时可以独处。

BEFORE

问题1 ▶ 屋主想要套间形式的主卧，但空间不够大，放不下衣帽间。

问题2 ▶ 厨房格局封闭，厨具、餐柜安排凌乱，难以有效收整。

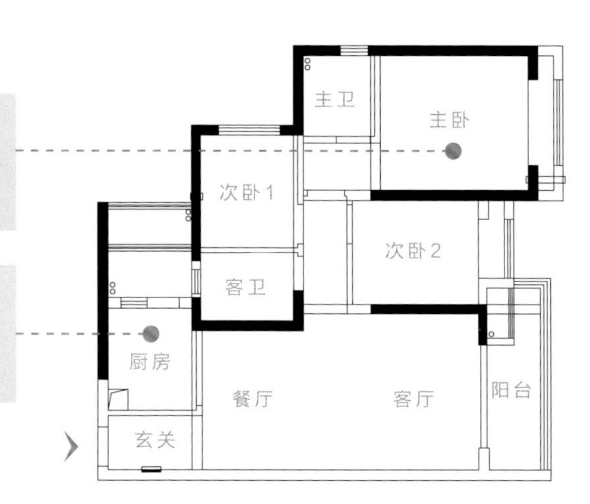

AFTER

破解1 拆掉厨房隔墙，开敞通透

拆除厨房隔墙，与客厅、餐厅串联，有效延展视野，打造两倍大的扩容效果。

破解2 两房合并，延伸衣帽间

主卧、次卧1相邻的隔断拆除，两房合一，次卧1规划为U形衣帽间，升级主卧性能。

设计思考

1. 拆除公共区域中非结构的隔墙，换来开放空间。
2. 在空间简洁风格的设定之下，注入经典元素。

有留学背景的女屋主，历经多元文化的洗礼，造就丰厚涵养的美学态度，这个100㎡的家不受风格局限，更像是活出自我的精彩。在屋主夫妻要求生活简单的前提下，简化空间布局，除了结构墙，将公共区域中所有非结构性隔断全部拆除，客厅、餐厅与厨房动线串联在一起，全开放式的设计让视野也随之扩展。加上白色、沙色、灰色的纯净色调，光线有效反射更显扩容，为了避免空间过于苍白，材质上使用木材、石材、水泥元素，表现自然纹理。

而对于只有夫妻两人居住，三室格局显得有点多余，于是主卧与次卧1合并，增设U字形衣帽间，同时置入梳妆台，满足挑衣、梳妆需求。而书房则铺设榻榻米且采用移门设计，平时能随时敞开，让南向采光引入廊道，光线与风更加流动。书房内更贴心打造双人工作台，两人能相伴办公，在生活中累积一点一滴的温度，这就是微小而确定的幸福。

1 **客厅与餐厨区串联，开敞通透**

厨房去除隔断，改为开放式设计，串联客厅与餐厅，空间便能有效延展，显得开敞扩容。大面积的留白搭配木质地板，正是女屋主想要的自然纯粹，墙面则点缀亲绘的画作，让家充满自我个性。

2 榻榻米书房，功能与颜值兼备

靠近客厅的卧室规划为多功能房，地面设置内藏收纳功能的榻榻米，满墙书柜与一整排的双人书桌，富含收纳与工作功能。墙面则融入古希腊建筑元素，凿出拱形窗洞，巧妙向经典致敬，也营造生活亮点。

3 多余一房挪作主卧衣帽间

靠近主卧的一房改成套间，以设计及顶柜体加上梳妆区，构成U形衣帽间，与主卫串联，更衣、洗浴动线更便利。

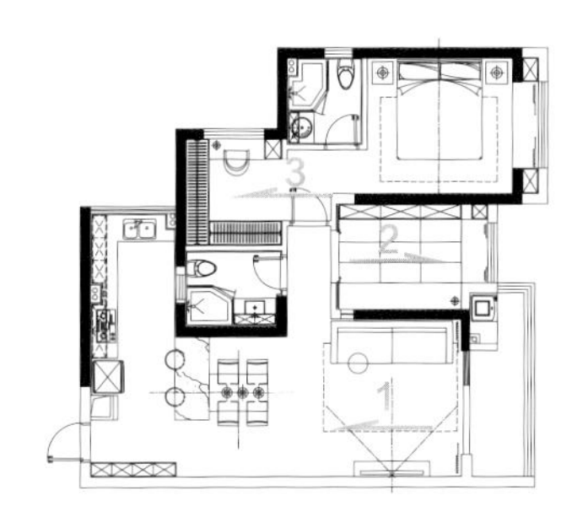

-CASE-

23 拆除一室一卫，换取开阔客餐厅，连卧室也变大

室内面积： 85㎡

居住成员： 夫妻

格局规划前： 3室2厅2卫

格局规划后： 2室2厅1卫

空间设计暨图片提供／Kim室内设计

85㎡的空间中塞下三室，每一室分到的面积太小，再加上隔断太多，导致采光也不足。在仅有夫妻两人居住的情况下，毅然舍弃一室让给客厅，原本逼仄的空间变得明亮开阔，自然提升生活质量，两人住着也不憋屈。

屋主需求

1. 功能区太过复杂，希望公共区域开放通透。
2. 喜爱北欧简约明亮的风格。

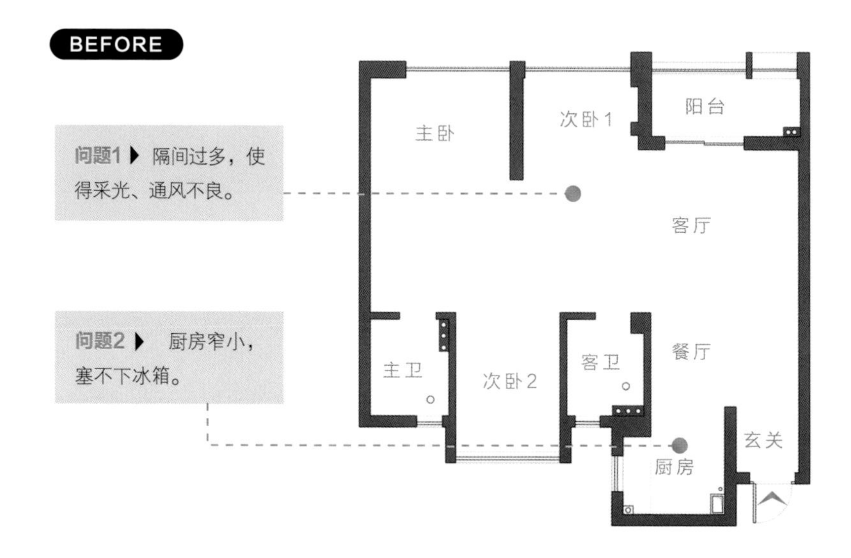

AFTER

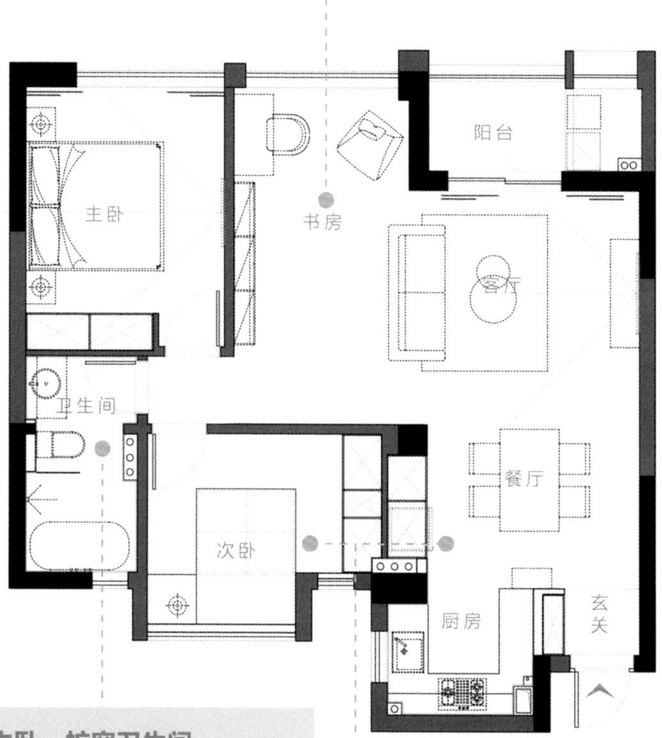

破解1 拆一室，打造开放式LDK

传统的三室两厅格局，功能显得复杂且无法充分利用，于是通过拆除书房隔断，营造开放式客厅、餐厅与厨房，引入采光。

破解2 缩小主卧，扩容卫生间

放弃原本开阔的主卧，墙面向内缩移，就能让卫生间更加扩容，还增加了浴缸空间，满足淋浴、泡澡双重体验。

破解3 舍弃客卫，让给次卧与厨房

拆除客用卫生间，一部分空间让给次卧，增加室内采光，另一部分则让给厨房放置冰箱、烤箱与餐边柜，厨房、餐厅有效扩容。

设计思考

1. 重新配置空间格局，缩减卫生间换取厨房置物空间。
2. 打开书房与厨房，令采光、视觉穿透。

这间85㎡的北欧风住宅，原本是三室两厅的构造，房间太多，每一室都显小，再加上太多隔断挡光，空间显得昏暗。而对于新婚夫妻来说，也无法充分利用每个卧室。因此通过LDK设计，串联起客厅、餐厅与厨房，不仅空间更开阔，丰富采光，也释放通往主卧的过道。

然而略小的厨房，即使做成开放式设计，也无法解决面积不足的问题，放了冰箱也小得转不过身，于是决定舍弃一间卫生间，将部分空间让给厨房，就能放得下冰箱、烤箱及餐边柜，剩下的空间则让给次卧，不仅卧室变大了，也让室内更加明亮。而为了让唯一的卫生间有更完善的洗浴体验，扩大使用面积，将隔断往主卧推移，就能同时纳入浴缸与花洒，而淋浴间、浴缸的地面顺势下沉5cm，铺设专业卫生间木地板，避免潮湿，使用起来更为方便。

在色彩规划上，整体采用大面积白色替室内扩容，也借此增添北欧的明亮气息，家具则利用跳色赋予立体的视觉层次，并活用可移动的家具，为日后可能的变化保留弹性。

1 **纯白北欧风，以软装饰跳色**
室内以纯白色系为主调，搭配木质温润的地板，呈现北欧风的清新氛围，加上跳色的餐桌、餐椅丰富视觉层次。

2 **少一室，拉大客厅进深**

拆除邻近客厅的一室改为开放式书房，无形延展客厅的进深，搭配落地窗引进自然光，并释放了通往主卧的通道，整体格局变得明亮舒适。

3 **放弃明卫挪作餐厨区，动线更顺畅**

原本的厨房空间十分窄小，通过拆除隔断，与客、餐厅整合，再加上放弃一间明卫，空间大到连冰箱、烤箱都放得下，使用动线也更顺畅。

4 **卧室外推，空间宽敞又明亮**

拆除卫生间后，次卧隔断就能向厨房推移，多了衣柜的使用空间，同时纳入原有的卫生间窗户，多一道采光，空间更明亮开阔。

5 **卫生间加大面积，洗浴体验更完善**

由于屋主无须更大的主卧，于是将主卧缩小，扩大卫生间，增设浴缸，让人尽情享受淋浴、泡澡的乐趣，同时铺设专业卫生间木地板，有效加速排水。

-CASE-

24 110㎡单身住宅，三房改两房，少一房却增5倍收纳空间

室内面积： 110㎡

居住成员： 1人

格局规划前： 3室2厅1卫

格局规划后： 2室2厅1卫

空间设计暨图片提供／涵瑜室内设计

平时仅有一人居住，再加上父母偶尔前来，三房显得太多、浪费空间，再加上生活备品与衣物都需要收纳，大胆舍弃无用的一房，改为衣帽间，提升面积利用率，同时公共区域也随之开放，从公共区到睡寝空间都呈现开阔无压的生活情境。

屋主需求

1. 向往简单生活，空间只要两房，满足父母偶尔来住的需求。
2. 收纳空间不够，有收纳衣物与众多生活物品的需求。

BEFORE

问题1 ▶ 三房空间太多余，无法有效利用。

问题2 ▶ 客卫过于局促，洗浴很逼仄。

问题3 ▶ 厨房与相邻的阳台都太小，家务动线也不合理，再加上餐厅被厨房挡光，整体狭窄又阴暗。

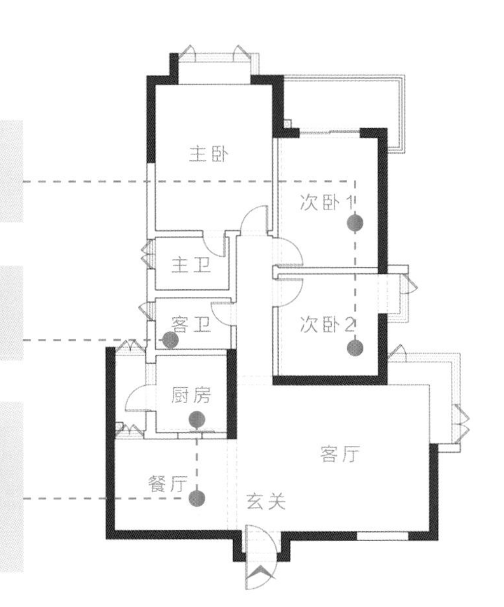

AFTER

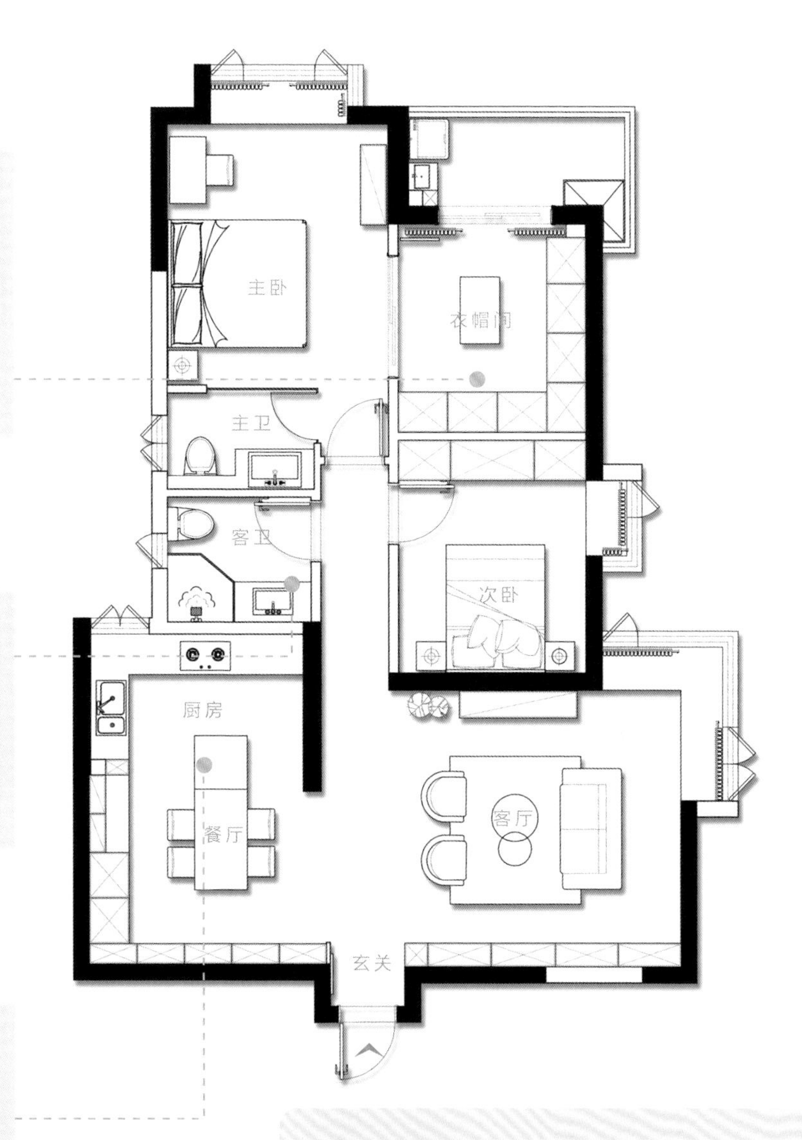

破解1 舍一房改衣帽间，扩充收纳功能

将邻近主卧的一个卧室拆除，融入主卧改为衣帽间，满足收纳需求，也顺势缩小面积让给次卧，让次卧更显宽敞。

破解2 缩主卫，客卫放大更好用

由于屋主没有浴缸需求，于是缩减主卫，放大客卫，优化洗浴功能，洗漱、淋浴空间更宽敞舒适。

破解3 开放式厨房，扩容又引光

拆除厨房隔断，与餐厅合并，狭小厨房有效扩容，同时也引入客厅采光，一并解决阴暗问题。

设计思考

1. 通过开放式格局，让客厅与餐厨区串联，有更好的互动性。
2. 挪用一房充实收纳功能，空间获得更有效的利用。

一个人住，生活可以更简单。在这个110㎡的三房空间，整体采光与通风大致无碍，只是餐厅、厨房太小太阴暗，厨房阳台的面积也不足，不方便洗衣、晾衣。再加上屋主一人居住，父母偶尔来访，只要两房就够用，总有一房被闲置很可惜。

为了有效利用空间，先将餐厅、厨房与阳台的隔断拆除，整合为开放式设计，打造L形操作台，做料理、下厨方便不逼仄，中央增设中岛，与餐桌并排，结合西厨的设计让空间更为开阔，解决原先餐厨区阴暗过小的问题，也晋升为屋主最爱的休闲区域。至于房间数量过多，则将无用的一房拆除，融入主卧，当作衣帽间使用，衣帽间入口也顺势转向，两区动线更顺畅，并且挪用衣帽间的阳台增设洗烘设备，满足洗衣、晾衣需求。而挪作长辈房的次卧墙面往衣帽间推移，就有空间放置衣柜，次卧不显小，也能完善收纳功能。各区通过略微调整，不仅更显开阔，也提升面积使用率，优化生活体验。

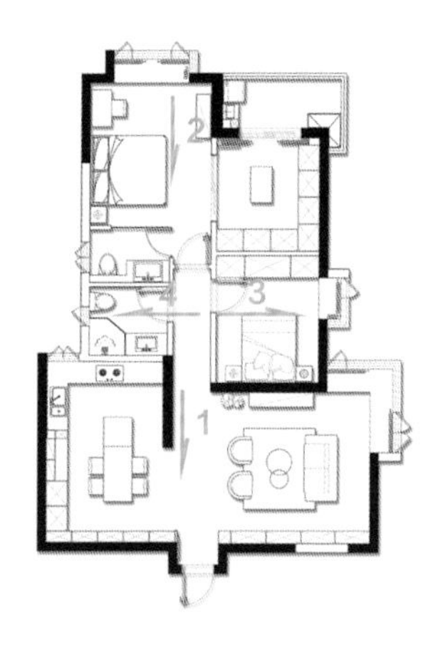

1 **串联客厅与餐厨区，拓宽空间视野**

餐厨区合并，沿着窗户下沿设置L形操作台，搭配整墙餐柜，充实备料与收纳功能。客厅、餐厅与厨房为全开放式设计，让光线自然流动，视野也能就此延展，感受开阔的生活情境。

2 **两房合并，打造通透大主卧**

主卧与相邻的一房整合，就多了衣帽间，运用及顶高柜有效扩大收纳空间，衣服、鞋包都能收得整齐。为了不让主卧显小，在衣帽间入口设置玻璃移门，主卫也改为玻璃隔断，维持通透视野。

3 **次卧墙面推移，多了衣柜也不显拥挤**

在保留次卧的飘窗景色并且扩充收纳空间的前提下，墙面往主卧衣帽间推移，就有足够空间嵌入衣柜与电视，打造收纳与视听功能兼备的悠闲空间。

4 **挪动隔断，解决客卫窄小困扰**

原先的客卫过小，使用上显得特别拥挤，于是隔断向主卧推移、扩大面积，让淋浴、盥洗空间更开阔。同时延展洗面台，搭配镜面柜，解决以往收纳功能不足的问题。

-CASE-

25 单身住宅量身定做，打造回字动线，收纳柜一体多用，空间使用效率高

室内面积： 100㎡

居住成员： 1人

格局规划前： 2室2厅1卫

格局规划后： 1室2厅1卫1书房

空间设计暨图片提供／辰佑设计

一个人住，省去了烦琐，抛开了羁绊，从容自在、随心所欲，这种生活真是令人向往。窝在客厅、餐厅的飘窗沐浴天光，转身待在卧室里的书房榻榻米享受独处的时间，在开放式规划与封闭式格局之间改写生活的面貌。

屋主需求

1. 由于一个人住，仅需保留一间卧室，其余空间尽量保持通透。
2. 每个区域都要规划收纳功能，让空间保持简洁、利落、干净。

BEFORE

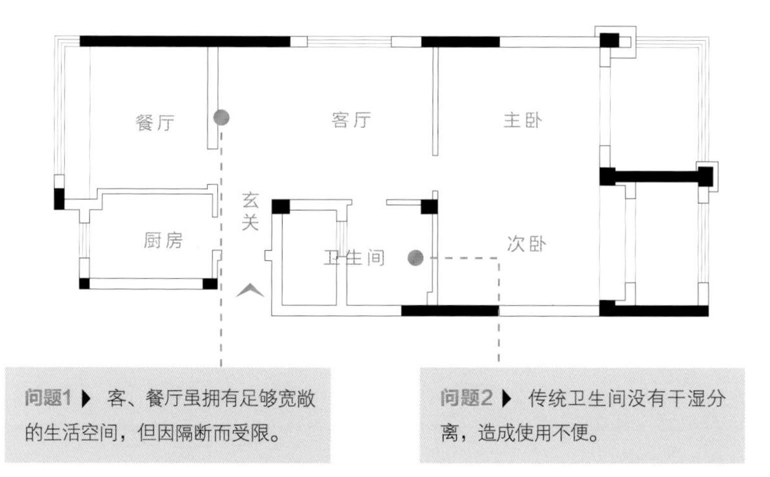

AFTER

破解1 厨房、餐厅采用回字动线好顺畅

厨房采用双开玻璃移门，与用餐区形成环绕的回字动线，采光更通透。

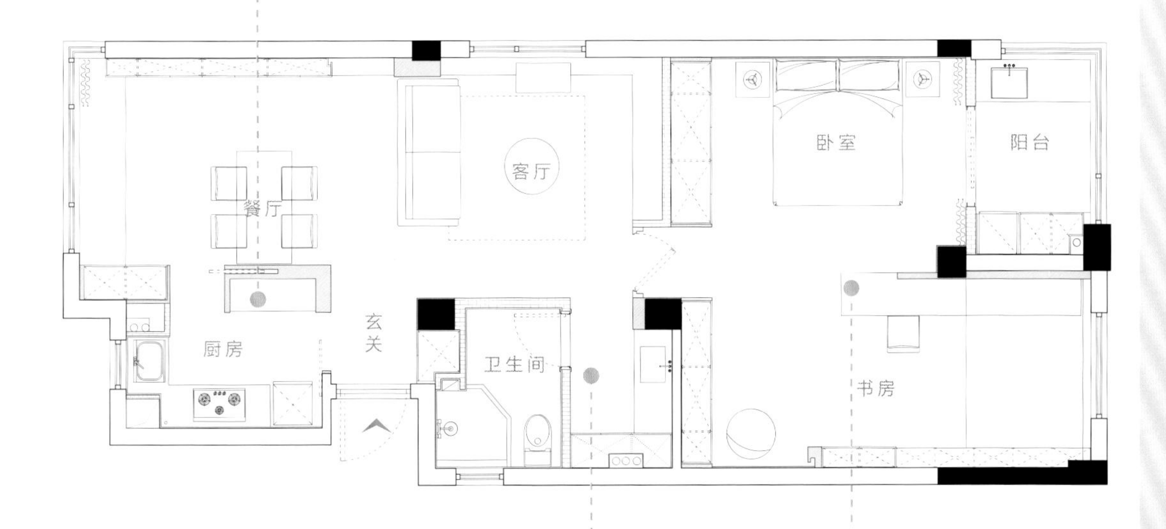

破解2 卫生间转角延伸，打造干湿分离

卫生间原本的尴尬转角位置巧妙改为隐蔽的洗面台干区，干湿分离，使用更便捷。

破解3 卧室、书房合并又各自独立

利用卧室与书房之间的半墙体增设书桌，合二为一的空间又各自独立。

设计师关键思考

1. 将空间打散再重组，公共区域善用回字动线，打破传统设计。
2. 这个户型的优点是卧室空间比较大，睡眠区与阅读区可以合理穿插。

屋主是一名独立自主的女性，由于平时父母不常来居住，这个100㎡的空间可以完完全全属于她个人，加上本身从事广告产业，喜好简洁的家居设计，且偏爱时下的清新风格。于是简化空间布局，尽可能采用开放式设计，厨房拆除部分隔断，改以双入口进出，形成环绕式的回字动线，不仅进出更方便，同时也能巧妙延展餐厨区视野。客厅则善用窗景优势，利用电视柜一路延伸到窗下增设卡座，既富含收纳功能，也能作为座位使用，周末时朋友来家里，大家围坐在窗边一起聊天、游戏，非常有氛围。平日一个人在飘窗看书，也能享受小确幸的日常时光。

相对空间更大的卧室，将书房融入卧室，在睡眠区与阅读区利用色块合理穿插，从墙面延伸的超大书桌展现强大的实用性，书房靠窗处还设计榻榻米地台，若有客人需要留宿也能应变使用。

1 **L形卡座，兼具收纳与座位功能**
电视柜延伸到窗下，成为一个超长的L形卡座，有效延展空间线条，同时也兼具收纳功能，让家变得有趣又不凌乱。

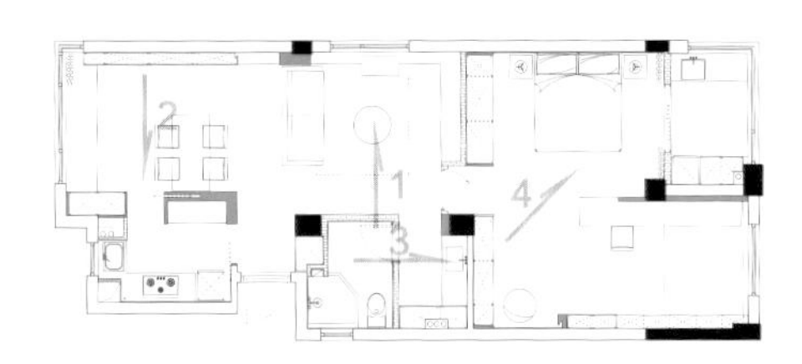

2 厨房双开门，出入更灵活变通

厨房采用双开移门设计，增加空间中的互动，也让动线安排更添巧思灵活度，整个空间采光更显美好。

3 卫生间干区晋升角落亮点

高效率利用转角位置，规划成隐蔽式的卫生间干区，加上圆形镜面装饰空间，让角落也能成为亮点。

4 两室当一室用，尽享个人大空间

将书房融入卧室里，功能整合，空间更开阔宽敞。运用墙体延伸书桌，巧妙分隔两区，嵌入书桌的轻巧设计，视觉简洁利落。

-CASE-

26

舍一室，拆阳台隔断，调转动静两区，64.5㎡小户型空间感大两倍

室内面积： 64.5㎡

居住成员： 1人

格局规划前： 2室2厅1厨1卫

格局规划后： 1室2厅1厨1卫

空间设计暨图片提供／逅筑空间设计

这间位处高楼的小户型有着两室格局，在仅有一人居住的前提下，两室显得有点多余，也让客厅、餐厅空间更为局促，再加上卧室遮挡了高楼美景，于是舍弃一室，客厅与卧室对调，全开放式设计让室内外融为一体，大量采光涌入，空间明亮开阔。

屋主需求

1. 虽然会有父母来访，但屋主可以在客厅住帐篷，一房就够用。
2. 需要有能聚会、办公、读书的区域。

BEFORE

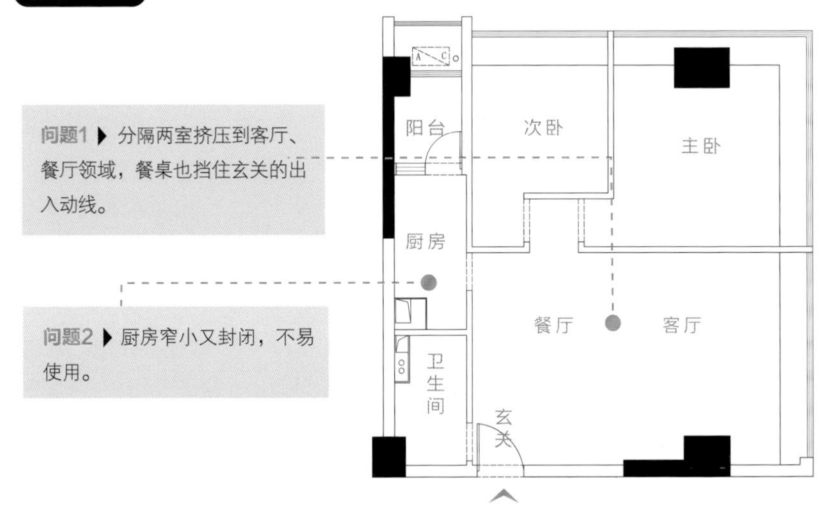

AFTER

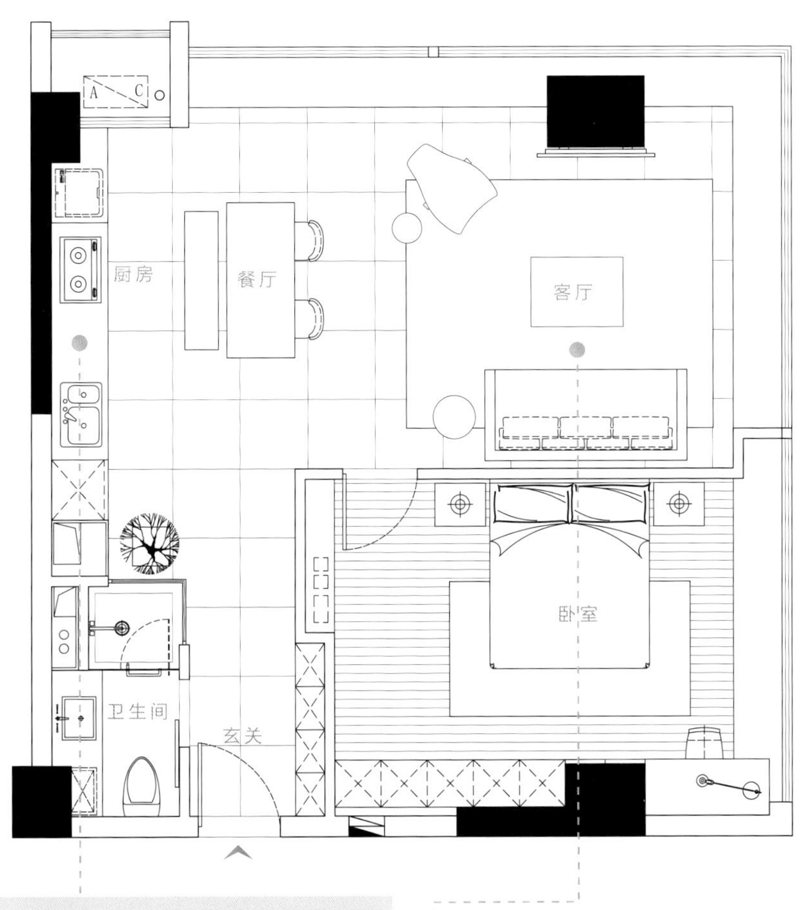

破解1 厨房改开放式，纳入餐厅与阳台

拆除厨房隔断，餐厅、厨房合并，纳入阳台，一字形操作台就能延展台面，获得充足的料理空间。

破解2 舍一室，客餐厅与卧室位置对调

两室改为一室，卧室与客餐厅调换位置，让出L形大面窗景，公共区域更开阔。

设计师关键思考

1. 调转公私领域，引入大面窗光与视野，空间向外延展更扩容。
2. 开放式设计搭配通透材质，解决暗卫与厨房过小问题。

90后的男屋主向往无拘无束的自在生活，但这间套内面积仅有64.5㎡的小户型有着两室格局，不仅多余不合用，还挤压客厅、餐厅的空间，连厨房都又小又阴暗。

于是大刀阔斧，拆除所有能拆的隔断，大胆重新布局，舍弃一室，只保留一间主卧，并与客厅、餐厅位置对调，L形大面窗景便能完全释放，室内外融为一体，打造无限延展的开阔视野，不论是坐在沙发阅读还是在餐桌办公、聚会，都能享受向外远眺的美好景色。而厨房则利用邻近阳台的地利之便，拆除隔断，与阳台合并，有效拉长操作台面，下厨烹饪也好用不逼仄。原本的卫生间没有对外窗，光线无法进入。为了解决暗卫问题，将部分隔断改为玻璃材质，搭配百叶拉帘遮掩，在引入光线的同时，也能保有隐私。通过巧妙的格局转换，在有效扩容之余，大幅提升生活质量，打造一人居的美好烟火气。

1 **调换公私领域，拥开阔进深**

拆除厨房，还原空间广度，同时客厅、餐厅与主卧调换，顺势与厨房合并，公领域更为开阔。沙发、餐桌、单椅则选用北欧复古家具，搭衬深灰色背景墙，为空间注入利落氛围。

2 **L形大窗，引入明亮采光与美景**

为了能远眺高耸景色，刻意不设电视墙，仅运用柱体吊挂电视，坐在沙发享受视听娱乐的同时，也有大量采光与美景涌入，即便户型小，也不显逼仄。

3 **玄关内嵌鞋柜，有效节省空间**

卧室调动到入户一侧，为了让玄关保有收纳功能，刻意让出一半墙面内嵌鞋柜，嵌入式设计有效节省空间、不占位，玄关不拥挤。而鞋柜中央使用开放式设计，能随手放置钥匙、包裹，收纳更顺手。

4 **巧用柜体，主卧兼具收纳与颜值**

主卧采用柜墙隔断，一半让给玄关，另一半则作为卧室的展示空间，能放置收藏品与相片，衣柜则顺应柱体嵌入，形成干净利落的立面线条。床头背墙搭配深蓝色系，打造吸睛焦点的同时，也注入沉稳好眠的睡寝氛围。

5 **卫生间隔断改玻璃，引光扩容**

为了解决卫生间无光的难题，面向采光的隔断改为通透玻璃，让光线直接深入，同时铺陈全白瓷砖，有效反射光线，放大空间视觉。隔断搭配拉帘，让洗浴更有私密性。

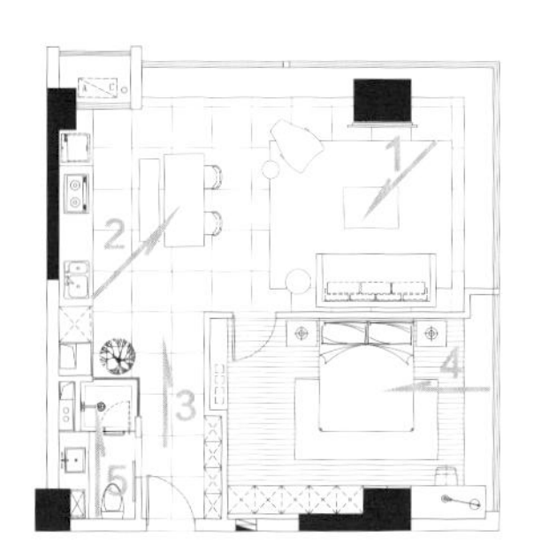

-CASE-

27

两房卧室挡路又遮光，客厅、卧房位置互换，87㎡小户型展开舒适大空间

空间设计暨图片提供／玖柞制作

室内面积： 87㎡

居住成员： 情侣

格局规划前： 2室2厅1卫

格局规划后： 1室2厅1卫、书房、衣帽间、钢琴区

入户就碰到卫生间，卧房位置不佳还阻隔光线和通风，种种因素导致整体空间感偏窄小阴暗，成为业主最想改造的部分。因此重整空间，拆除主卧和次卧的隔断，对调公私领域的位置，让小空间展开不可思议的开阔大视野。

屋主需求

1. 虽然平时在家不常做饭，但仍想保留厨房使用性。
2. 因为工作性质常在家加班，需要大书桌和大餐桌灵活运用。
3. 很好客，常有聚会需求，希望公共区域能宽敞舒适。

BEFORE

问题1 ▶ 只有单面采光，两房卧室阻碍光线也不够通风。

问题2 ▶ 动线不顺畅，要经过转折才能进客厅。

问题3 ▶ 一进门就有卫生间的实墙阻隔，进深很小，视野显得压迫。

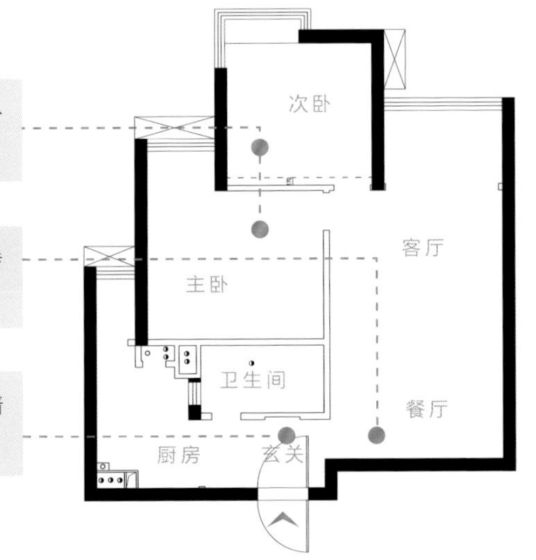

AFTER

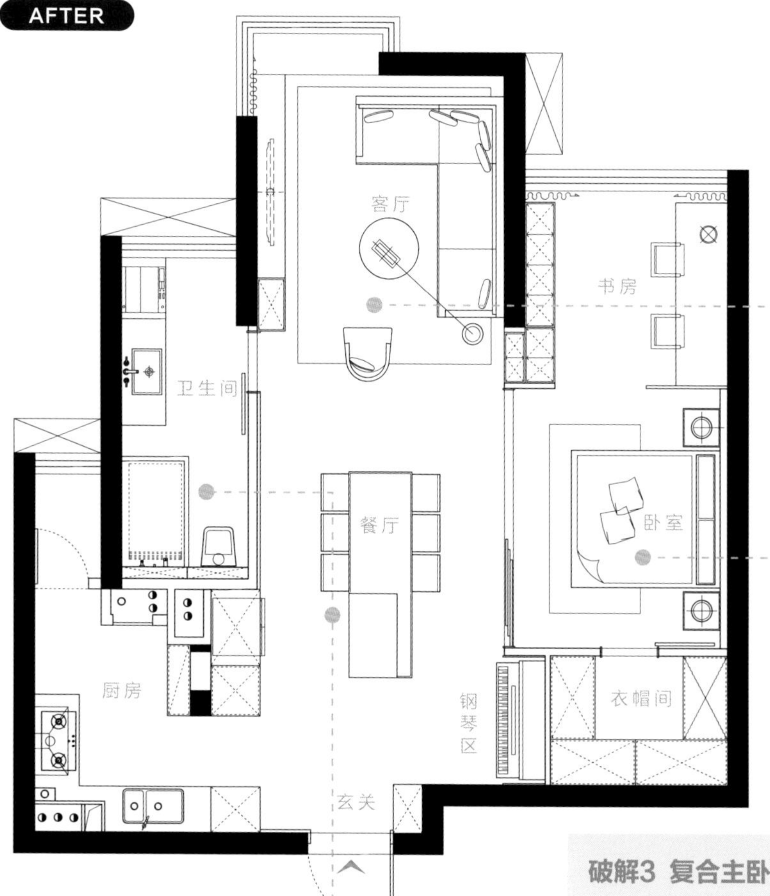

破解1 互换客厅、卧室，保有景观与舒适度

重新思考采光、动线及视野的关系，拆除次卧隔断，并且与客厅对调，将光线最好的区域留给常活动的公共空间。

破解3 复合主卧满足起居与办公

两室缩减为一室，卧室整合书房与衣帽间，完善收纳与办公功能。

破解2 挪开卫生间，扩大餐厅，视野更延展

挪开原本挡在入口的卫生间，就能让出空间给餐厅，客厅与餐厅随之串联展开，视野也开拓延伸，解决原本入户区狭窄的困扰。

设计师关键思考

1. 展开入户视野，重新构思隔断与采光的对应位置，有效引入充足日光。
2. 公共区域设计回字动线，创造流畅的生活情境。

这间87㎡住宅的屋主是一位从事广告设计的80后，由于主要是一个人住，对舒适度的要求较高。原先格局有着单面采光的缺陷，两房卧室阻碍了将近一半的采光，动线和通风也不好，空间感也变得相对窄小。为了让空间更为开阔，两室缩减为一室，并将客、餐厅与卧室对调，玄关、客厅与餐厅就此串联，入户视野能向外延展，还原空间进深，也迎入大量窗光，整体的明亮度与舒适度大为提升。

屋主还有在家工作的需求，对客厅要求不大，反而需要有大书桌能摆放工作用的3C设备，还要能展示模型、收纳黑胶、摆放钢琴。为了有效整合空间，卧室融入衣帽间与书房，形成功能充足的大套间，并退缩衣帽间留给公共区域置入钢琴。原本挡在入口的卫生间则退缩隔断，并转向90°，重新规划在有对外窗的位置，使用起来更为宽敞舒心。

虽然屋主平时很少下厨料理，但喜欢邀请朋友来家里聚会，因此保留功能完整的厨房，并增设中岛与餐桌合并，同时安排在置中位置，打造流畅的回字动线，也和客厅形成功能完整的社交领域。

1 **保留窗景引光，饱览河景**
原本卧房位置有着飘窗优势，但空间太小、利用率不高，卧室改为客厅后，飘窗即成为眺望户外河景的最佳休憩区域，也带来明亮采光与朝气。

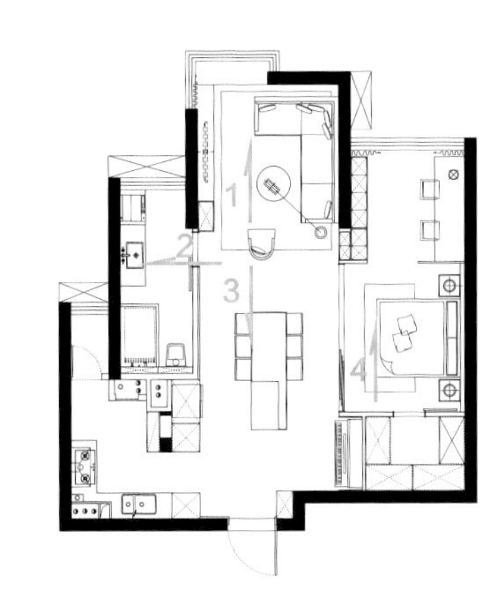

2 **卫生间改靠窗，打造干爽的洗浴体验**

卫生间原先又小又无窗，于是卫生间转向90°，改换到有对外窗的位置，解决阴暗潮湿的问题，并纳入洗衣设备，使用质量大大提升。

3 **中岛延续厨房功能，聚餐聊天不中断**

挪开原先挡在入口的卫生间后，置入中岛与餐桌，不仅作为厨房功能的延伸，也成为社交重心。巧妙置中的设计留出四周过道，形成回字动线，通往客厅、卧室都方便。

4 **整合卧室，功能与颜值兼备**

整个卧房分成三个区域：办公区、寝卧、衣帽间。依照屋主的收藏和工作需求，在工作区规划大量收纳空间，步入式衣帽间使寝卧视觉更整洁。工作区与起居空间之间设置格栅，若隐若现的设计，有效转换工作与睡寝的心情。

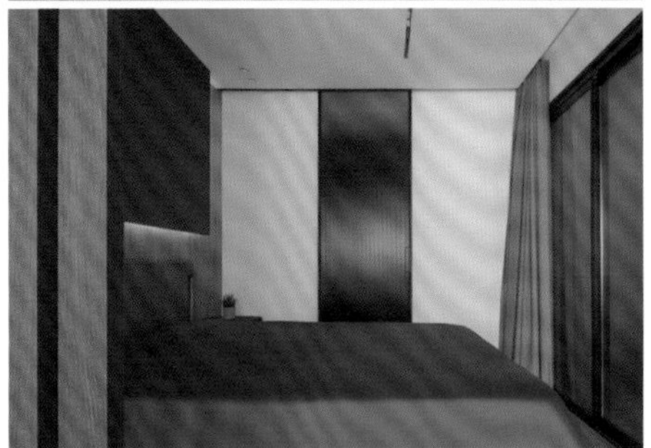

-CASE- 28

书房、餐厨区全开放，89㎡两室单身住宅不逼仄，还拥有大主卧

室内面积： 89㎡

居住成员： 1人

格局规划前： 3室2厅2卫

格局规划后： 2室2厅1卫

空间设计暨图片提供／涵瑜室内设计

89㎡的住宅中隔出三间卧室，在只有一人居住的情况下，只保留主卧与长辈房，且希望能让空间维持开阔宽敞的视野。于是以开放式设计为主轴，让出一房改为开放式书房，厨房也拆除隔断，连主卧都采用玻璃隔断，还原空间进深，无论站在哪个角落，都能感受开敞舒适的无压力体验。

屋主需求

1. 单身独居，卧室数量不需要太多，同时想要有独享的开阔书房与卧室。
2. 由于屋主身高较高，希望家具一并调整高度，使用更方便。

BEFORE

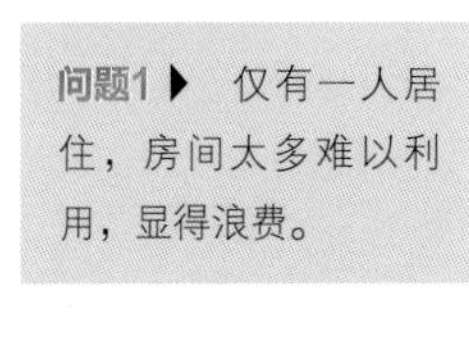

问题1 ▶ 仅有一人居住，房间太多难以利用，显得浪费。

问题2 ▶ 较少下厨的情况下，厨房封闭，面积利用率不高。

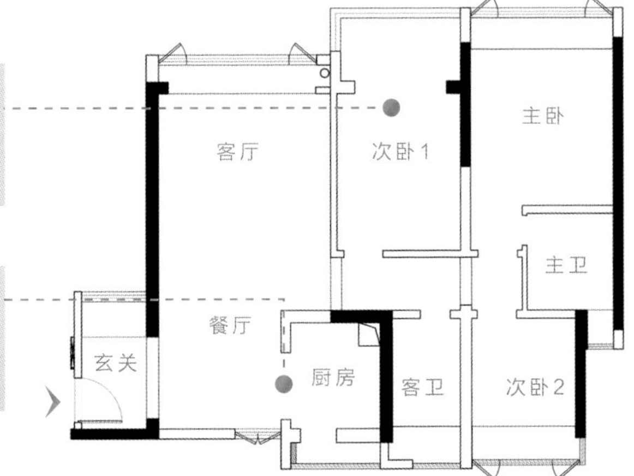

AFTER

破解1 一房拆除，融入客厅变书房

将邻近客厅的一室拆除，改为开放式书房，同时纳入阳台，空间更开阔。

破解2 舍一间卫生间，并入主卧

为了享受更开阔的体验，仅保留一间客卫，拆除主卫释放空间，主卧更扩容。

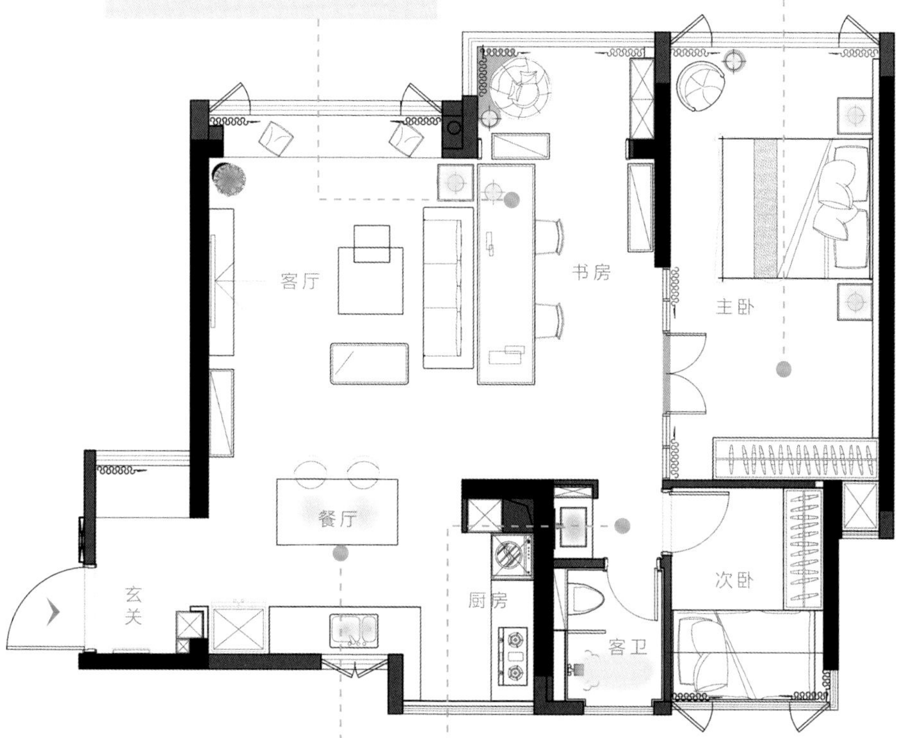

破解3 餐厅、厨房合并，中岛吧台成中心

拆除厨房与阳台隔断，与餐厅合并为开放空间，设置中岛取代餐桌，让餐厨区成为社交中心。

破解4 客卫干湿分离，次卧入口转向

洗面台移出客卫，同时次卧入口顺势转向90°，与洗面台相对，有效简化进出动线。

设计师关键思考

1. 开放取代封闭，客厅、餐厨、书房串联，打造开阔无压力的家居环境。
2. 调整卧室与卫生间数量，维持基本的主卧与长辈房，释放更多空间。

任职于科技行业的单身屋主，在繁忙的压力下特别向往悠闲开阔的家居环境，想要有能独享的大书房与主卧，但89㎡的空间中隔出三室，各室面积相对缩小，显得过于逼仄。于是舍弃无用的一室，拆除隔断改为开放式书房，巧妙融入客厅，一旁的阳台也一并纳入，设置柜体与单椅就成了一方阅读角落，就着窗下的日光阅读，特别有生活味道。而封闭厨房也顺势拆除，客厅、书房与餐厨区全然开放，还原空间纵深，视野随之延展开阔。由于屋主甚少下厨，餐厨区增设中岛吧台取代餐桌，当朋友来访时，餐厨区反而成为社交的中心，能环绕中岛谈天笑闹。

至于睡寝区的配置，拆除主卫让给主卧，同时主卧也移除部分墙面，改用玻璃隔断，扩大面积的同时，通透的视野让主卧与公共区域串联，打造舒适的无压力环境。为了满足屋主的身高需求，床铺、厨房的操作台则向上调高，让起身坐卧、料理家务都不费力。

1 **公共区域全开放，拓展视野**
原始封闭的厨房、卧室一并拆除隔断，全开放式设计让餐厅、厨房与客厅形成串联，不仅有效引入大量光源，公共区域更明亮开阔，主卧隔断也顺势改为玻璃，让视野更深入延展。

1

2 **开放式书房纳入阳台，增加阅读角**

由于屋主的工作时间长，刻意选用长桌让工作领域更开阔，并纳入阳台，在工作之余能眺望户外转换心情，也顺势利用角落安排柜体与单椅，增添收纳与休憩功能。

3 **吧台取代餐桌，开放式餐厨区更自在**

不放餐桌，改用中岛吧台取代，既能当操作台又能当用餐区，同时调高操作台，适应屋主身高。吧台区则运用高脚椅点缀，朋友来访即能坐在中岛聊天对谈，增进友谊。

4 **主卧合并主卫，睡寝更舒适**

在保留一卫的前提下，主卫拆除并入主卧，有效拓宽空间的同时，尽可能简化家具数量，不多占空间以维持开阔视野。

5 **洗面台外移，整合次卧与卫生间动线**

将卫生间的洗面台外置，不仅打造干湿分离的洗浴环境，次卧门片也随之调转朝向洗面台，让次卧廊道与卫生间入口合一，有效整合动线。

-CASE-

29

大拆墙面，换来翻倍空间感和步入式衣帽间

室内面积： 88㎡

居住成员： 夫妻、两只宠物

格局规划前： 3室2厅1厨2卫

格局规划后： 2室2厅1厨1卫

空间设计暨图片提供／云行空间建筑设计

这套88㎡的公寓住着一对夫妻及两只宠物，由于成员简单，对房间的需求性不高，因此改造的限制性相对较少，可以大胆地拆除几堵墙，化解原本局促的空间感，也为屋主创造全新的生活功能，再搭配高低差的运用，赋予整体空间层次变化感。

屋主需求

1. 希望新家呈现高级感、现代感。
2. 空间里有属于夫妻两人的色彩及造型感。
3. 显得狭小的原始空间，期待能变开阔。

BEFORE

问题1 ▶ 原始布局相对封闭，空间的开阔性不足。

问题2 ▶ 开发商赠送的空间偏小，不利于规划第三室。

问题3 ▶ 布局零碎，影响收纳柜装修。

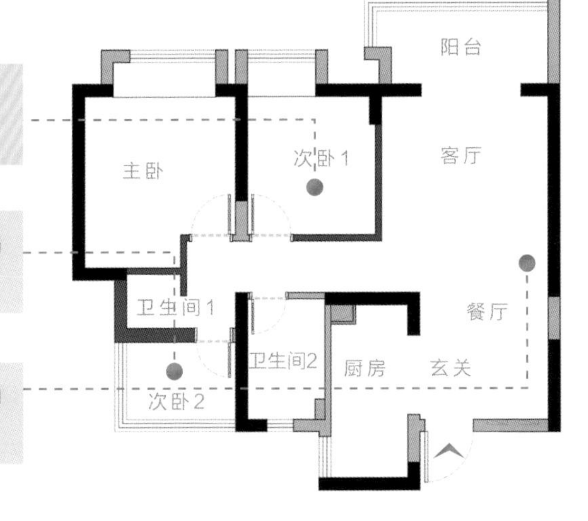

AFTER

破解1 三室变两室，新增衣帽间

三室布局调整为两室，更符合实际使用需求，并为主卧新增步入式衣帽间。

阳台
次卧
主卧
客厅
餐厅
衣帽间
卫生间
厨房
玄关

破解2 拆除部分墙体，创造开阔感

拆除阳台移门及次卧的局部墙体，让空间重组、连通，营造开阔感。

破解3 打造壁柜，提供收纳大空间

墙面打造壁柜满足小户型收纳需求，并有界定场域及加强空间整体感的作用。

设计师关键思考

1. 第三室融入主卧空间，打造宽敞的空间感及完善主卧功能。
2. 打散空间界线，重组公共场域功能。
3. 考虑收纳柜分配，发挥其收纳及隔断作用。

这套公寓位于长江边，屋主是一对从事设计工作的90后夫妻，具备良好的审美感，所以在讨论装修事宜时，明确提出现代感、高级感及独特性的要求。于是在个性化的需求下，跳脱三室两厅、两室两厅的传统装修模式，借由打破格局框架让设计更自由。

在开放式的公共场域运用“悬浮”巧思，让餐桌、电视柜都不落地，发挥隔而不断的效果；并将壁柜从餐厅延伸至客厅，一是连通空间，二是具备引导视线的功能，间接达到扩容作用，另搭配具有高低差的地板、相互穿插的界面，让空间除了个性化，更赋予多维度的层次感。

打通次卧墙面，改用悬浮吊柜当隔断，通过打开布局营造开阔感，再搭配布帘维持隐私性。至于开发商赠送的面积则顺势纳入主卧当中，不仅空间变大、环境变舒适，还能规划步入式衣帽间，完善小户型收纳空间。

1 **悬浮设计，轻盈又易打扫**

打破制式家具样式，餐桌、壁柜采用悬浮设计，空间显得轻盈，也便于打扫。

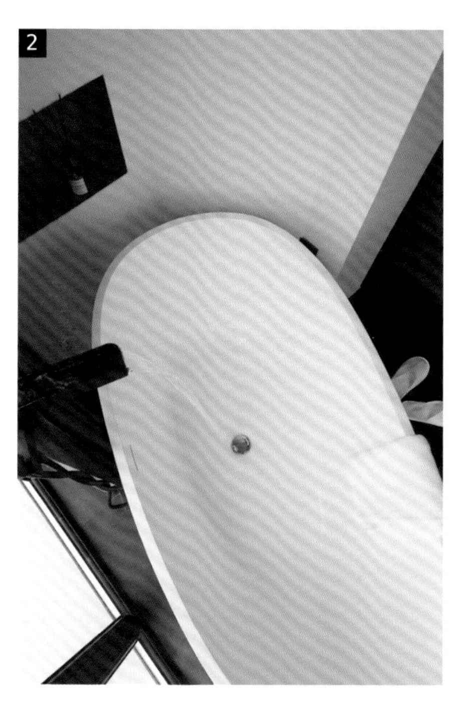

2 **阳台装浴缸，变身泡澡区**

拥有临江美景且无须考虑隐私，所以拆掉阳台移门并加装浴缸，尽享泡澡乐趣。

3 **次卧拆墙，赋予多功能**

拆墙变半开放式，一侧是悬吊式电视墙，另一侧是L形衣柜，当中还藏了壁床。

4 **二室变一室，收纳空间暴增**

主卧与邻近空间合并后，除了睡眠空间变大，更创造出屋主期待的步入式衣帽间。

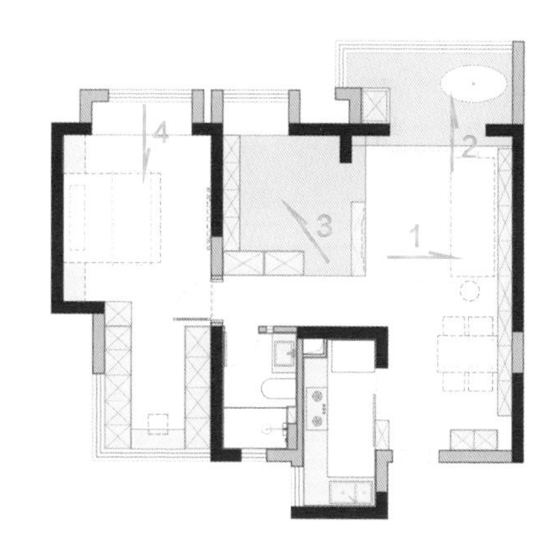

-CASE-

30 三房太多又阴暗，合并LDK引采光，储物功能更完善

室内面积： 97㎡

居住成员： 1人

格局规划前： 3室2厅2卫

格局规划后： 1室2厅2卫、衣帽间、书房

空间设计暨图片提供／FunHouse方室设计

一个人住，生活简单就好。在这个室内面积有着97㎡的住宅中，三房显得浪费无用，还挡住了视线与采光，空间反而又小又阴暗。于是舍弃多房思想，只留一房，同时拆除厨房、书房隔断，让公共空间全然开放，营造开阔舒适的单身宅。

屋主需求

1. 原本三房无法满足储物需求，希望有足够的收纳空间。
2. 希望卫生间能有浴缸泡澡。

BEFORE

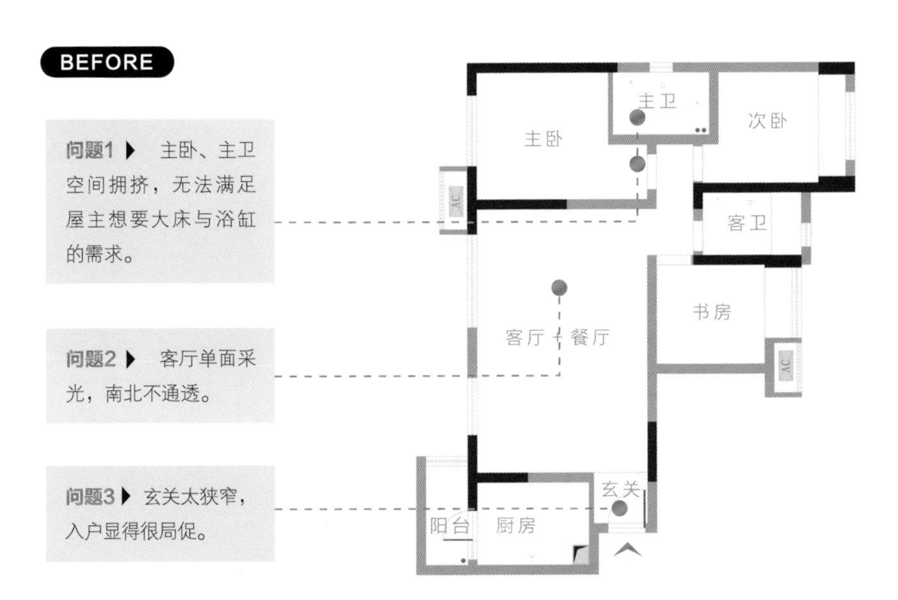

破解3 替换卫生间隔断材质，塞进大床与浴缸

主卧卫生间的隔断全部换为通透玻璃，不仅改善卫生间采光阴暗的问题，也顺势加大卧室与卫生间，放置大床及浴缸。

破解1 拆除厨房墙体，伸展玄关

拆掉玄关与厨房墙体，让原本非常狭窄的玄关得以横向伸展，增设中岛水槽，一进门就能洗手，打造良好的卫生习惯。

破解2 拆除书房隔断，引入大量采光

由于只有一人居住，拆除原有书房的隔断，与客厅、餐厅、厨房串联，开放式的设计有效改善通风与采光。

设计师关键思考

1. 重新配置空间格局，三房改成一房，再增加衣帽间及书房。
2. 厨房、书房采用开放式设计，引进自然光。

由于只有屋主一人居住，原本97㎡的住宅拥有三间卧室的优势荡然无存，且无法满足使用及收纳需求，加上客厅仅单面采光，空间相对狭窄昏暗。于是先将玄关与厨房的隔断拆除，改设置中岛，视觉就能从客厅一路延伸到玄关，延展空间进深。此外，拆除书房隔断，客厅就多了横向延伸的空间，同时也纳入书房一侧的采光，大量自然光洒落全室，解决原先阴暗问题。

而在私人区域，次卧改为衣帽间，获得大量收纳空间，在原本不够大的主卧与卫生间中将墙体全部摒弃，重新改以透明玻璃隔断，争取到摆放大床与浴缸的空间，也改善主卫自然光不够的问题。

屋主对美感有着独到且强烈的自我主张，整体运用黑白色系刻画现代简约风格，以大量的白色作为主色调，电视墙、书柜、餐桌、吊灯采用黑色形成强烈对比，创造视觉立体层次。

1 **开放式LDK，吸引采光、动线更顺畅**

客厅只有单面采光，大胆拆除厨房、书房隔断，客厅、餐厨区与书房全然开放，有效引入自然光，过道不再狭窄，动线也更流畅开敞。

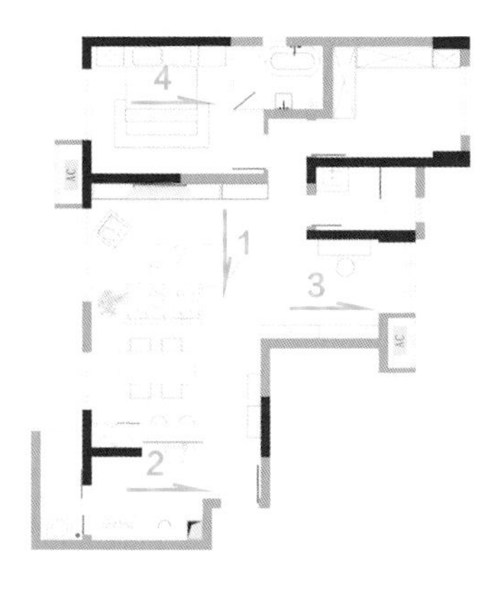

2 大量白色扩容，搭配黑色增添质感

为了延伸整体空间的黑白调性，厨房墙面采用仿石材爵士白瓷砖，而橱柜、灶台则是纯白色调，通过大量的白色系反射光线有效扩容，并搭配炭黑磨砂的水龙头和水槽，展现质感。

3 多功能区享受阳光与阅读

开放式书房成为阅读和休闲混搭的多功能区，扩大公共区域，增加自然光，黑与白相间的展示架，开放性与隐藏性并存，展示收藏品的同时也遮蔽凌乱杂物。

4 玻璃隔断取代厚墙，更省空间

主卧卫生间与主卧的墙面厚度为24cm，特地拆除厚墙，改用较薄的玻璃隔断，不仅增加了主卧与卫生间的使用空间，视觉通透，空间也更显宽阔。

-CASE-

31

90㎡逼仄户型重整分配，四室改两室，还多开放式餐厨区与衣帽间

室内面积： 90㎡

居住成员： 夫妻、1小孩

格局规划前： 4室2厅1卫

格局规划后： 2室2厅1卫

空间设计暨图片提供／未见空间设计

仅有90㎡的空间却分出四室，每个房间都又小又挤，连带也挡住客、餐厅的采光，整体空间都住得不舒服。于是将其中两室拆除，将空间让给客厅，顺势将厨房改为开放式，公共区域不仅更开阔，也引入大量采光，一扫逼仄阴暗的印象。

屋主需求

1. 减少房间数量，让整体更扩容明亮。
2. 主卧需要开阔的空间与充足的收纳功能。

BEFORE

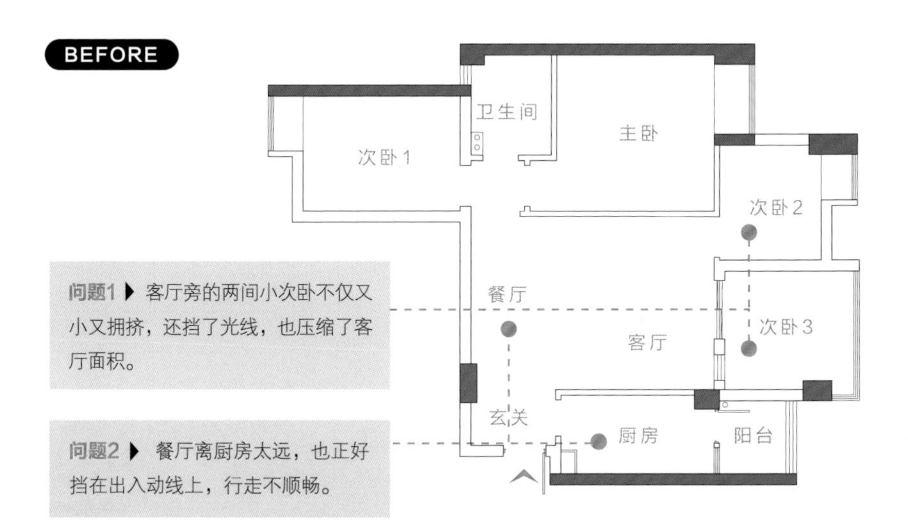

问题1 ▶ 客厅旁的两间小次卧不仅又小又拥挤，还挡了光线，也压缩了客厅面积。

问题2 ▶ 餐厅离厨房太远，也正好挡在出入动线上，行走不顺畅。

AFTER

破解1 两室拆除，大增客厅面积与采光

将无用的两间小卧室拆除，还原客厅广度，有效扩容，也引入大量光线。

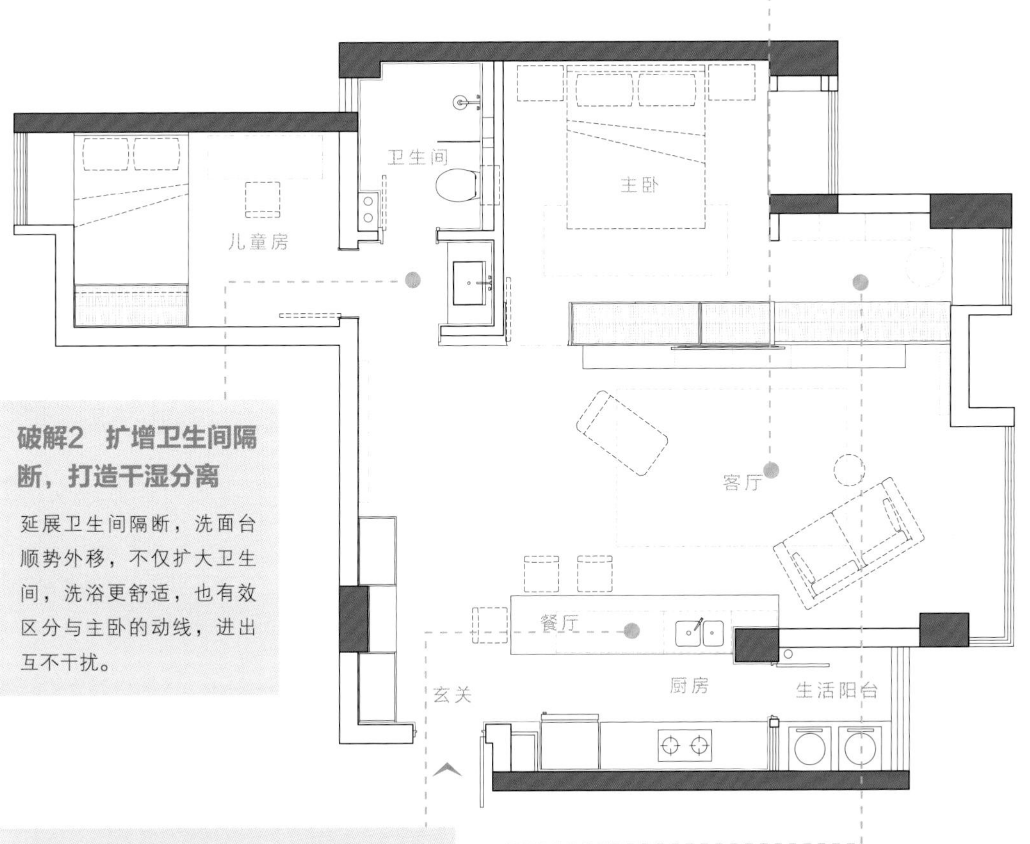

破解2 扩增卫生间隔断，打造干湿分离

延展卫生间隔断，洗面台顺势外移，不仅扩大卫生间，洗浴更舒适，也有效区分与主卧的动线，进出互不干扰。

破解3 餐厅、厨房合并，简化用餐动线

拆除厨房隔断，改放中岛与餐桌，二字形的厨房操作台让备料、下厨与用餐动线更简便。

破解4 挪用一室，主卧多衣帽间

拆除两室后，部分空间挪给主卧，扩增衣帽间，满足收纳功能。

设计思考

1. 释放两室给餐厨区，扩大公共区域，整合动线，采光也顺势深入。
2. 主卧、卫生间墙体安排在同一立面，完善洗浴功能的同时也扩增收纳功能。

这间90㎡的空间，原始户型有着四房的困扰，卧室太多挤压到各房的面积，客厅与餐厅也相对变小，餐桌无处可放还挡住主动线，连最大面积的采光都被卧室隔断遮蔽，使得位于中央的客厅逼仄又阴暗。

为了有效改善问题户型，通过释放两个卧室空间，客厅还原空间广度，落地窗的采光能顺势深入客厅，同时厨房一并拆除，改为开放式设计，客厅、餐厅与厨房串联，公共区域的动线与光线更为顺畅。刻意选用沙发与单椅对坐，家人互动能更紧密，餐桌则沿中岛并排设置，料理完就能转身送菜上桌，缩减用餐动线的同时也能节省空间。而主卧隔断刻意压缩厚度，尽可能让出空间设置衣柜与电视墙，并纳入原有的次卧空间，就多了衣帽间能使用，沿着窗台设置梳妆台，满足梳妆、收纳功能。

1 **公共区域全开放，打造舒适开阔环境**

客厅、餐厅、厨房全面开放，引入最大面积的采光，家具数量也随之精简，减少占据的空间，塑造开敞舒适的环境。选用双人沙发与单椅，两两相对的配置，有效串起家人互动。

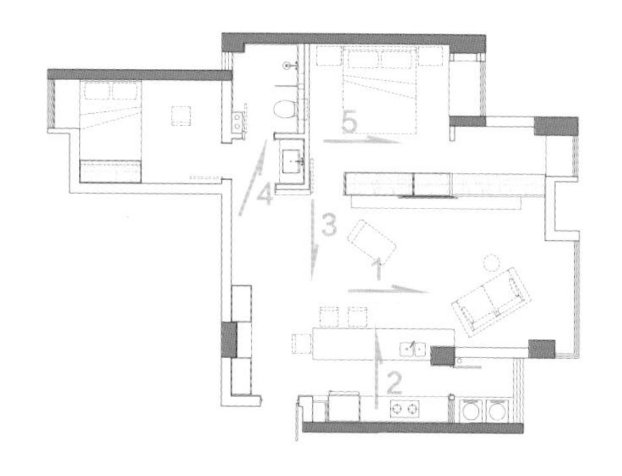

2 **调转主卧入口，巧用隐藏门统一视觉**

主卧入口退缩并转向90°，优化进出动线，门片与墙面特地选用相同木皮，再搭配无把手的设计，让门片悄然隐形，空间视觉更利落。

3 **二字形操作台配置，动线更顺畅**

厨房隔断拆除后，增设中岛与餐桌，配置二字形的操作台，水槽、炉灶分设两端，打造开阔的料理环境。为了避免开放式厨房的油烟沾染问题，从入户开始铺贴瓷砖，统一视觉的同时，也方便事后清洁。

4 **挪用主卧，卫生间二分离**

卫生间挪用主卧部分空间，将洗面台向外挪移，打造二分离的设计，解决原先过于逼仄的洗浴体验。同时卫生间沿用厨房墙砖铺陈，统一材质让空间氛围处于同一基调，保有一致的视觉效果。

5 **衣帽间开放式收纳，进出不逼仄**

主卧隔断推移，纳入部分窗台作为衣帽间，窗下则设置梳妆台，女主人能顺应自然光线梳妆。由于廊道偏小，衣帽间不做柜体，改以开放式收纳，尽可能让空间延伸、不压迫。

-CASE-

32 减法设计！推倒几面墙，三房变两房，舒适度暴增

室内面积： 89㎡

居住成员： 夫妻、1小孩

格局规划前： 3室2厅1厨2卫

格局规划后： 2室1厅1厨1卫

空间设计暨图片提供／文青设计机构

89㎡的空间足以满足一家三口人的居住需求，但受限于原始布局过于零碎，导致家居生活功能不彰。于是，设计师建议拆除多余的隔断墙，再以合并缩减的手法让空间重组，让调整后的各个场域能够规划完善的使用功能，以满足屋主的期待。

屋主需求

1. 希望宁静的色彩及氛围。
2. 平日忙于工作，不常下厨，但仍希望做饭有仪式感。
3. 需要充足空间用作收纳衣物。

BEFORE

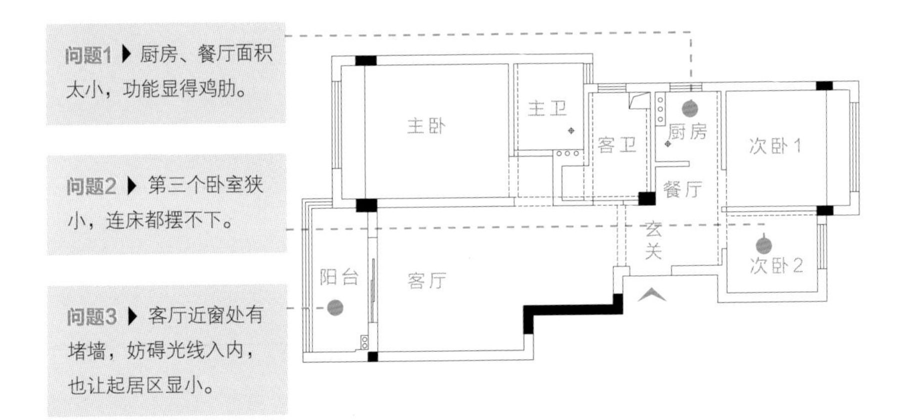

AFTER

破解1 空间合并，重塑厨房功能

拆除原本矗立在厨房与卫生间的隔断墙，借此扩大厨房场域。

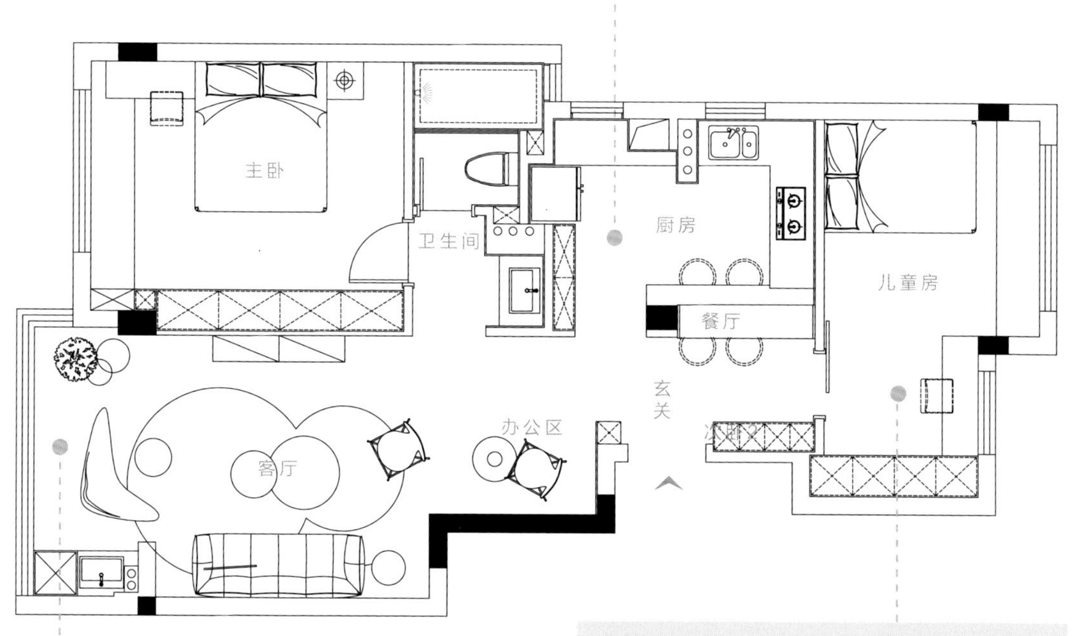

破解3 两个小房间整合，打造全新儿童房

原本朝北的两个小房间，拆除中间的隔断墙，成为一大间儿童房。

破解2 推倒墙壁，放大客厅场域

拆掉阳台的隔断墙，让阳台融入客厅，也利于引光入室。

设计师关键思考

1. 居住的人不多，只需保留一间卫生间。
2. 两个次卧整合，创造全新空间。
3. 阳台融入客厅，打开空间布局。

89㎡的住宅在原始布局里居然规划了7个独立场域，看似数量充足的居室能满足一家人的使用需求，但实际上却是狭小难以利用，而且到处都是墙体，导致整体氛围显得压迫，舒适性明显不足。

于是，如何重新赋予合理的空间布局成了这套公寓改造的关键。对此，设计师以”减法”概念作为装修基础，适度缩减过于零碎的居室，调整为5个独立场域。比如将厨房与相邻的卫生间合并、餐厅与厨房整合、两个小房间融合为一个大房间，有效改善原本鸡肋的功能。

除此之外，挡在客厅前方的隔断墙也予以拆除，将阳台纳入起居区，不仅扩大客厅使用范围，整体环境也变得更明亮。主卧则维持原来的布局，在满足收纳需求的前提下，刻意削薄床尾墙面厚度以打造大衣柜。至于原属于主卧的内卫，调整后成为全家唯一的卫生间，并通过局部墙面后退，创造干湿分离格局。

1 **低饱和度用色，营造视觉舒适度**

由于屋主希望比较宁静的色彩，所以配色上选用湖蓝色系搭配灰调的组合，降低颜色饱和度，看起来更舒服。

2

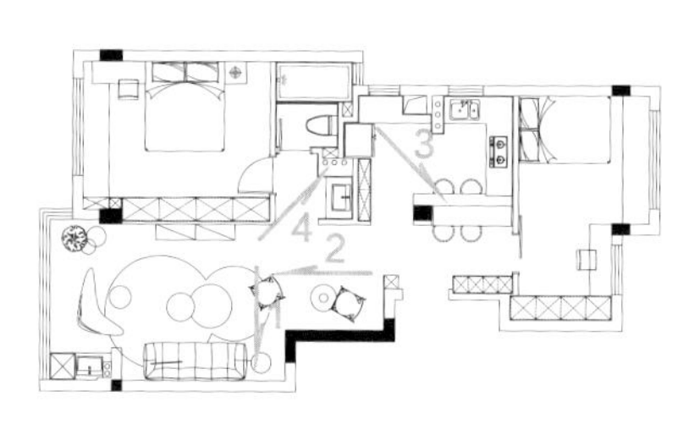

3

2 **客厅与阳台整合，公共区域更宽敞**
将客厅与阳台进行整合，将阳台纳入室内空间，除了扩增公共区域面积，还有余裕增加洗涤区。

3 **打通布局，创造餐厨合一空间**
厨房与相邻的公卫合并，并利用承重柱打造吧台，创造餐厅功能。另外，通过开放式布局消除原本入户遇墙的压迫感。

4 **内卫变公卫，打造干湿分离卫生间**
将内卫墙体进行改造，一是创造浴室柜空间、扩大收纳容量，二是让原本较小的内卫变成干湿分离格局。

4

POINT 3

房间数量不变，提升功能与质量

—概 念—

1

动静分区，行走活动不干扰

当房间数量足够的情况下，不如试着为空间升级，满足实用功能。规划动静分区，将客厅、餐厅、厨房划分在同一侧，卧室也集中。不仅简化行走动线，在公共区域的日常活动也不会影响到睡寝空间。

—概 念—

2

善用梁下、窗下空间，消弭无用角落

空间内经常有一些“边缘地带”，比如窗下、梁下、柱体旁的零碎空间，放着不用未免太可惜。想让空间物尽其用，就要善用梁下空间嵌入柜体，增加收纳的同时，也填补难用的畸零地带，或是临窗增设飘窗、工作桌，打造能放松阅读的小角落，既实用又不占空间。

—概 念—

3

衣帽间与卫生间串联，晋升酒店级卧室

生活要更舒适，对于卧室的设计可不能马虎。在主卧扩增衣帽间，并与主卫安排在同一动线上：主卧→衣帽间→卫生间。洗完澡就能在衣帽间梳妆、保养、挑选衣物。同时卫生间采用干湿分离设计，空间不潮湿。通过优化卧室的洗浴与收纳动线，营造星级酒店般的舒适感。

—概 念—

4

多功能家具，扩增复合功能

想要提升空间性能，除了巧用布局，家具与设备也是让家更舒适的重要功臣。比如在客厅、卧室架高地台，多了收纳空间，也能当作孩子的游戏区，甚至可以作为床铺。或是添购沙发床、墨菲床，需要时只要让家具“变身”，就能多出一房，提升面积使用率！

-CASE-

33

舍一卫、拆阳台，90㎡住宅多了大书房与次卧，一家三口生活更充裕

室内面积：90㎡

居住成员：夫妻、1小孩

格局规划前：3室2厅1厨2卫

格局规划后：3室2厅1厨1卫、书房

空间设计暨图片提供／壹石空间设计

3人小家庭的生活很单纯，90㎡三房就够用，但有一房过小，太逼仄，再加上需要有独立书房，得额外腾出空间。因此舍弃一间卫生间改为书房，同时纳入阳台扩大卧室面积，也安排整面收纳柜体，即便房间数量不变，生活的舒适度也大幅提升。

屋主需求

1. 男主人有工作需求，要分出一个独立书房使用。
2. 小家庭的物品数量多，需要足够的收纳空间。

BEFORE

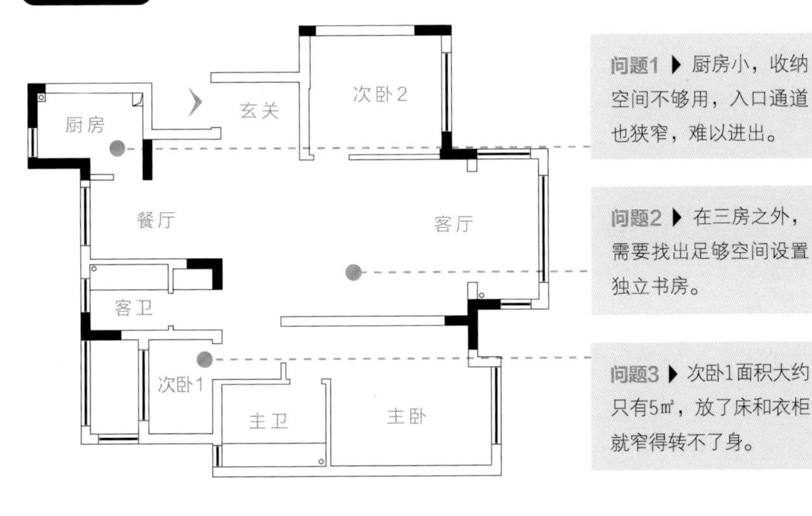

破解1 厨房入口退缩，让出收纳空间

为了让进出动线更为顺畅，拆除厨房入口墙面，扩大进出通道，同时也让出空间给餐厅设置整排电器柜与冰箱，补足厨房空间狭小的不足。

破解2 卧室融入阳台，完善睡寝功能

次卧1纳入邻近阳台，同时调整墙面，挪用书房，就有9㎡大的空间能放置床铺、书桌与衣柜。

破解3 舍弃主卫变书房

将原本主卫拆除，改为书房，书房入口挪移，拉大空间，与主卧之间采用移门设计，需要时就能完全独立，不受打扰。

设计师关键思考

1. 挪用阳台、调整卫生间空间，满足独立书房需求。
2. 调动墙面嵌入柜体，扩增收纳空间的同时，也维持干净的立面线条。

这间90㎡的空间格局方正、采光通风也好，但次卧1空间太逼仄，再加上男主人需要在家工作，为了不打扰家人的睡眠，必须隔出一间书房，除此之外还有收纳需求，于是在良好的格局基础下微调布局。

先沿着玄关墙面增设及顶高柜，一直延伸到客厅电视墙，L形设计同时满足两区收纳需求。厨房入口退缩，扩大过道，让进出动线更为顺畅。为了解决厨房过小、收纳空间不足的问题，将冰箱、电器柜往餐厅挪移，有效扩大收纳空间，厨房也不逼仄。而男主人想要的办公空间，则是改造原有的主卫，挪为书房，书房与主卧之间巧妙利用谷仓门区隔，需要的时候能随时关闭，形成隐秘独立的空间，在家工作也不会打扰家人睡眠，敞开时也能延展主卧视野，更显扩容。至于过小的次卧，通过合并阳台、墙面往书房推移的手法，足足多出4㎡可用，床铺、衣柜都放得下，为一家三口打造舒适合宜的生活空间。

1 **L形高柜+隐形门，兼具颜值与功能**

为了满足屋主的收纳需求，玄关到客厅沿墙设置L形及顶高柜，强化储物功能。柜体刻意采用无把手的设计，与客厅相邻的次卧运用隐形门，柜门与卧室门片巧妙融为一体，整体视觉干净利落，提升空间质感。

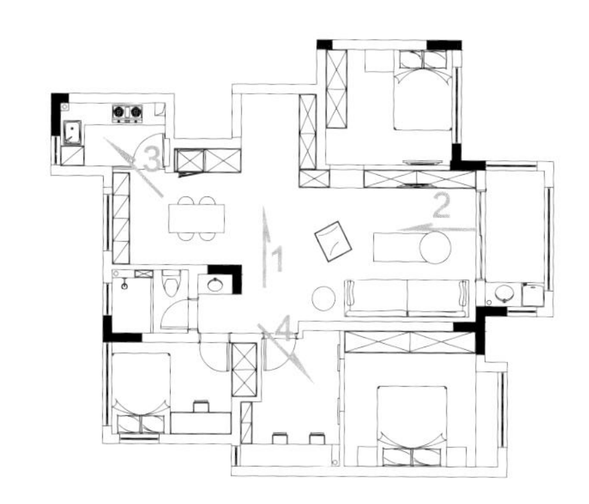

2 调动墙面进出，立面线条更利落

刻意将书房入口往前挪移，与次卧1齐平，有效善用零碎的入口廊道，同时在餐厅巧用嵌入式柜体，扩增收纳功能的同时，也维持立面的利落线条，在纯白色系下更显干净平整。

3 设备外移，L形操作台更有余裕

厨房采用L形布局，炉灶与水槽分置两侧，烹煮、备料更有余裕。搭配吊柜的设计，同时将冰箱、餐柜外移至餐厅，弥补厨房空间过小的不足。

4 书房采用弹性设计，引光又扩容

原有的主卫改为书房使用，书房与主卧之间巧妙利用谷仓门区隔，有助引入光线，书房不阴暗，也能延展整体空间，主卧更为扩容，不显小。

-CASE-

34

意想不到的空间对调，客厅引光扩容，主卧也变大

室内面积： 70㎡

居住成员： 夫妻、1小孩

格局规划前： 2室2厅1卫

格局规划后： 2室2厅1卫、衣帽间

空间设计暨图片提供／上海映象设计

原户型有超大阳台，但因客厅和主卧切分为二，加上墙柱和门片开口规划不佳，不仅动线零碎，也遮去部分光线，使玄关和餐厅显得较为阴暗。另外，餐厅空间不大，屋主又有衣帽间和双台盆的需求，势必重新改造格局。

屋主需求

1. 因储物较多，期望多增一个衣帽间，可收放衣物和大件行李等。
2. 家里有五岁小孩，希望卫生间有双台盆，满足同时盥洗的需求。

BEFORE

问题1 ▶ 原客厅动线零碎，阳台太大而且浪费空间。

问题2 ▶ 卫生间空间太小，只有一个台盆不够用。

问题3 ▶ 原格局的采光不足，餐厅格局也过于狭窄。

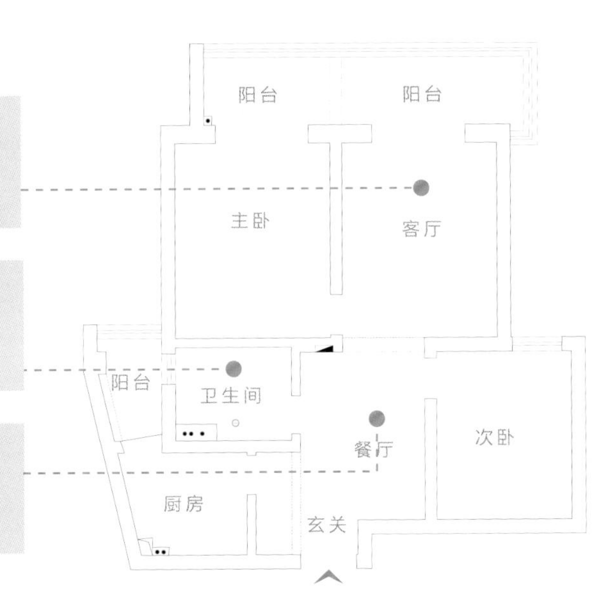

AFTER

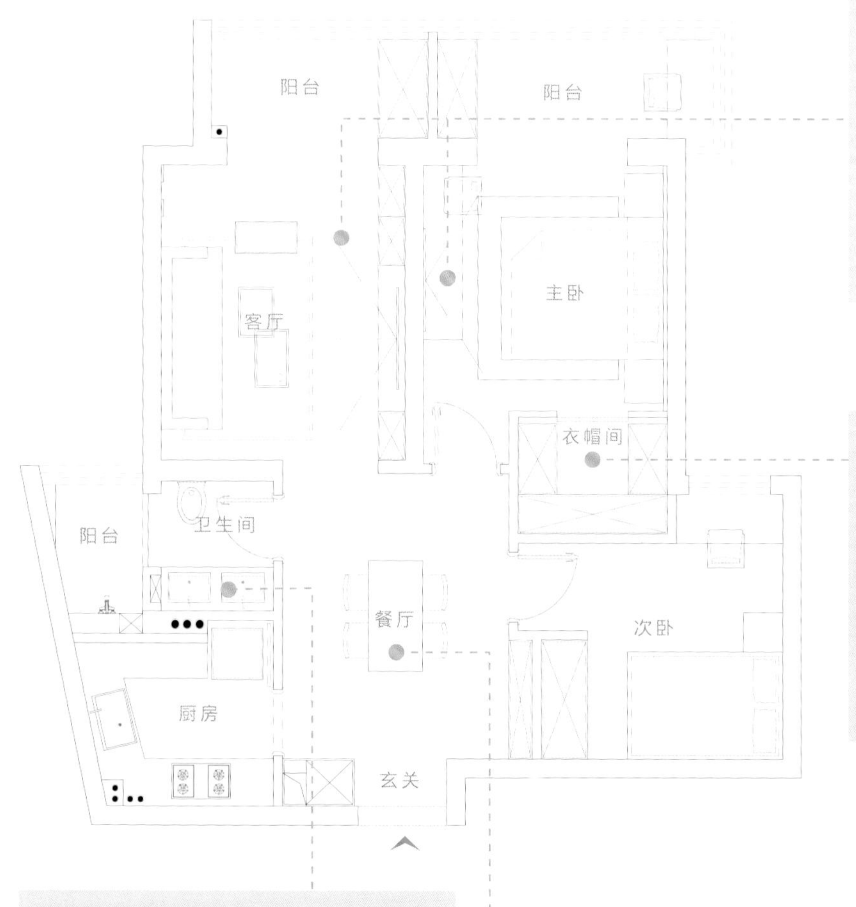

破解1 客厅与主卧对调，大量引入光线

主卧和客厅对调后，开放式客厅自然可打开墙面，引光延伸进入餐厅。

破解2 次卧退缩，主卧就能多衣帽间

将主卧与次卧安排在同侧，主卧隔断往次卧位移，挪出步入式的衣帽间，动线更流畅。

破解3 卫生间纳入阳台，打造双台盆

将阳台融入卫生间，就有足够的空间设置双台盆，方便一家三口轮流使用，早晨洗漱效率更高。

破解4 一进一退，餐厅、次卧都变大

厨房、卫生间墙面同时退缩40 cm，不仅放大餐厅格局，次卧墙面顺势往餐厅挪动，空间变宽更好用，也抵消被主卧挪用的面积。

设计师关键思考

1. 为了引进阳光照亮全室，需改变门片位置，并思考公私领域的对应关系。
2. 将主卧、次卧加以整合，调整墙面进退，挪出部分空间置入衣帽间。
3. 拓宽餐厅，以餐桌置中形式，增添书桌办公的多元功能。

整屋的格局并无大幅度改变，而是赋予巧思做细节改变。首先，为了引入阳台充足的光源，须先破解第一道门槛，改变门片位置。而客厅和主卧面积几乎一样，于是客厅与主卧直接对调，反而为主卧多添静谧的小角落，享受窗光展读的惬意，主卧另一侧则以嵌入式衣帽间，让私领域串联整体动线。

将餐厅置中作为核心，其余空间则环绕餐厅。为拓宽自餐厅放射而出的动线，厨房、卫生间的隔断退缩40cm、次卧则推进66 cm，不仅次卧变大，餐桌也有左右均衡的过道，使餐厅的空间宽度从2.5 m拓增为2.92 m。

内缩的厨卫空间则以阳台弥补，并向客厅拓展，不仅厨房有U形操作台面，卫生间也借阳台增加淋浴功能，同时满足双台盆的干区需求，好住又好看。

1 **客厅移位，与餐厅串联**
客厅与主卧互相对调后，客厅顺势与餐厅串联，视野与光线借此延展深入，开阔的设计让空间有效扩容。至于主卧，则多出窗边的阅读角落，增添放松悠闲的氛围。

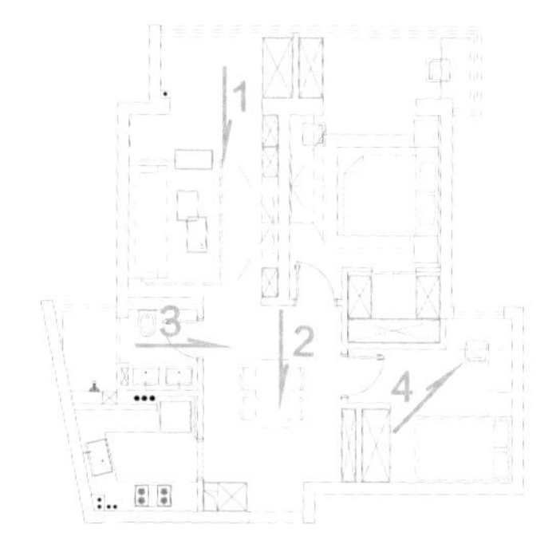

2 **餐桌置中摆放，增加多元使用性**

为增加用餐的互动性和书桌的使用性，借由两边墙体一进一退，让餐桌有了置中摆放的均衡视觉，在过道中行走从容。厨房和卫生间门片皆以直纹雾玻璃+不锈钢为框，中间墙面再以挂画塑造通透而对称的视觉美感。

3 **仿酒店卫生间，以壁龛取代柜体**

卫生间纳入阳台的部分空间，以挡水石分界为淋浴空间，且通过壁挂式马桶和壁龛式的墙面设计，增加使用空间。

4 **借两卧相连，嵌入衣帽间**

置入两卧之间的衣帽间，拉门开向主卧，又正好可为次卧窗台下打造书桌或矮柜的角落，拥有充足的光线。

-CASE-

35 移除厨房隔断、简化动线，善用挑高增设阁楼，空间更扩容

室内面积：105㎡

居住成员：夫妻

格局规划前：2室2厅1卫

格局规划后：2室2厅1卫、1多功能室

空间设计暨图片提供／理居设计

这间住宅原始格局较为常规，卧房、厨房、卫生间的入口位置造成动线混乱，使得餐厅成为过道，来往很干扰用餐，卫生间也太小，不好使用。于是调动餐厅和厨房的位置，动线顺畅，也使视野更开阔。同时善用原始结构增设阁楼，增加使用面积，空间更大更好用。

屋主需求

1. 盥洗台、马桶、沐浴间改成三分离式。
2. 餐厅被厨房、卫生间和两间卧室夹杂，餐桌难摆放，需优化空间动线。
3. 希望新建的楼梯尽可能隐藏、不受注目。

BEFORE

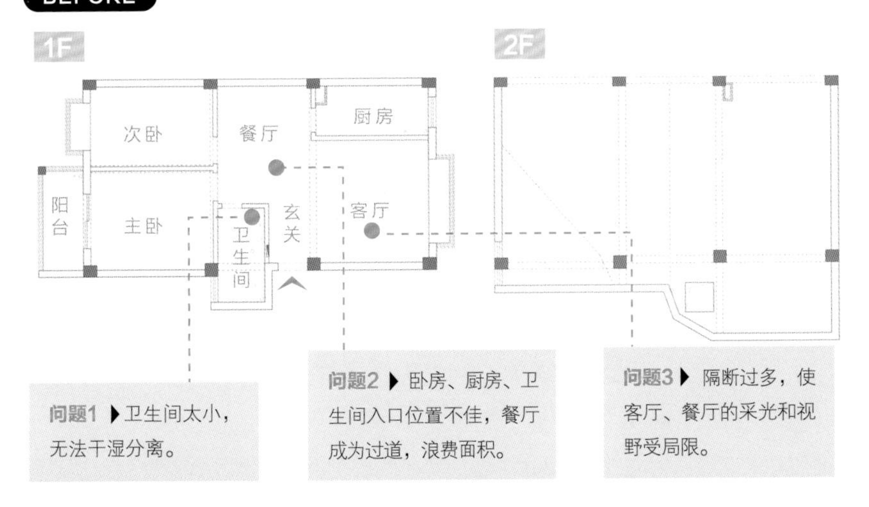

AFTER

破解1 拆除厨房，与餐厅位置对调，放大视野

移除厨房隔断，并将餐厅、厨房位置对调，客厅、餐厅、厨房全然开放，视野更开阔。把厨房安排在楼梯下方，让楼梯井看起来像厨房的一部分，有效利用空间，也弱化楼梯存在感。

破解2 缩减过道，面积不浪费

厨房移至空间中央并增设中岛，同时调整卧室门洞位置，有效缩减过道面积，仅需一条过道就贯穿主卧、次卧、卫生间、厨房、楼梯5个区域的出入动线，空间使用更有效率。

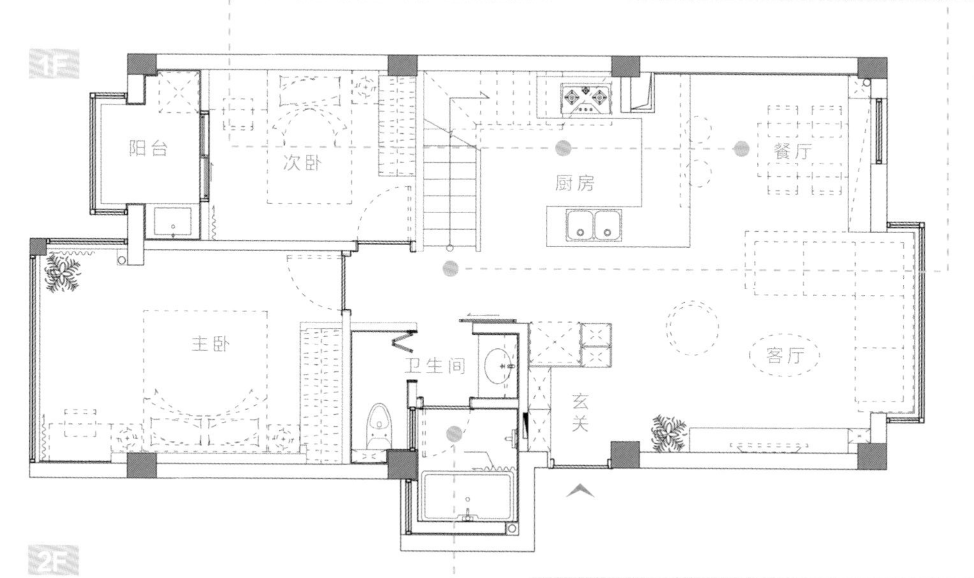

2F
储物间
多功能室
储物间

破解3 主卧退缩，卫生间设计为三分离式

卫生间借用主卧部分空间，满足三分离式使用需求，洗浴体验更完善。接着再将阳台纳入主卧，弥补让给卫生间的面积，有效放大空间。

破解4 挑空阁楼，多了休闲与收纳功能

利用原始的挑高结构设置22㎡的阁楼，打造为休憩空间，再安排储物间，夫妻两人的东西再多也都收得下。

设计师关键思考

1. 打通客厅和厨房之间的隔断，让空间看起来更大。
2. 保留局部阁楼空间给客、餐厅，增加挑高视野，营造空间结构感。

这是一间带有阁楼的顶层住宅，尝试将建筑手法融入室内，进行空间关系的构思，将顶层多出来的空间一半当阁楼，另一半则留给客餐厅增加挑高，保留空间结构本身的斜屋顶造型。同时借由简洁的设计来削弱房子结构的复杂性，为屋主夫妻创造一个宁静减压的住宅空间。用色上也较为克制，屋主喜欢简约包容的黑白灰色，又希望有家的温馨感，因此以干净的白色作为底色，黑、灰色以线条、色块出现，再以温润的木色向墙面蔓延，平衡黑白灰带来的理性。

格局上，针对屋主需求做了综合考虑：动线优化、开放式厨房、隐蔽楼梯和三分离式卫生间。先拆除厨房隔断，同时与餐厅对调，开放式的设计让客厅、餐厅与厨房串联，空间视野更开阔明亮。厨房中岛结合吧台设计，不但节省面积，增加与家人之间的互动，也能当作餐桌，提升使用性能。阁楼则规划为多功能室、储物间，满足看球赛、打游戏、看电影、阅读、办公等多功能需求。

1 **保留挑空高度，客餐厅更开阔**

保留部分阁楼空间给公共区域，斜屋顶造型则为空间带来趣味，同时创造客餐厅舒适的挑高尺度。

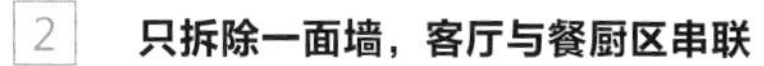

2 **只拆除一面墙，客厅与餐厨区串联**

由于房子的优点是内部没有承重墙，于是打通客厅和厨房，释放整面窗景，引入大量采光，同时对调餐厅、厨房位置，动线更流畅。

3 **增设中岛，提升使用功能**

厨房移位至原餐厅，同时改为开放式设计后增设中岛，随即增加了4.9㎡。U形操作台让备料、洗菜更开敞舒适，同时中岛除了能作为操作台，也能充当早餐吧台，使空间得到高效利用。

4 **梯井藏于厨房后方，有效隐身**

顺应厨房设置楼梯，巧妙运用扶手墙让楼梯藏于厨房后方，镂框造型呼应空间的三角屋顶结构，同时有效增加楼梯处光线，而斜边高度则适应扶手高度来合理设计。

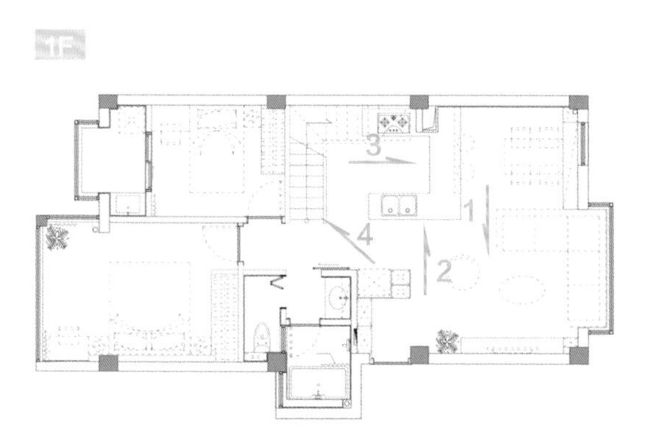

5

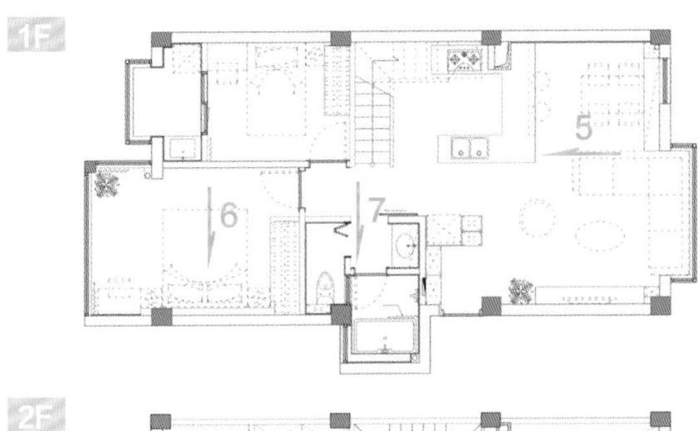

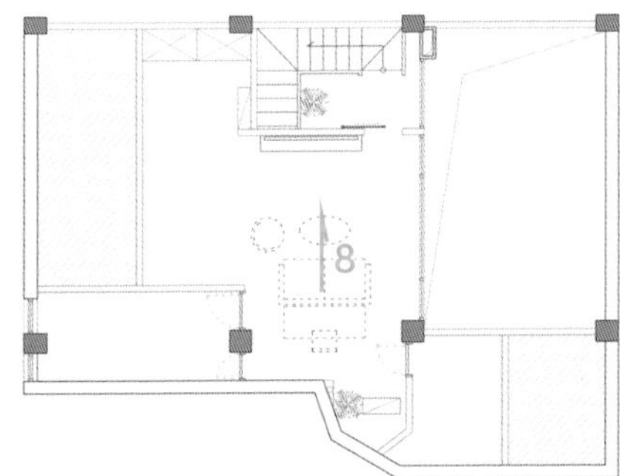

5 **玻璃窗取代实墙，上下皆通风**

阁楼重点考虑的是隔断导致的采光及通风不佳的问题，因此立面采用玻璃窗设计，两侧小窗可开启，使光线和风能流动其中。

6 **沉稳色调，为卧室带来宁静氛围**

延续客厅主墙色调，主卧床头墙涂布黑色，搭配深木色的内嵌衣柜，整体流露宁静沉稳的氛围，奠定舒适好眠的睡寝空间。

6

7

8

7 **微调墙面、互借空间，满足卫生间需求**

主卧墙面略微退缩，让出面积给卫生间，整体增加2.1㎡，湿区增设浴缸，还多了独立马桶区，洗面台同时外移，打造三分离式卫生间环境，使用起来更干爽舒适。

8 **善用阁楼，空间运用更有弹性**

阁楼规划为放松的休憩区，旁边的斜面空间未来可作为宝宝爬行玩耍的小地盘，或者定制矮书柜给储物间使用。

-CASE-

36

130㎡住宅三代同堂，调整鸡肋厨房、次卧，空间更宽敞

室内面积： 130㎡

居住成员： 夫妻、长辈、1小孩

格局规划前： 3室2厅2卫

格局规划后： 3室2厅2卫

空间设计暨图片提供 / 合肥飞墨设计

这间130㎡的空间是三代同堂的5人共享天伦之乐的新居。虽然原始空间方正、采光也好，但餐厨区不够大，收纳空间也不足，因此通过移位厨房、改变三处门洞、错位墙体来解决原户型上的问题，并依据家居动线做定点收纳，最大限度优化储物功能。

屋主需求

1. 一家五口的东西多，需要充足的收纳空间。
2. 提高厨房实用性，下厨更轻松。
3. 除了满足孩子需求，长辈的使用便利性也要兼顾。

BEFORE

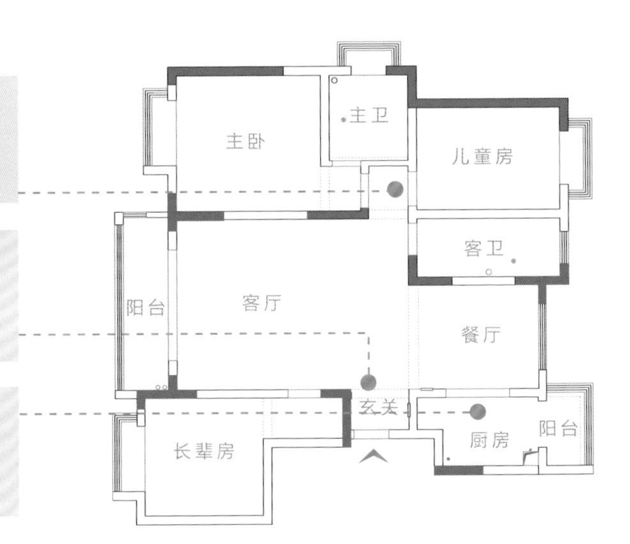

AFTER

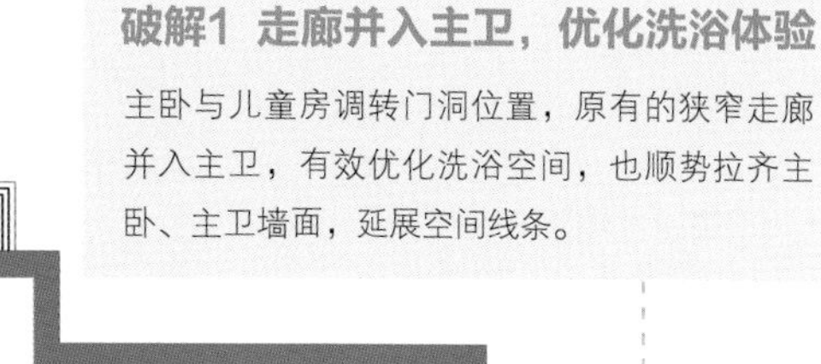

破解1 走廊并入主卫，优化洗浴体验

主卧与儿童房调转门洞位置，原有的狭窄走廊并入主卫，有效优化洗浴空间，也顺势拉齐主卧、主卫墙面，延展空间线条。

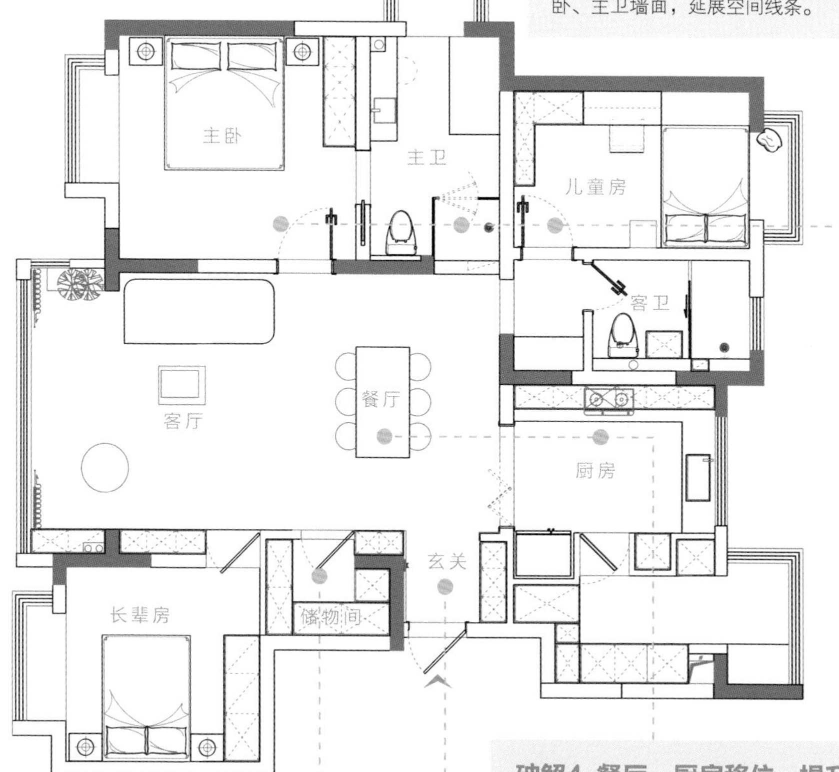

破解4 餐厅、厨房移位，提升厨房性能

厨房外移至原有餐厅位置，而餐厅向外与客厅合并，不仅厨房空间变大，客厅、餐厅与厨房也串联在一起，动线更流畅。

破解2 部分卧室改储物间，收纳量倍增

长辈房的入口处过于狭窄，只用来当过道，未免太浪费。于是切割入口改做储物间，扩增收纳量，空间使用效率更高。

破解3 延长玄关墙，创造丰富的收纳量

延长玄关隔断，同时向厨房挪移，就能拓宽鞋柜，扩充更多收纳量。

设计师关键思考

1. 重新配置空间格局，利用延伸、并入、移位等手法满足使用需求。
2. 同时考虑三代人的需求，并利用畸零角落广设收纳空间。

130㎡的三室空间虽然有着方正格局，但玄关、厨房过于狭小，收纳空间也不够一家五口使用。于是重整格局，玄关延展墙体，扩大收纳空间。客厅则不放电视、以小边几取代大茶几，并纳入阳台，尽可能创造空间让给小孩使用，打造让小孩足以跑跳的开阔环境，也让采光发挥到极致。原本的电视墙则用来做了收纳柜，无把手设计令柜面简洁清爽。

考虑到家里有孩子和老人，刻意选配80 cm×80 cm深灰色的防滑地砖，起到防跌保护作用，深灰色系也与沙发互作呼应，空间色调更为和谐。为了让过小的厨房更开阔，厨房换到原先餐厅的位置，餐厅也顺势移位至客厅，客厅、餐厅与厨房安排在同一轴线上，使动线串联。同时通过调整厨房门洞并利用错位墙体，就能塞下冰箱。

而原本主卧、儿童房之间的狭窄廊道则并入主卧之中，再通过调整门洞的开口，使主卧面积增加，主卫同时纳入淋浴区、浴缸区、梳妆区，打造多功能的盥洗区域，洗浴体验更完善充足。

1 **玄关柜精算尺寸，提升收纳效率**

为了扩充收纳量，在玄关处刻意延长墙体，并打造及顶高柜，底部留空15cm便于日常鞋子的穿脱存放。柜内深度45cm，并精心安排不同高度的搁板，确保不同种类的鞋子都能够存放。

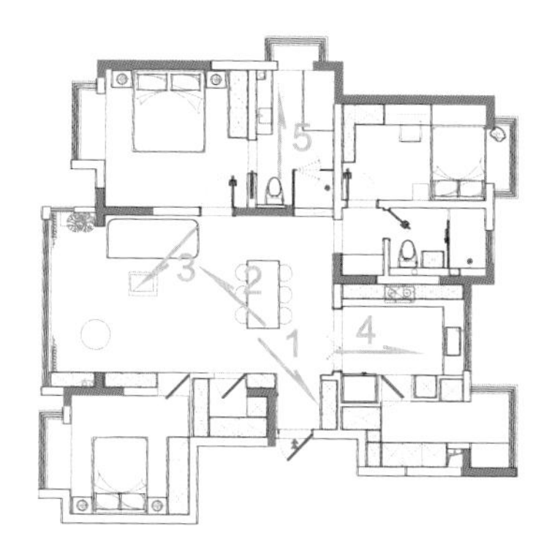

2 **客厅纳入阳台，串联餐厅**

由于需要有能让小孩尽情活动的空间，客厅纳入阳台，以边几取代大茶几，同时餐厅挪移至客厅，扩大使用空间。

3 **善用鸡肋角落，化身储物间**

原本长辈房为手枪型的布局，入口过于窄长，空间很难利用，于是切割原先入口作为储藏空间，扩大家中收纳量，同时也让长辈房更为方正。

4 **厨房台面差5cm，下厨更轻松**

厨房移位到原本餐厅位置，空间更开阔，也能打造合理的橱柜布局和动线，操作起来更为顺手。而为了减缓腰部压力，水槽台面刻意拉高5cm，洗碗、洗菜也不费力。

5 **融入过道，扩大主卧卫生间**

将原先逼仄的过道纳入主卫，扩增面积、优化洗浴空间，浴缸、淋浴间全都放得下，洗面台也刻意延长台面，女主人就多了完善的梳妆区。

-CASE-

37 调转客厅，拆除卫生间墙面，多一卫与衣帽间，采光、动线都改善

室内面积： 106㎡

居住成员： 夫妻、1只猫

格局规划前： 2室2厅1厨1卫

格局规划后： 2室2厅1厨2卫、衣帽间

空间设计暨图片提供／AWAY Design Studio

宅在家不出门，工作、生活更需要满足自己的生活向往。屋主崇尚木质调的北欧自然风，有着沉浸VR体验的游戏工作，偶尔望望窗外的上海浦东风景，随性在客厅把玩手作兴趣，一旁有猫咪慵懒的陪伴，两人一猫的小天地，无时无刻感受家的温暖。

屋主需求

1. 对材质上有明确的要求，风格上偏爱原木的舒适感与木色元素。
2. 客厅不常用，但需要一张手工桌，以及一间特殊规格的工作室。

BEFORE

问题1 ▶ 房屋正中有一根54cm高的大梁横亘，存在感太强烈。

问题2 ▶ 客厅窗外风景好，餐厅空间大，但两区串联的动线不顺畅。

问题3 ▶ 主卧面积小，难以放入1.8m的大床、衣帽间和梳妆台。

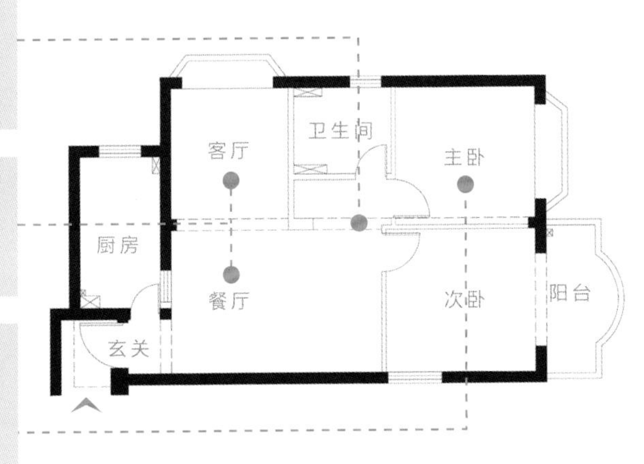

AFTER

破解1 舍次卧，客厅与餐厅串联

把原本的次卧拆掉，改为客厅，不仅串联客、餐厅，也可分别从南侧阳台与西侧飘窗引入充足的采光。

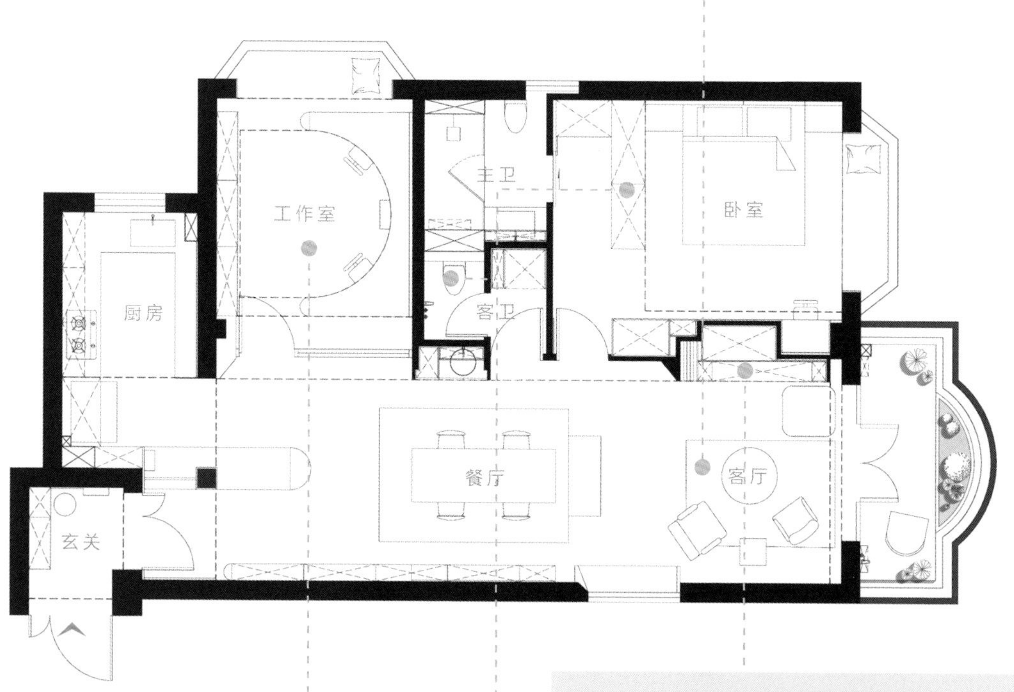

破解2 客厅改为工作室，维持两室格局

原客厅的位置新建一间工作室，保留两室格局，满足屋主需求，同时能看到窗外上海浦东的城市风光，工作室还能引入餐厅采光。

破解3 纳入廊道，扩大卧室又多一间客卫

卧室墙面往主卫推移，顺势纳入房间前的闲置廊道，扩大卧室面积，就多了能放下衣帽间、大床的空间，同时还能增设客卫，双卫生间使用更方便。

破解4 结构梁大变身，藏床又兼洗漱功能

客厅大梁融合高效性能，梁下隐藏外置的洗面台，客厅也多了下翻床能使用，临时有来客，客厅也能秒变客房。

设计师关键思考

1. 玄关以南的区域打通餐桌、手工桌、起居室，让动静分区。
2. 原户型客厅有着美好窗景，适合改为屋主常待的空间。

从事游戏创作工作的屋主夫妻，有着“宅世代”的生活形态，在家工作，平时多半在家里活动，也不太常接待客人，过着两人一猫的丁克生活。因此不同于常规的生活需求，他们不常用客厅，也不需要次卧，反而更强调个人化的专属设定。

由于一天有将近2/3的时间在电脑前工作，再加上屋里有一根特别大的结构梁，刚好利用结构梁划分成为东西两大区域。东侧即规划卧室与工作室，划分个人的私密空间，于是拆除次卧改为客厅，原客厅则封起设置独立工作室，把窗外最好的风景留给工作室；西侧则是客厅、餐厅，保持开敞通透。

客厅里设置2.2m手工操作桌，让女主人可以随性享受手作乐趣，人多时也能作为聚餐之处，餐桌的旁边还有猫爬架。工作室则是一个直径2.5m的圆形VR体验区，对隔音要求尤其重要。卧室则推移墙面，缩小主卫，就让出女主人想要的小型衣帽间与梳妆台，让每个家人的需求都被照顾到，也被满满的温暖照顾得无微不至。

1 **串联客餐厅，有效改善动线、采光**

将邻近餐厅的次卧拆除，改为客厅，客厅、餐厅安排在同一轴线上，不仅动线更流畅，采光也能顺势深入中央，视野更显扩容。

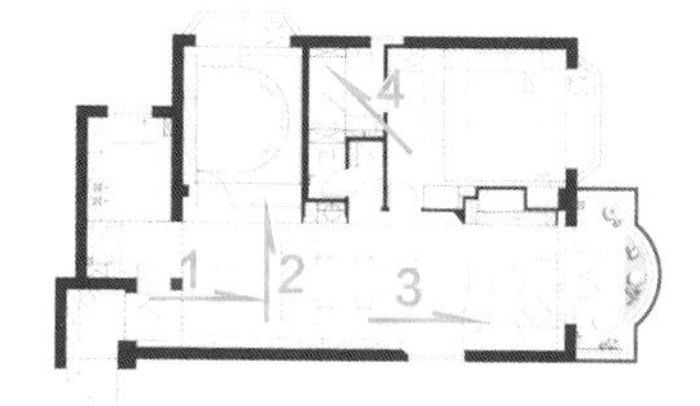

2 封客厅、增一室，动静有效分区

将原先的客厅改为工作室，工作室与卧室并列设计，使得动静就此分区。玻璃隔断的设计有效引导光线，同时工作室以特殊的圆弧工作桌为核心，对长时间面对电脑办公的人而言，符合人体工程学、使用起来更舒适。

3 结构梁功能、造型同步提升

利用54cm高的大梁下方空间藏进洗面台与下翻床，并通过斜面设计削弱大梁的沉重视觉感。同时卧室、客卫入口采用相同的木质元素，打造整面木墙作为公共区域的背景。

4 主卫入口调转90°，动线节省

主卫原来的布局从西侧进，调转90°后改成面向南侧，进入主卫后左侧为洗漱台、右侧为马桶，使动线达到最短，且主卫墙面退缩，即让出空间给衣帽间。

-CASE-

38 客厅大气换位，餐厅和书房串联，优化采光与动线

室内面积： 70㎡

居住成员： 1人

格局规划前： 2室2厅1卫1厨

格局规划后： 2室2厅1卫1厨

空间设计暨图片提供／上海映象设计

一个人居住的空间，本可随性而开放，但由于屋主身为高中语文老师，需要随时备课和上网教学，所以需要干净利落的工作场域和功能强大的书房，以收纳大量的教材和其他书籍。至于个人寝卧以简单舒适为原则，但期盼增加一间客卧，以满足父母来访时临时居住的需求。

屋主需求

1. 为了满足在家上网教学的需求，需规划独立的工作场域。
2. 屋主单身，虽然卧房未必要大，但亦须满足客卧需求。
3. 有大量书籍，期望规划大型书柜，以满足随时阅读取用的需求。

BEFORE

问题1 ▶ 原客餐厅为不规则异形空间，难以规划大面书墙。

问题2 ▶ 唯一阳台在主卧，若放置洗衣机，进出操作不便。

问题3 ▶ 厨房走道过于狭长而浪费空间，行走又有压迫感。

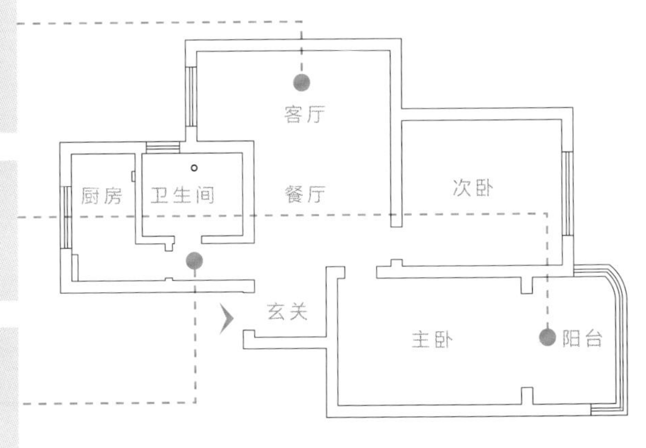

AFTER

破解1 主卧变客厅，串联洗衣动线

将原本的主卧改为客厅，纳入阳台后洗衣动线更顺畅，同时客厅也多了休憩角落。

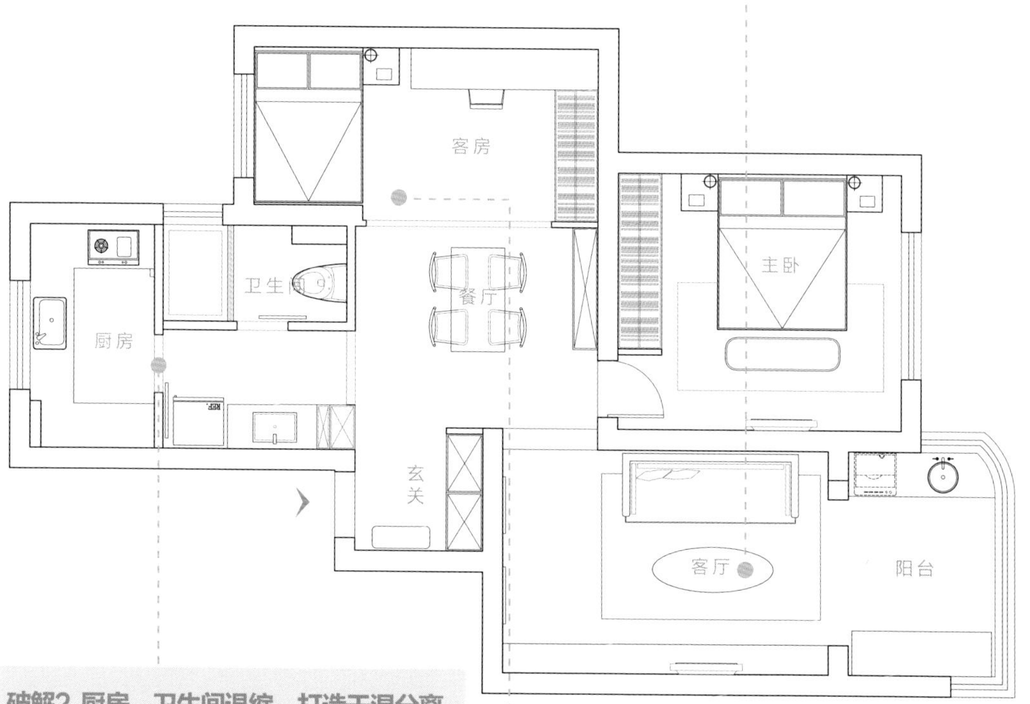

破解2 厨房、卫生间退缩，打造干湿分离

原厨房入口过于狭长，因此退缩入口，打造方正的厨房空间，同时卫生间隔断也顺势退移，廊道就多了能放置冰箱与洗面台的区域。

破解3 客厅一移位，就多了客房与餐厅

原本的客厅空下来后，顺着空间线条拆分客房与餐厅，客房搭配可随时敞开的折门，客房书桌就能顺势与餐桌合并为工作区，使用体验更开阔。

设计思考

1. 将属性相近的餐桌和书房拉近距离，且借折门设计，可分可合。
2. 原主卧改为客厅，阳台洗衣操作顺理成章，又有大墙可规划书柜。
3. 内缩卫生间，以拓宽厨房过道，沿墙置入收纳功能，并引光照亮餐厅。

原始户型的客厅阴暗又为不规则异形，且空间中唯一的阳台位于主卧，若要增加洗衣机、烘衣机，洗衣动线势必得经过主卧，进出操作不便，再加上只有屋主一人居住，并不需要太大的卧室。因此将主卧改为客厅，与阳台顺势串联，晾衣、洗衣更方便。同时也多了整面电视墙可供使用，结合书柜设计，增加收纳和陈列功能。

原客厅则改为多功能房，以通透的玻璃材质设计为四折门，或开或合都可引入光线照亮空间。门片敞开时，书房能与餐厅串联，放大工作空间，若是阖门则可当客房使用，以维护隐私。

为了化解厨房过道的狭隘感，厨房与卫生间的墙面分别内缩，拓宽廊道的同时，也顺势将冰箱与洗面台外移，不仅厨房格局变得方正，也打造干湿分离的卫生间。

1 **客厅调动到主卧，整合公共区域动线**
利用阳台两边墙垛自然形成拱门，似有若无地划分休憩区与洗衣空间。电视墙则以柜体收整空间线条，又兼具充足收纳功能。

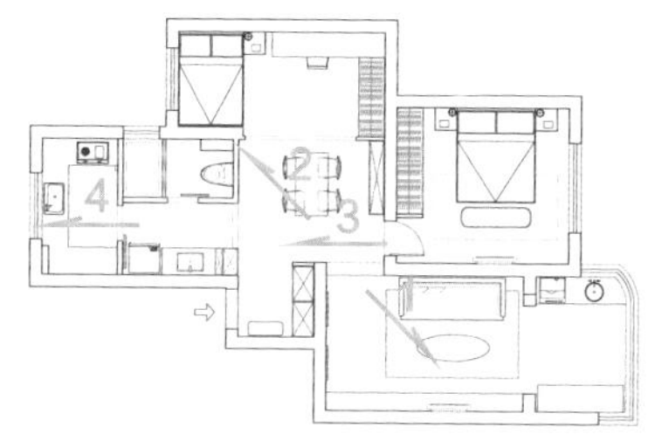

2 **书房兼客卧，延伸工作区**

将原客厅改为9㎡大的书房，并增设床铺。为了保有原始采光，采用玻璃折门，引光的同时又能让书房结合餐厅，延伸为工作区，有亲友来访时，也能当作客房使用。

3 **拓宽过道，增加使用空间**

拓宽厨房过道，再将入口右移，即多了能安排冰箱与洗面台的区域，既串联厨房，也对应卫生间湿区。洗面台的高柜则刻意加深，打造双面可收纳的实用柜体。

4 **U形台面设计，备料也不拥挤**

厨房入口退缩，内部改以U形台面设计，料理台面变得更大，还多了电器柜的使用空间。同时水槽安排在窗边，备料时心情也变舒爽。

-CASE-

39 厨卫重新布局，105㎡住宅多榨一套卫生间，还有开放式餐厨区

室内面积： 105㎡

居住成员： 夫妻、1小孩

格局规划前： 2室2厅1厨1卫

格局规划后： 2室2厅1厨2卫、衣帽间

空间设计暨图片提供／夏天设计工作室

这套105㎡的二手房，基础格局良好，但一家三口只有一间卫生间可用，厨房也封闭，对于喜爱社交的屋主，生活的舒适度就略显不足。于是调动厨房，整合卫生间、衣帽间与洗衣房，大幅充实洗浴与家务功能，有效提升生活质量。

屋主需求

1. 仅有一间卫生间的情况下，希望主卧能再加卫生间，还要能放进浴缸。
2. 要有足够收纳空间，能展示收藏品与藏酒。

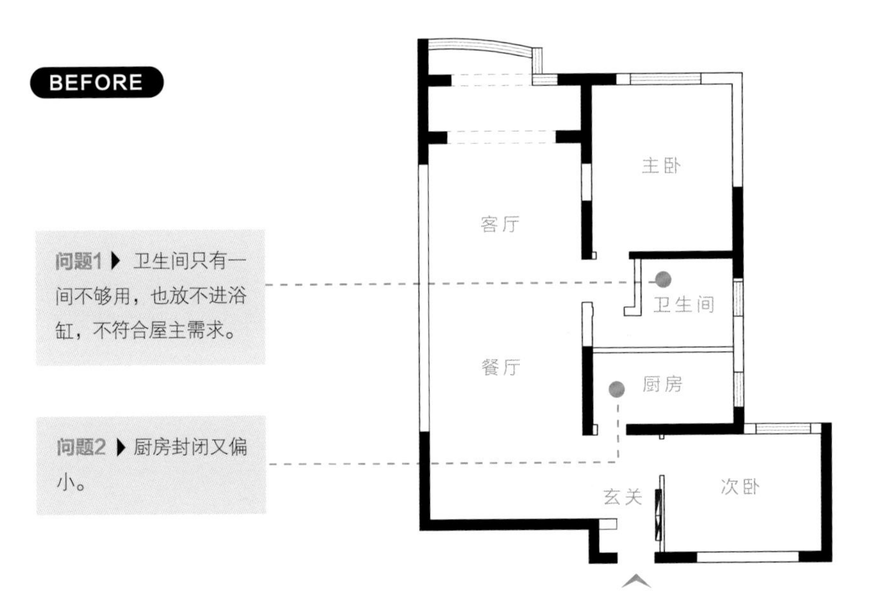

AFTER

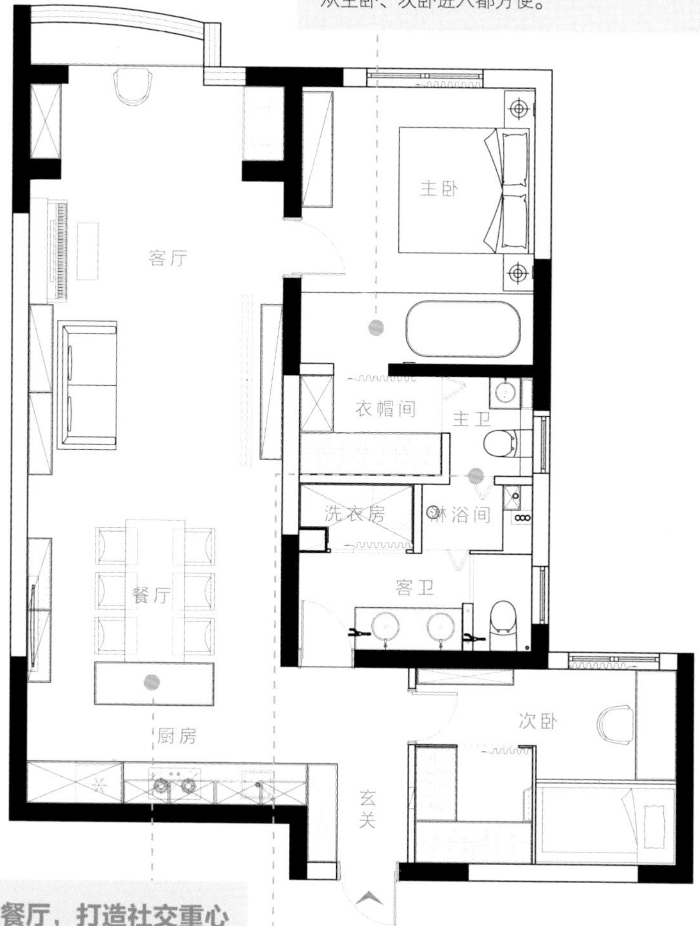

破解1 整合2套卫生间，动线更通畅

重新布局卫生间空间，将淋浴间置中，两侧安排马桶与洗面台，整合2套卫浴系统，同时打通动线，从主卧、次卧进入都方便。

破解2 厨房外移至餐厅，打造社交重心

厨房外移与餐厅合并，并增设中岛、餐桌，全开放式设计让家人、朋友互动更紧密。

破解3 浴缸外挪到主卧

将男主人梦寐以求的浴缸挪到主卧，利用架高地台有效划分干湿两区。

设计师关键思考

1. 调动厨房位置，以便新增卫生间。
2. 打通卫生间、衣帽间、洗衣房，有效串联洗浴与家务动线。

这间105㎡的两室空间，屋主为一对小夫妻，还有个孩子。原始格局方正，采光也不错，但仅有一间卫生间，女主人希望主卧能增加卫生间与衣帽间，男主人也梦想能有浴缸泡澡，再加上需要有开放的空间与收纳藏酒、纪念品的区域。

于是在良好的格局基础下略微调整，将厨房外移，客厅、餐厨区串联，增设中岛，扩大备料区域，安排酒柜与展示柜。当邀访亲友时，餐厨区即作为社交中心，能围绕着餐桌聊天谈笑、酣畅淋漓。卫生间则重新布局，增设两个马桶区，同时将马桶区、淋浴间打通，安排在同一动线上，不论从主卧或次卧进入都方便。衣帽间、洗衣房也顺势设置在卫生间，收纳、家务需求都照顾到了，生活质量大幅提升。至于男主人梦寐以求的浴缸，则在主卧让出1㎡的宽度放置，采用开放式、不做隔断的设计，让男主人尽情享受泡澡的乐趣。

1 **整合客厅与餐厨区，维持开敞视野**
客厅、餐厨区合并，全开放的空间让视野畅通无阻，坐卧舒适不逼仄。背景墙点缀收藏的画作，作为空间视觉焦点，并从画作延伸色系，铺陈木地板、搭衬焦糖棕沙发，注入大地般的温润质感。

2 浴缸地面抬高15cm，有效干湿分离

主卧安排独立马桶间、开放式浴缸与衣帽间，换衣、洗浴动线一气呵成。同时为了不让空间过于潮湿，地板抬高15cm，藏起管线之余，也有效进行干湿分离。

3 挑高树屋，儿童房饶有趣味

次卧运用3.1m高的空间优势，在挑高处增设树屋，小孩多了秘密的游乐场。同时衣帽间与树屋入口合并，整体空间兼具游戏性与收纳功能，儿童房更有趣。

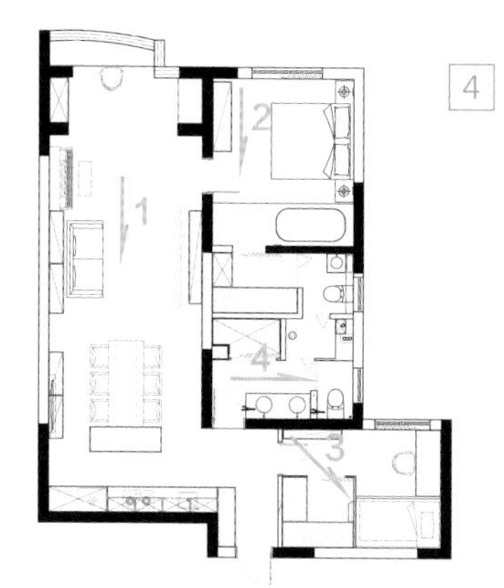

4 打通马桶间、淋浴区，串联动线

淋浴间置中，两侧分别设置马桶间，同时打通入口，从主卫、客卫都能进入淋浴区。客卫采用复古绿铺陈，设置双洗手台，全家人可同时使用。

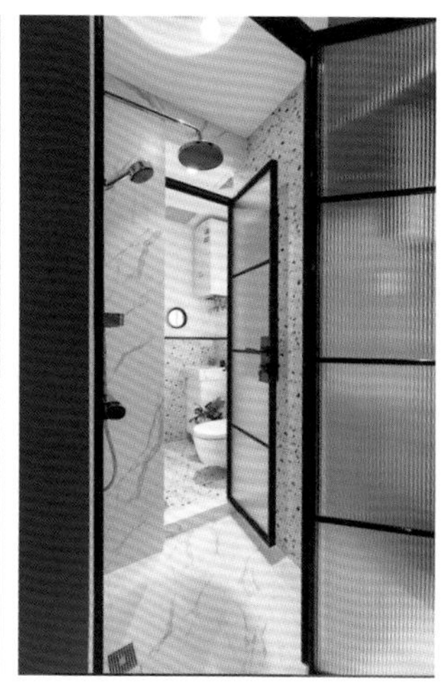

-CASE- 40 客厅、卧室位置对调，厨卫入口转向，优化空间动线

室内面积： 85㎡
居住成员： 夫妻、1小孩
格局规划前： 3室2厅1厨1卫
格局规划后： 3室2厅1厨2卫

空间设计暨图片提供／上海映象设计

尽管是狭长房型，但阳台衔接露台的面积并不小，只是原有格局和动线略显凌乱，抵达阳台、卧室和卫生间都需借位穿行，客、餐厅也显得阴暗而不规则，加上屋主夫妻又有增加厨卫的使用需求，势必得重新改造，然而设计师巧以换位和改门的小细节，即创造出明朗流畅的生活动线。

屋主需求

1. 规划完整的玄关，进门就能呈现明亮的空间感。
2. 增加厨房使用空间，并于卫生间装设淋浴和浴缸。
3. 改变进出阳台的动线，以利操作烘衣机、洗衣机。

BEFORE

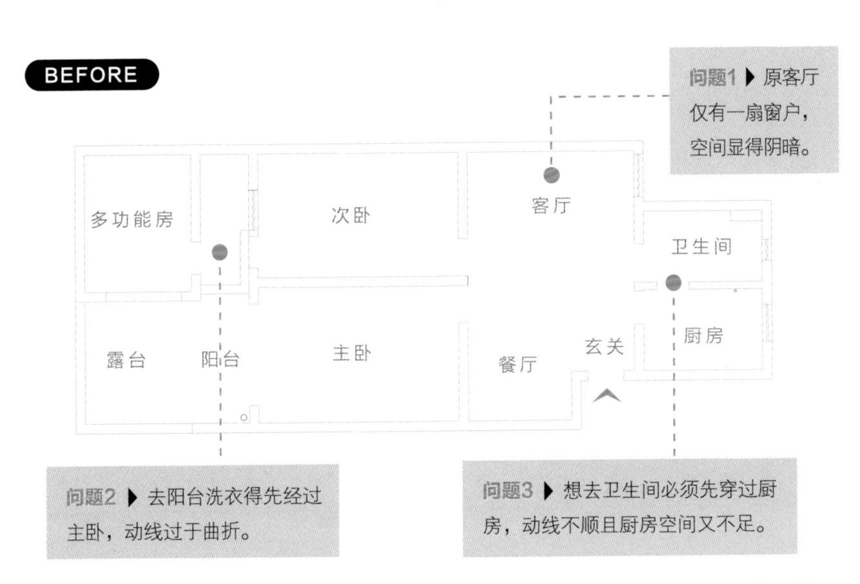

AFTER

破解1 主卧拆墙改客厅，进出阳台更顺畅

将无窗阴暗的客厅移到原本主卧区域，同时拆除卧室墙面，使客厅与餐厅吧台连成一字形，也顺势解决进出阳台需绕道而行的困扰。

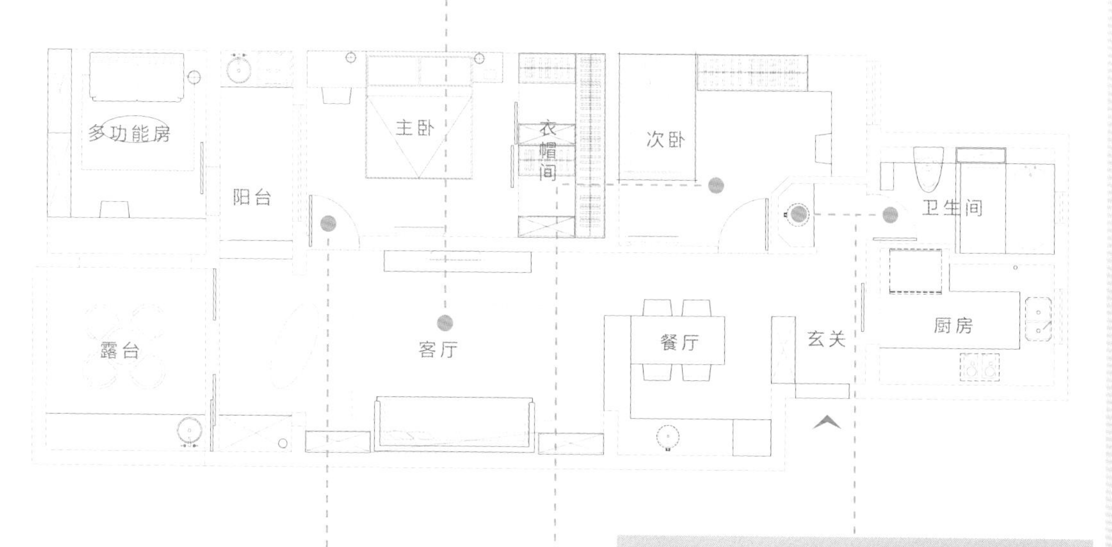

破解2 次卧改主卧，增双衣帽间

原有的次卧改为主卧使用，门口也一并移到客厅一侧，进出客厅、阳台更方便，而原本入口封闭，规划双衣帽间，扩增收纳量。

破解3 原客厅变次卧，维持三房功能

客厅调动后，原有的客厅位置改为次卧，并与主卧拉齐隔断，维持三房的使用功能，也巧妙进行动静分区。

破解4 卫生间入口转向90°，外挂干区

封闭从厨房进出卫生间的门洞，让厨卫动线各自独立，同时将洗面台外移，卫生间就能容下浴缸与淋浴间，以弥补湿区空间不足的问题。

设计思考

1. 发挥阳台和露台的强项，移近公共区域呈一字形，让光和风长驱直入。
2. 将主卧、次卧门片安排于同一轴线，使动线流畅，又不浪费空间。
3. 厨卫动线也各自独立，并外移洗面台，有效满足淋浴、泡澡双重需求。

要打造大气明亮的空间质感，客厅为第一印象。因此将垂直动线的客餐厅转变为水平线，客厅与主卧对调，让客、餐厅与露台连成一字形，使光线长驱直入，也顺势让动静分区，公共空间与卧室领域有效区分。同时客厅离阳台更近，解决原先进出阳台需绕进房间的困扰，让屋主夫妻能直接从客厅前进推门到阳台工作区，再转入多功能房。

电视墙以纯白净色刷出大气感，而两间卧室门片即分列两端、小隐其中，主卧的原入口改装为双衣帽间，男女主人各拥专属衣物收纳空间。厨房、卫生间入口各自独立，无须穿越而行。卫生间借次卧一角设置洗面台，让湿区足以规划淋浴和浴缸设备。而厨房也填补原卫生间的门洞，塑造完整的U形操作台面，整体规划只动几道墙就能提高空间利用率。

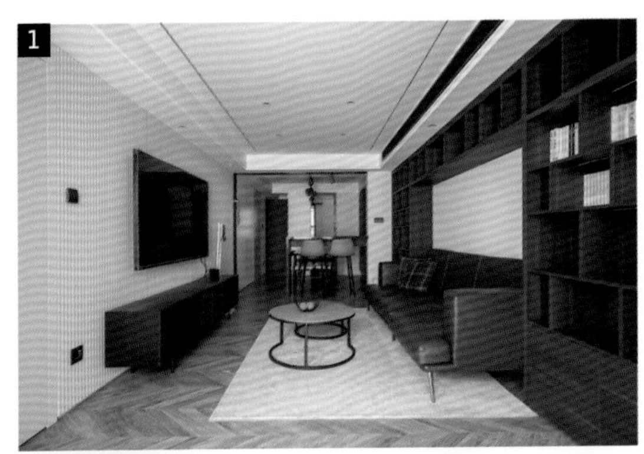

1 **拆除主卧墙面改为餐厅，客餐厅串联**

拆除主卧隔断改为客厅，从玄关转进餐厅，视野能从客厅、餐厅延伸到露台，也能从客厅直入阳台，串联起餐厨区、洗衣区的家务动线。

2 **冰箱补门洞，完善U形配置**

原位于厨房的门洞正好可嵌入大冰箱，增加使用空间，呈现完整的U形操作台面。

3 **干湿分离，增加使用空间**

将次卧切出一方角落，打造为干区，正好和雾玻门后的湿区呼应，可分别使用、互不干扰，亦满足双重洗浴需求。

4 **增设双衣帽间**

主卧入口90° 移位后，原门洞连墙改造为步入式双衣帽间，夫妻各自拥有专属的衣帽间，并以黑框玻璃门塑造通透对称的美感。

5 **原客厅隔成次卧，沿墙设柜体**

善用原先的客厅空间，隔成次卧，整体保有三房的使用功能。沿墙设置衣柜并安排书桌，满足收纳、工作、学习需求。

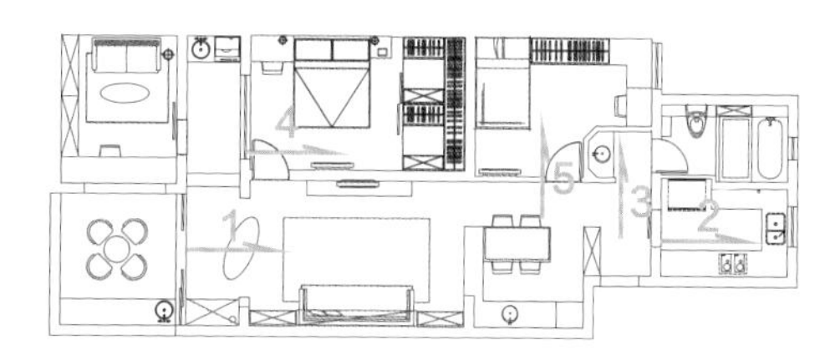

-CASE-

41 调换客厅与主卧，不仅多了开放式书房，还有充足的收纳空间

室内面积： 80㎡

居住成员： 夫妻

格局规划前： 2室2厅1厨1卫

格局规划后： 2室2厅1厨1卫、书房

空间设计暨图片提供／南京木桃盒子设计

80㎡的空间有着采光不佳、公私领域分配不合理的问题，客厅偏小，卧室过大，入户即有阴暗窄小的感受。经过重新布局，对调客厅与主卧，放大最常使用的公共区域，缩小睡寝空间，再增设书房，不论是在沙发看电视、书房办公还是亲友来访，依旧开阔自如。

屋主需求

1. 由于有在家办公的需求，需要规划合适的书房空间。
2. 书籍、物品众多，需要有充足的收纳空间。

BEFORE

问题1 ▶客厅虽有大窗户，但被建筑物遮挡，进光量少，位处中央的餐厅也阴暗无光，整体看着窄小逼仄。

问题2 ▶ 厨房与卫生间的入口廊道偏窄，进出动线不顺畅。

问题2 ▶ 主卧空间大得不合理，许多面积都浪费了。

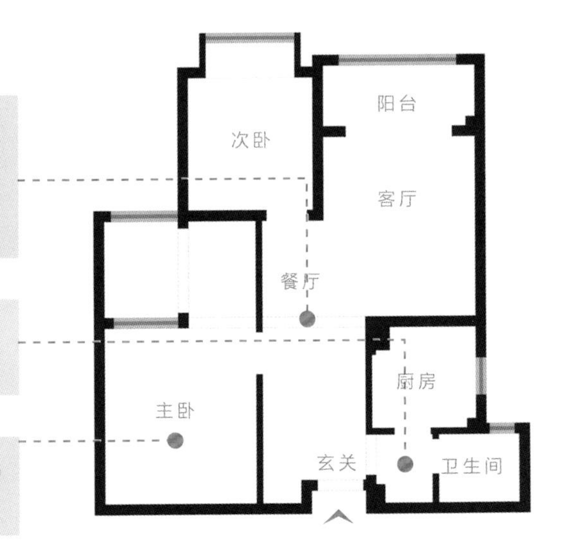

AFTER

破解1 对调客厅与主卧

拆除原有主卧隔断，与客厅对调，客厅进深扩大，空间不逼仄。

破解2 厨房入口位移，串联餐厅

厨房入口调转90°，与客厅、餐厅串联，有效缩短进出动线。

破解3 客厅圈出办公书房

顺应长形客厅，巧妙切出书房领域，屋主就多了办公空间能使用。

设计思考

1. 公私领域对调，空间获得最有效率的利用。
2. 顺应餐厅位置，厨房转向，串联动线，进出更顺畅。

80㎡的空间说小不小，对于只有两人小夫妻居住就很够用，虽然有着朝南与方正格局的优势，但受限于采光面被建筑物遮挡，客、餐厅相对阴暗，再加上主卧过大，无形浪费面积。

为了解决格局问题，空间重新整合，首先将主卧隔断全部拆除，改为客厅。位置一调换，客厅跨度顺势拉长，无形扩展视野，同时顺应窗下设置半高电视墙，有效划分出书房区域，屋主能一边办公，一边与家人互动，并沿着沙发背景墙与书房增设柜体，满足众多书籍的收纳需求。书房处刻意做高脚吧台，打造错落的高低视野，居住体验更富有层次。而原本厨卫两区的入口夹击，过道显得相当拥挤，于是将厨房入口调转面向客、餐厅，有效缩短出菜动线。餐厅则沿着厨房入口增设L形卡座，有效节省空间，座位也不减，邀请亲友聚会时只要再多摆单椅就足够。卡座下方的空间也不浪费，增设抽屉，收纳功能更充足。

1 **客厅移位更显大，还多书房可用**

客厅移至原始主卧位置，空间进深变长，顺势利用半高电视墙一分为二，增设吧台区域，平时既能当早餐吧台，也能摆放笔记本电脑，还可以作为办公工作区。

2

半墙隔屏，有效遮挡入门视线

由于入户门正对卧室，为了保留隐私，运用卡座搭配玻璃隔屏，保持视觉通透的同时，也能巧妙遮挡入户视线。而隔屏与电视墙特意安排在同一水平面上，维持整齐的视觉效果，空间线条更为利落。

3

厨卫入口错开，强化功能

厨房入口转向，与卫生间错开进出动线，原本的廊道也挪作洗面台干区使用，既不浪费空间，也提升了湿区的洗浴体验。同时厨卫墙面选用相同的灰色瓷砖铺陈，打造连续性的视觉效果，统一空间调性。

4

巧搭家具，主卧更显轻奢沉稳

主卧调动至原本的客厅，缩小面积，放得下床铺、衣柜就足够。背景墙采用浅蓝色系，奠定温润清新的氛围，点缀羽毛金属吊灯、绒布床头，增添轻奢质感，睡寝空间更有情调。

-CASE-

42

空间合并重置，多出浴缸、大书桌及U形厨房

室内面积： 88㎡

居住成员： 夫妻

格局规划前： 2室2厅1卫

格局规划后： 2室2厅1卫

空间设计暨图片提供／云行空间建筑设计

90后夫妻购入这套88㎡的公寓作为婚房，因此设计上必须考虑未来的人口变化。但问题是不大的空间里要安排各个功能场域，装修难度很高，于是采取空间置换及重塑布局的做法，让整体面积不变的情况下仍能逐一达成屋主期待，满足未来生活所需。

屋主需求

1. 希望卧室宽敞，能放下婴儿床。
2. 希望客厅放得下大电视，方便打游戏。
3. 希望拥有功能强大的U形操作台的厨房。
4. 希望浴室能安装浴缸。
5. 希望有空间放置大电脑桌。

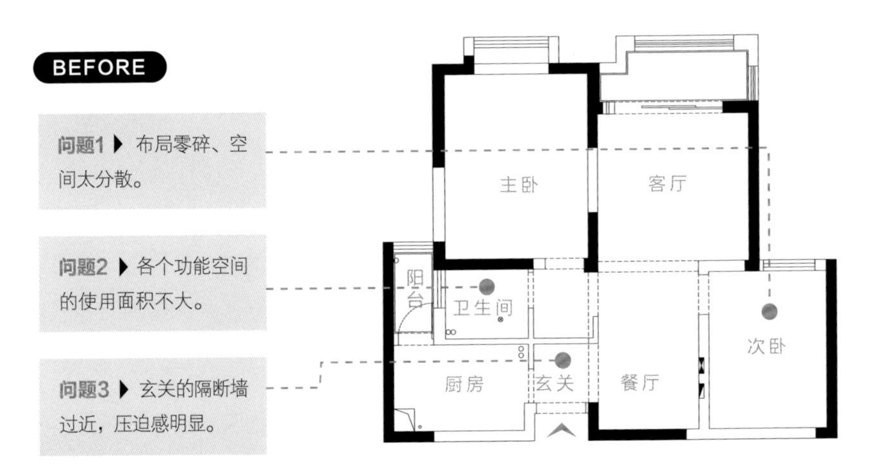

AFTER

破解1 客厅与次卧换位，争取大空间

考虑未来养育小孩的需求，将客厅与次卧位置对调，次卧并纳入小阳台，争取大空间。

破解2 卫生间并入阳台，安装浴缸

原始布局里生活阳台属于厨房，改造后将它并入卫生间，作为安装浴缸的空间。

破解3 拆掉玄关墙，视线空间更通透

一入户就有一堵墙挡在眼前，压迫感极大。拆除后换来开阔的视线及明亮氛围。

设计思考

1. 空间置换，重新安排家居布局。
2. 合并整合，打造空间完整功能。
3. 拆除部分隔断墙，创造开阔感。

这套88㎡的两室公寓，是90后夫妻展开人生下一阶段生活的序曲，除了先作为婚房使用，也是未来家庭新成员成长的避风港。因此，就算面积不大，但仍强烈希望通过装修，完善一个家该有的生活功能。

从玄关开始，拆掉阻挡视线的隔断墙，重塑开阔感。考虑未来养育小孩的需求，将原本较小的次卧与客厅互换位置，并同步拆除碍事的餐厅及原始次卧隔断，借此塑造相对开放、宽敞的公共场域。换位后的次卧，拿掉阳台移门，空间并入次卧，并将屋主希望的大电脑桌安排于此，最后再以长虹玻璃移门与客厅为界，利于自然光线深入室内。

厨房与生活阳台相通，但为了完成卫生间有浴缸的要求，将空间让给浴室，进而得以嵌入长约1.7m的浴缸，以及宽约70cm的淋浴区。厨房墙壁则往卫生间方向挪移20cm，增加的空间用作规划U形操作台。

1 **打开布局，舒缓压迫感**

公共区拆除不必要的隔断墙，还给空间开阔感。另以矮隔断作为电视墙，同时界定客厅及餐厅场域。

2 **次卧换位，完善生活功能**

原本无窗的次卧在换位之后，除了环境变明亮，也扩增了面积，得以规划书桌、衣柜等生活家具，更适合人居住。

3 **L形操作台变U形设计**

装修前，狭小的厨房只能规划L形操作台，不符合屋主期待；但通过调整墙面来争取空间，得以完成U形操作台。

4 **纳入阳台，卫生间变大**

通过纳入阳台空间，改善卫生间面积不足的问题，不仅嵌入浴缸，还规划了淋浴区及宽度约1.5m的干区。

Designer Data / 设计师名单

（依公司名称笔画排列）

◇ AWAY DESIGN STUDIO
王捷

◇ FunHouse方室设计
李来、郝露

◇ Kim室内設計
金艳

◇ 九艺装饰
孙林超

◇ 十六月工作室
周元文、梁婷

◇ 上海谷辰装饰设计
上海谷辰设计团队

◇ 上海映象设计
王程程、周俊杰

◇ 上海费弗空间设计有限公司
费崎峰

◇ 上海鸿鹄设计
吴沛

◇ 上海赫设计
陈忠科

◇ 大炎演绎空间设计
毛美玲、许非

◇ 山舍建筑设计
汪亮

◇ 云行空间建筑设计
潘天云

◇ 太空怪人设计事务所
潘小阳

◇ 文青设计机构
文青设计团队

◇ 木子仁设计
李涛

◇ 以里空间设计事务所
李冬

◇ 未見空间设计
王军

◇ 本墨室内设计工程（上海）有限公司
史宁、徐雨倩、贺勤

◇ 合肥飞墨设计
王苗

◇ 启物空间设计
黄鑫

◇ 玖柞制作
朱磊、李晴晴

◇ 玖雅设计
晟楠、景森、甘棠

◇ 辰佑设计
辰佑设计团队

◇ 辰境设计
刘俊辰

◇ 武汉邦辰设计
罗旋

◇ 罗秀达

◇ 南京木桃盒子设计
周留成

◇ 恒彩装饰
姜新伟

◇ 夏天设计工作室
夏天

◇ 茧舍原创设计
杨栩

◇ 逅筑空间设计
曾崧

◇ 深圳知行合一设计有限公司
鹿可可设计

◇ 涵瑜室内设计
熊志伟

◇ 理居设计
杨恒

◇ 壹石空间设计
杜霖泽、马逸文

◇ 谢秉恒工作室
谢秉恒

◇ 墨菲空间研究社
墨菲

◇ 熹维室内设计
熹维设计团队